国家林业和草原局职业教育"十四五"规划教材

园林植物识别与应用

张建新　王　凯　郭　锐　主编

中国林业出版社
China Forestry Publishing House

内 容 简 介

本教材打破传统教材的学科体系，以项目为导向，以任务为驱动，对教学内容进行组合序化，强调理论与实践一体化，突出能力培养，注重课程思政，体现了现代职业教育的先进理念。内容包括园林植物识别与应用基础认知、木本园林植物识别与应用、草本园林植物识别与应用和园林植物综合应用4个模块，重点介绍园林植物的形态特征、产地及分布、生态习性、园林用途，以及园林植物的选择与配置。每个项目包含项目描述、项目目标和具体任务，每个任务包含任务描述、任务目标、知识准备、任务实施、任务考核和巩固练习。

本教材由中高职一体化教学团队共同编写，图文并茂、层次清晰、突出应用、实用性强，可作为中等职业院校、高等职业院校园林工程、园林技术、园艺技术等相关专业的中高职一体化教材，也可作为职业培训及园林绿化技术人员的参考用书，助力其更新知识体系，紧跟行业前沿。

图书在版编目（CIP）数据

园林植物识别与应用 / 张建新，王凯，郭锐主编.
北京：中国林业出版社，2025. 6. -- （国家林业和草原局职业教育"十四五"规划教材）. -- ISBN 978-7-5219-3258-4

I . S688

中国国家版本馆CIP数据核字第20255A4W04号

策划编辑：曾琬淋
责任编辑：曾琬淋
责任校对：苏　梅
封面设计：北京钧鼎文化传媒有限公司

出版发行：中国林业出版社
　　　　　（100009，北京市西城区刘海胡同 7 号，电话 010-83143630 ）
电子邮箱：jiaocaipublic@163.com
网　　　址：https：//www.cfph.net
印　　　刷：北京盛通印刷股份有限公司
版　　　次：2025 年 6 月第 1 版
印　　　次：2025 年 6 月第 1 次印刷
开　　　本：787mm×1092mm　1/16
印　　　张：22.75
字　　　数：540 千字
定　　　价：65.00 元

《园林植物识别与应用》

编写人员

主　编：张建新（丽水职业技术学院）

　　　　王　凯（山西林业职业技术学院）

　　　　郭　锐（湖南环境生物职业技术学院）

副主编：潘温文（丽水职业技术学院）

　　　　崔向东（河北政法职业学院）

　　　　张　琰（上海农林职业技术学院）

　　　　肖泽忱（湖南环境生物职业技术学院）

参　编：裴淑兰（山西林业职业技术学院）

　　　　王玉琴（湖南环境生物职业技术学院）

　　　　周　栋（湖南环境生物职业技术学院）

　　　　丁明艳（顺德职业技术学院）

　　　　周生财（丽水职业技术学院）

　　　　范伟伟（山西水利职业技术学院）

　　　　郭丽丽（太原学院）

　　　　王　燚（山西林业职业技术学院）

　　　　莫建星（浙江绿环园林绿化工程有限公司）

　　　　杨子静（丽水职业技术学院）

　　本教材根据高等职业教育园林类专业人才培养方案、职业资格考试和职业技能大赛的要求进行编写，以园林植物的识别和应用为重点，改变同类教材编写过程中按科、属或植物特性进行分类的方法，建立体现园林应用及观赏性的分类体系，目的是使学生掌握园林植物的识别要点、生态习性和园林用途，能准确识别常见园林植物，并合理选择园林植物进行植物造景，培养吃苦耐劳、热爱劳动、善于沟通的精神，投身生态文明建设、乡村振兴，成为具有文化自信、家国情怀的新时代接班人。

　　本教材是职业院校园林类专业的必修课教材，对园林植物的准确识别和合理应用是学生必须掌握的技能。为了使学生更好地掌握所学内容并能与实际工作无缝对接，本教材以园林植物的实际应用为出发点，按照项目导向、任务驱动的形式构建内容体系。各任务共收集近380种园林植物（包括变种和栽培品种），图文并茂，直观形象。任务中植物种类按照植物科、属、种的学名字母顺序进行排列，植物学名以《中国植物志》及最新修订发表的学名为参考。因木本地被植物在实践中应用较少，所以本教材不单独列出来描述，分别归到垂直绿化植物（如常春藤）和园景树（如平枝栒子）。本教材任务设计典型、具体，具有可操作性，较好地体现了通用性、实用性和时代性，贴近园林类专业教学的发展和实际需要。

　　本教材由高职院校一线骨干教师、企业专家编写和审定。张建新、王凯、郭锐担任主编，张建新完成项目8和项目9的统稿，王凯完成项目4、项目5和项目10的统稿，郭锐完成项目1至项目3、项目6和项目7的统稿，由张建新完成全教材的最终统稿。各章节内容具体编写分工为：郭锐编写项目1和项目2；肖泽忱、周栋编写项目3；王凯编写项目4；王凯、张琰、裴淑兰、丁明艳编写项目5；王玉琴编写项目6；张建新编写项目7；张建新、潘温文、周生财编写项目8；崔向东编写项目9；张琰、范伟伟、郭丽丽、王燚编写项目10；莫建星参与制定教材编写大纲和对教材内容的审定；杨子静提供教材中的部分插图。

　　本教材编写过程中得到相关院校各级领导、相关专业教师和行业企业专家的大力支持和帮助，在此表示衷心感谢！由于编者的业务水平和专业能力有限，书中难免存在不足，请诸位专家、学者和同行不吝指正，并将修改的建议反馈给我们，以便修订完善。

编　者

2025年3月

目　录

模块 1
园林植物识别与应用基础认知

园林植物是园林景观营造过程中的关键要素，其独具色相和季相的变化，使园林空间充满生机。本模块梳理了园林植物识别与应用的基础知识和技能，包括认识园林植物的作用和分类，园林植物器官识别，以及认知园林植物的生长特性、生态习性与配置3个项目，为后续园林植物的识别与应用实践奠定基础。

认识园林植物的作用和分类

📔 项目描述

　　园林植物是城市生态环境的重要组成部分，它们为城市带来美丽景观的同时，也承担着改善小气候等多种功能，发挥了极大的综合作用。在应用园林植物之前，需要明确园林植物的种类和作用。本项目共包含两个任务：认识园林植物的作用和认识园林植物分类。本项目的学习可为后续项目的学习奠定基础。

📑 项目目标

>> 知识目标

　　1. 理解园林植物的主要作用。

　　2. 领会园林植物的分类方法。

>> 技能目标

　　1. 能够准确分析园林植物在园林景观中的作用。

　　2. 能够正确识别园林植物的种类。

>> 素质目标

　　1. 培养对自然的敬畏之心。

　　2. 树立文化传承意识和团队精神。

数字资源

任务 1-1　认识园林植物的作用

📝 任务描述

　　园林植物指用于园林绿化的植物材料，是具有一定观赏价值、应用于园林及室内装饰、能改善和美化生活环境的木本和草本植物的总称，分为木本园林植物和草本园林植物两大类。这些植物不仅包括观花、观叶或观果植物，还涵盖适用于园林、绿地和风景名胜区的防护植物与经济植物。室内装饰用的植物也属于园林植物的范畴。本任务从园林植物的美学特点、生态功能、经济价值、文化价值等方面探索园林植物的作用。要求理解园林植物在城市绿化、美化和环境保护中的主要作用，能准确分析园林植物应用案例中园林植物的作用和特点，为后续在不同园林空间中合理应用园林植物奠定基础。

🎯 任务目标

≫ 知识目标

　　1. 了解园林植物的主要作用。
　　2. 领会园林植物的美化、生态、经济、文化作用的表现形式。
　　3. 理解园林植物的概念。

≫ 技能目标

　　1. 会分析园林植物的美学特点。
　　2. 会分析园林植物的生态功能。
　　3. 会分析园林植物的经济价值。
　　4. 会分析园林植物的文化价值。

≫ 素质目标

　　1. 培养美学感知能力和欣赏能力，提高审美水平。
　　2. 激发保护环境的积极性。
　　3. 培养对人类文化遗产的尊重和传承意识。

📖 知识准备

　　园林植物为植物造景的基本素材，其种类繁多，色彩丰富。它们不但以其色、香、韵、姿、趣等成为园林的主体，还可衬托其他园林要素，形成生机盎然的画面。实践证明，园林规划设计作品完成质量的优劣很大程度上取决于园林植物的选择和配置。园林植物的作用主要体现在以下4个方面。

一、美化作用

　　园林植物以个体姿态、色彩、芳香等体现个体美，如枝条轻盈的垂柳、叶色斑斓的变叶木，香气清幽的兰花等；也以同一园林植物群体或不同园林植物间不同组合形式而体现群体美，如漫山遍野的杜鹃花海、绚丽缤纷的花境；还有一些园林植物以其动态、声响以及四季变化体现自然美，如雨中的芭蕉、夏天浓荫的悬铃木、秋天叶片火红的枫香树、冬天雪中的苍松翠柏等。园林植物美化着人们的生活空间，给人带来美的享受。

二、生态作用

园林植物能通过调节空气湿度和温度、遮阴、防风固沙、保持水土、维持碳氧平衡等方式改善局部环境和小气候。例如，一些植物的叶片表面有茸毛等附属物，能够滞尘，净化空气；植物群植时，可以形成屏障阻隔噪声，减少噪声污染；某些植物对污染物反应敏感，可用作环境质量监测的指示植物；一些水生植物能吸收水中的有害物质，并降低氮、磷、钾含量，如凤眼莲能富集铅、镉、汞，起到减少水体富营养化、净化水质的作用。

三、经济作用

绿色GDP为国家可持续发展的重要核算基准。园林植物生产是一项具有较大发展潜力和广阔前景的产业。园林植物是出口创汇的重要物资之一，尤其是我国特产园林植物资源极为丰富，一些特产园林植物如云南山茶、上海香石竹等，历年均有大量出口。另外，风景林的非木材产品，如果品、中药、枝叶工艺产品、油料、胶质、脂类、淀粉、纤维、木栓、饲料、肥料等，也具有重要的经济价值。

四、文化作用

园林植物有益于人类文化生活，能陶冶人的情操。园林植物本身就是大自然所创造的艺术品。长久以来，中国文人对园林植物的叶、花、果实、个体或群体进行了大量的艺术创作，歌咏、书画作品对人类历史的发展产生了巨大影响。通过与园林植物接触，人们可以净化心灵、疗愈疾病、陶冶情操，带来高级的精神享受。

任务实施

一、搜集资料

学生分组，搜集本地常见乔木、灌木和草本植物（各10种）的图片或标本，总结它们的作用。

二、学习园林植物的作用相关理论知识和案例

以小组为单位，学习园林植物的作用相关理论知识。教师带领学生到当地具有代表性的园林景观现场分析其中的园林植物起到的主要作用。

三、现场调查园林植物在园林景观中的作用

各小组对当地具有代表性的园林景观中主要园林植物的作用进行调查，根据调查资料准确分析园林植物在园林景观中的主要作用，并填写园林植物作用调查记录表（表1-1-1）。

表 1-1-1　园林植物作用调查记录表

班级：_____　小组成员：_____　调查时间：_____　调查地点：_____

主要园林植物名称：	园林景观图片
美化作用：	
生态作用：	
经济作用：	
文化作用：	
备　注：	

四、归纳总结

各小组汇总调查结果，从美化作用、生态作用、经济作用和文化作用4个方面对园林景观中园林植物的作用进行归纳总结。

五、小组汇报

各小组分别派一名代表对调查结果进行汇报。

任务考核

根据表1-1-2进行考核评价。

表 1-1-2　园林植物作用调查考核评分标准

项　目	考核内容	考核标准	赋分	得分
过程性评价	调查准备工作	准备充分	10	
	调查态度	积极主动，有团队精神，积极参与讨论	20	
	调查水平	园林植物作用判断正确，分析合理	30	
结果性评价	演示文稿（PPT）制作	演示文稿符合要求，内容全面，条理清晰，图文并茂	20	
	汇报表达	仪态大方得体，声情并茂，表达清晰	20	
总　分			100	

巩固练习

举例说明园林植物的四大作用如何体现。

任务 *1-2* 认识园林植物分类

任务描述

地球上的植物有逾50万种，其中具有一定的观赏价值、经济价值，能改善环境、美化环境、丰富人们生活的园林植物有6000余种，这些植物在形态、生态习性、栽培关系、园林应用等方面有着很大的不同。植物分类基础知识是识别及合理运用园林植物的基础。掌握园林植物分类基础知识，有助于更好地进行园林景观设计，提高园林的美观性；有助于更好地了解不同植物在园林生态系统中的作用和地位，对于保护和恢复生态环境具有重要意义。本任务是在掌握园林植物分类基础知识（包括植物的分类类型、等级、分类依据、分类系统等方面的知识）的基础上，调查校内或学校所在城市的园林植物在自然分类及人为分类中所属的类型，了解各类植物在园林绿化中的应用特性，并选取一些典型的园林植物，描述其特征，使用植物检索表完成鉴定。

任务目标

》 知识目标

1. 了解植物分类的目的与意义，理解植物分类的方法。
2. 知道植物自然分类的各级单位，理解植物种、亚种、变种、变型和品种的命名方法。
3. 了解植物分类检索表的种类，知道植物分类检索表的使用方法。

》 技能目标

1. 能区分不同植物分类方法，并能按实际应用对园林植物进行分类。
2. 能区分植物自然分类的各级单位。
3. 能熟练使用植物分类检索表对园林植物进行鉴定。

》 素质目标

1. 培养认真、严谨的工作态度。
2. 培养沟通协作能力和团队意识。

知识准备

植物分类的方法有自然分类法和人为分类法两种。

一、自然分类法

自然分类法是以植物进化过程中亲缘关系的远近作为分类标准的分类方法。这种方法具有较强的科学性，在生产实践中有重要意义。例如，可根据植物亲缘关系，选择亲本进行人工杂交，培育新品种。

百余年来，自然分类法建立的分类系统有数十个，其中最著名的为恩格勒系统和哈钦松系统。恩格勒（A. Engler）是德国的植物学家。他认为柔荑花序类植物在双子叶植物中是比较原始的类群，单子叶植物比双子叶植物原始，因此在分类系统中把单子叶植物排列在双子叶植物前面。哈钦松（J. Hutchinson）是英国植物学家。他把被子植物分为双子叶植物纲和单子叶植物纲，然后把双子叶植物纲分为木本支和草本支，并把单子叶植物纲分为萼花区、冠花区和颖花区。哈钦松系统的特点：一是认为木兰目植物比较原始，因此在被子植物中把木兰目排在前面，而且认为木本支与草本支分别以木兰目和毛茛目为原始点平行进化；二是认为柔荑花序类植物比较进化，是次生（或退化）的表现；三是认为单子叶植物比双子叶植物进化。

当前应用较多的植物分类系统还有克朗奎斯特系统和APG系统（Angiosperm Phylogeny Group classification）。克朗奎斯特系统是由美国植物学家克朗奎斯特（A. J. Cronquist）于1968年提出的，并于1981年修订。该分类系统以较为完善的形态分类著称，将被子植物分为木兰纲（双子叶植物）和百合纲（单子叶植物），包含11亚纲83目388科。APG系统为被子植物系统发生学组提出的分类系统，是基于分子生物学证据特别是DNA序列数据构建的被子植物在目、科分类阶元上的分类系统。该分类系统解决了一些依据形态学特征未能确定的类群的系统位置问题，并证明了将被子植物一级分类分为双子叶植物和单子叶植物的不自然性。自1998年起，APG系统已经修订了4个版本，最新的为2016年的APG Ⅳ系统。该分类系统共包含64目和416科，被认为是目前最完善、最科学的植物分类系统。

1. 植物分类的等级单位

自然分类法中植物分类的等级单位是门、纲、目、科、属、种。

门（Division）：植物界下面的分类单位。例如，种子植物门（Spermatophyta）和蕨类植物门（Pteridophyta）。

纲（Class）：门下面的分类单位。例如，种子植物门下的松科植物纲（Pinopsida）和菊科植物纲（Asterales）。

目（Order）：纲下面的分类单位。例如，松科植物纲下的松目（Pinales）和柏目（Cupressales）。

科（Family）：目下面的分类单位。例如，松目下的松科（Pinaceae）和柏科（Cupressaceae）。

属（Genus）：科下面的分类单位。例如，松科下的云杉属（*Abies*）和红松属（*Pinus*）。

种（Species）：属下面的分类单位。例如，红松属下的红松（*Pinus densiflora*）和黑松（*Pinus thunbergii*）。

种是植物分类的基本单位。所谓种，是指起源于共同的祖先，具有相似的形态特征，且能进行自然交配产生正常后代（少数例外），并具有一定自然分布区的生物类群。种内个体由于受环境影响而产生显著差异时，可视差异大小分为亚种、变种、变型等。

亚种：是种内类群。同种但分布在不同地区的种群，由于受生活环境的影响，它们在形态结构或生理功能上发生某些变化，这些种群分别为该种的亚种。

变种：与原种通常仅有1~2个形态和生理性状的差异，如千日白是千日红的变种。

变型：是指个别性状变异比较小的类型，通常只有一个性状差异，且通常见于栽培植物中。如白花紫藤是紫藤的变型。

以芍药为例说明植物分类的等级单位：

界：植物界（Vegetabile）
　　门：被子植物门（Angiospermae）
　　　　纲：双子叶植物纲（Dicotyledoneae）
　　　　　　目：毛茛目（Ranales）
　　　　　　　　科：毛茛科（Ranunculaceae）
　　　　　　　　　　属：芍药属（*Paeonia*）
　　　　　　　　　　　　种：芍药（*Paeonia lactiflora* Pall.）

小 贴 士

　　品种不是植物分类学上的单位，它只用于栽培植物，而不用于野生植物，如葡萄的'龙眼'、'巨峰'都是品种。

2. 植物的命名

　　每种植物在不同的国家和地区其名称有所不同，因而容易出现同物异名或同名异物的混乱现象，造成识别植物、利用植物、国际交流等的障碍。为此，有一个共同的命名法则是非常必要的。国际上规定，植物任何一级分类单位，均须按照《国际植物命名法规》用拉丁文或拉丁化的文字进行命名。这样的命名称为学名，它是世界范围内通用的唯一正式名称。

　　植物的学名，是以瑞典植物学家林奈（C. Linnaeus）所倡导的双名法命名的。它的组成是属名+种加词（种区别词）+命名人姓氏缩写。如水稻的学名*Oryza satiua* L.和桑的学名*Morus alba* L.，属名都是名词，属名第一个字母大写。种加词一般是形容词，起着标志这一植物种的作用，第一个字母小写。如桑的学名种加词alba是"白色"的意思。命名人姓氏，除单音节单词外均应缩写，缩写时要加"."，且第一个字母要大写，如Linnaeus（林奈）缩写为L.。

　　如果是亚种，其学名组成是属名+种加词+命名人+sub.（亚种的缩写）+亚种加词+亚种命名人。如紫花地丁（堇菜科）的学名是*Viola philippica* sub. *manda* W. Beck。

　　如果是变种，其学名组成是属名+种加词+命名人+var.（变种的缩写）+变种加词+变种命名人。如红花檵木的学名是*Loropetalum chinense* var. *rubrum* Yieh。

　　如果是变型，其学名组成是属名+种加词+f.（变型的缩写）+变型加词+变型命名人。

　　植物的中文名，命名原则如下：一种植物应只有一个全国通用的中文名，至于在全国各地的名称，可保留而称为地方名。属名是植物中文名的核心，在拟定植物中文名时，应选择使用广泛、形象生动，并与植物的形态、生态、用途有联系的名称作属名。尽量避免使用带有迷信色彩及纪念古人或今人的名称。

3. 植物分类检索表的编制和使用

　　植物分类检索表是鉴定植物的必备工具。检索表的编制方法：根据法国学者拉马克（Lamarck）的二歧分类原则，把各植物类群突出的形态特征进行比较，分成相对的两个分支，在相同的项目下，以不同点分开，依次编到科、属或种的检索表的终点为止。植物分类检索表通常有下列两种形式。

（1）定距检索表（等距检索表）

在这种检索表中，相对性状的特征被编为同一号码，且在左边同距离处开始描写，如此继续下去，直至科、属或种的学名为止。优点是将相对性状的特征都排列在与左边同样距离处，一目了然，便于比较。缺点是两个相对性状常分开列出，不便于比较，且如果编排的植物种类过多，势必会浪费很多篇幅。例如：

1. 植物体无根、茎、叶分化，不产生胚
　　2. 植物体不为藻、菌共生体 ·· 藻类（Algae）
　　2. 植物体为藻、菌共生体 ·· 地衣（Lihenes）
1. 植物体有根、茎、叶分化，产生胚
　　3. 有茎、叶分化，无真正的根 ································· 苔藓植物门（Bryophyta）
　　3. 有茎、叶分化，并出现真正的根
　　　　4. 不产生种子，以孢子繁殖 ························· 蕨类植物门（Pterdophyta）
　　　　4. 产生种子，以种子繁殖
　　　　　　5. 种子或胚珠裸露 ···························· 裸子植物门（Gymnospermae）
　　　　　　5. 种子或胚珠包被在果皮或子房中 ········· 被子植物门（Angiospermae）

（2）平行检索表

在这种检索表中，左边数字均平头写，每一对相对性状的描写紧紧相接，以便于比较，且在每一行之末为一学名或数字。如为数字，则另起一行重写，与另一相对性状平行排列，如此直至终点为止。缺点是类群间分类不明显，使用时比较烦琐。例如：

1. 植物无花，无种子，以孢子繁殖··· 2
1. 植物有花，以种子繁殖··· 3
2. 小型绿色植物，结构简单，仅有茎、叶之分，有时为扁平的叶状体，没有真正的根和维管束 ··· 苔藓植物门（Bryophyta）
2. 中型或大型草本，少为木本植物，有根、茎、叶分化，并有维管束 ··················· ··· 蕨类植物门（Pterdophyta）
3. 胚珠裸露，不包于子房内················· 裸子植物门（Gymnospermae）
3. 胚珠包于子房内····················· 被子植物门（Angiospermae）

利用植物分类检索表鉴定植物时，可以从科一直检索到种，但要有完整的检索表资料，还要有性状完整的检索对象标本。另外，对检索表中使用的各种形态学术语及检索对象的形态特征，应有正确的理解和分辨，否则鉴定结果容易出现偏差。

二、人为分类法

人为分类法是按照不同的目的和方法，以植物一个或几个特征或经济意义作为分类依据的分类方法。此种分类方法简单易懂，便于掌握，但不能反映植物类群的进化规律与亲缘关系。

1. 按植物生长特性分类

按植物生长特性，可将植物分为木本植物和草本植物。

（1）木本植物

木本植物的根和茎因增粗生长形成大量木质部，植物体木质部发达，茎坚硬，多年生。

①乔木类　树体高大，有明显的主干，分枝点高，如荷花玉兰、樟、二球悬铃木、鹅掌楸、银杏等。可按树高分为巨乔或伟乔（31m以上）、大乔木（21~31m）、中乔木（11~20m）和小乔木（6~10m），还可按生长速度分为速生树种、中生树种和慢生树种等。

②灌木类　树体矮小，主干低矮或茎没有明显主干，侧枝丛生形成树丛，如月季、夹竹桃等。

③藤本类　茎不能直立，以吸盘、攀缘根、卷须攀附或缠绕其他物体而向上生长，如地锦、凌霄、紫藤等。

④匍匐类　茎不能直立，茎、枝干均匍匐生长，与地面接触的部位可生出不定根而扩大占地面积，如铺地柏等。

（2）草本植物

草本植物的植物体木质部不发达，其地上部分大多于当年枯萎。

①一年生草本植物　在一个生长季内完成生活史的草本植物，春天播种，夏、秋开花结实后枯死，如鸡冠花、百日草等。

②二年生草本植物　在两个生长季内完成生活史的草本植物，秋天播种，幼苗过冬，翌年春、夏开花结实后枯死，如紫罗兰、金盏菊等。

③多年生草本植物　地下茎和根连年生长，地上部分多次开花结实，其个体寿命超过两年。根据地下部分的形态，又可分为宿根类和球根类。宿根类地下部分形态正常，不发生变态，如玉簪、萱草等。球根类地下部分（根或茎）发生变态，肥大呈球状或块状。球根类又因地下部分的根或茎形态不同，可分为鳞茎类、球茎类、块茎类、根茎类、块根类等。鳞茎类有百合、水仙、风信子、郁金香等；球茎类有小苍兰、葱兰、唐菖蒲、番红花、仙客来等；块茎类有球根秋海棠、大岩桐、马蹄莲、萍蓬草等；根茎类有美人蕉、菖蒲、白及、荷花、睡莲等；块根类有大丽花、花毛茛、蛇鞭菊、葛藤、乌头等。

2. 按植物观赏部位分类

（1）观花类

观花类包括木本观花植物和草本观花植物。以观花为主，欣赏其花色、花香、花姿、花韵。木本观花植物如月季、山茶、杜鹃花等，草本观花植物如郁金香、大丽花、金盏菊等。

（2）观叶类

观叶类以观叶为主，叶形奇特，或带彩色条斑，富于变化，具有很高的观赏价值，如鸡爪槭、彩叶草等。

（3）观茎类

观茎类茎干色泽或形状异于其他植物，可供观赏，如红瑞木、紫薇等。

（4）观果类

观果类果实形态奇特，或色泽艳丽悦目，挂果时间长，且果实干净，可供观赏，如佛手、石榴等。

（5）观姿类

观姿类树势挺拔或枝条扭曲、盘绕，似游龙，如龙爪槐、雪松等。

3. 按园林绿化用途分类

（1）行道树

行道树是为了达到美化、遮阴和防护等目的，沿街道或人行道整齐排列栽植的树木，如悬铃木、银杏、枫香树等。

（2）庭荫树

庭荫树一般指树冠大、树叶分布较密、可遮阴的高大树木，主要是乔木，包括常绿乔木和落叶乔木。庭荫树一般植于庭院、广场或草坪内，能形成绿荫供人在树下休息、纳凉，如枫杨、梧桐等。

（3）园景树

园景树一般指观赏部位较多、观赏价值较高的树木，是庭园中常用的景观树木。如白玉兰、金森女贞、南天竹等。

（4）绿篱植物

绿篱植物在园林中主要起分隔空间、遮蔽视线、衬托景物、美化环境及防护等作用，如黄杨、女贞等。按照观赏特性，又可分为彩叶篱植物、花篱植物、果篱植物、枝篱植物、刺篱植物等。

（5）垂直绿化植物

垂直绿化植物指茎蔓细长，不能直立生长，需攀附其他物体向上生长的植物。在园林造景中主要用于垂直绿化，可植于墙面、拱门、棚架、山石等旁边，让其攀缘生长，形成各种立体的绿化效果。常用的有地锦、络石、薜荔、紫藤、凌霄、油麻藤、常春藤等。

（6）草坪及地被植物

草坪及地被植物指低矮、抗性强、有较强的延展性或扩散能力的木本或草本植物。种植在林下或裸地上，可以覆盖地面，起防尘、降温及美化作用，如小叶扶芳藤、野牛草等。

（7）花坛植物

花坛植物一般指栽植在花坛内的观叶、观花草本花卉或低矮灌木，可组成各种花纹和图案，如金盏菊、月季等。

（8）室内装饰植物

室内装饰植物指种植在室内墙壁和柱子上专门设立的栽植槽内的一类植物，如常春藤等。

4. 按植物栽培环境分类

（1）温室植物

温室植物指原产于热带、亚热带，在寒冷地区必须在温室内栽培，或冬季必须在温室内保护越冬的植物，如红掌、马拉巴栗等。

（2）露地植物

露地植物指在自然条件下，在露地完成其生命周期的植物，如长春花、金鱼草、百日草等。

5. 按植物生长环境因子分类

（1）按植物对光照强度的要求划分

植物可分为喜光植物、耐阴植物、中性植物。

（2）按植物对光照时间的要求划分

植物可分为短日照植物、长日照植物、中日照植物、中间型植物。

（3）按植物对热量因子的适应性划分

植物可分为耐寒植物、不耐寒植物、半耐寒植物。

（4）按植物对水分因子的适应性划分

植物可分为旱生植物、中生植物、湿生植物、水生植物。

（5）按植物对土壤因子的适应性划分

植物可分为喜酸性土植物、耐碱性土植物、耐瘠薄土植物、海岸植物。

（6）按植物对空气因子的适应性划分

植物可分为抗风植物、抗污染植物、抗粉尘植物等。

（7）按植物对病虫害的抗性划分

植物可分为抗性植物、易感染植物。

任务实施

一、搜集资料

学生分组，搜集10种具有不同形态特征的带花或带果植物枝条的图片或标本，总结它们的形态特征。

二、学习园林植物分类相关理论知识和案例

以小组为单位，学习园林植物分类相关理论知识。教师带领学生在校园或所在城市的典型绿化点观察常见的、具有代表性的园林植物，并用自然分类法及人为分类法对其进行归类。

三、现场调查园林植物类群

1. 各小组调查自然分类法及人为分类法的代表性园林植物，填写园林植物类型调查表（表1-2-1）。

表 1-2-1　园林植物类型调查表

班级：_____　　小组成员：_____　　调查时间：_____　　调查地点：_____

序号	植物名称	识别特征	自然分类类型	人为分类类型	备注
1					
2					
3					
...					

2. 使用植物分类检索表对园林植物进行鉴定。

各小组使用植物分类检索表鉴定10种园林植物，并填写园林植物鉴定表（表1-2-2）。

表 1-2-2 园林植物鉴定表

班级：_____ 小组成员：_____ 鉴定时间：_____ 鉴定地点：_____

序号	形态特征	植物名称	科	属	备注
1					
2					
3					
...					

任务考核

根据表1-2-3进行考核评价。

表 1-2-3 园林植物分类考核评分标准

项　目	考核内容	考核标准	赋分	得分
过程性评价	准备工作	准备充分	10	
	实践活动态度	积极主动，有团队精神，注重方法及创新	10	
	实践活动水平	观察细致，植物形态特征描述准确，植物类型分析正确	20	
结果性评价	植物分类	正确判断出园林植物所属类型	30	
	植物鉴定	准确检索到园林植物的科、属信息，每检索1种得3分	30	
总　　分			100	

知识拓展

一、生物的分界

18世纪，瑞典植物学家林奈把生物划分为动物界和植物界。1886年，赫克尔（Haeckel）提出三界系统，即把生物划分为原生生物界（包括菌类、低等藻类和海绵）、植物界、动物界。1938年，科帕兰（Copeland）根据有机体的细胞结构水平主张建立四界系统，即把生物划分为原核生物界（包括蓝藻、细菌）、原始有核界（包括低等的真核藻类、原生动物、真核菌类）、后生植物界和后生动物界。1969年，维德克（Whittaker）依据营养方式不同提出五界系统，即把生物划分为原生生物界、原核生物界、真菌界、植物界和动物界。1977年，我国学者陈世骧考虑到病毒的特殊性，提出六界系统，即把生物划分为非胞生物界、原生生物界、原核生物界、真菌界、植物界和动物界。

二、植物的基本类群

1. 藻类植物

藻类植物是地球上最古老的植物类群，一般个体较小，结构简单，形态结构差异很大，反映着从单细胞到多细胞的进化过程。其细胞中含有不同光合色素，能进行光合作用。藻类植物的生殖方式有营养体生殖、无性生殖和有性生殖。

小贴士

藻类约有3万种，广泛分布于不同生物类群：原核生物界包含蓝藻门（即蓝细菌，如颤藻、念珠藻）；原生生物界涵盖裸藻纲（原裸藻门，如裸藻）、绿藻门（部分类群，如衣藻）、红藻门（如紫菜）、褐藻门（如海带）、金藻门（如硅藻）及甲藻纲（原甲藻门，如夜光藻）；植物界则仅包含与陆生植物演化关系密切的轮藻门（如轮藻）及部分绿藻门高等类群（如水绵）。

2. 苔藓植物

苔藓植物是一类相对比较低等的植物，主要生活在潮湿的环境中，如森林、沼泽和岩石上。它们有茎和叶，但茎中无导管，叶中无叶脉，根为假根。苔藓植物的叶片只有一层细胞，有毒气体可以从背、腹两面侵入，因此可以作为空气污染的指示植物。

3. 蕨类植物

蕨类植物是一类较高等的植物，比苔藓植物更为进化。它们主要生活在森林或山野的潮湿环境中。有根、茎、叶的分化，有真正的组织结构，但没有花和果实。蕨类植物在生态系统中主要是作为森林植被的组成部分，具有遮蔽和保护作用。此外，一些蕨类植物还可以作为药用植物或观赏植物。

4. 种子植物

种子植物是植物界最高等的植物类群，它们能通过产生种子来繁衍后代，体内具有维管束组织——韧皮部和木质部。根据种子外有无果皮包被或胚珠是否裸露，又分为裸子植物和被子植物。裸子植物的种子裸露在外，没有果皮包裹，如松、柏等。被子植物的种子有果皮包裹，如桃、苹果等。

（1）裸子植物

裸子植物在进化上是介于蕨类植物和被子植物之间的高等植物，最显著的特征是胚珠和由胚珠发育的种子裸露，不形成果实。裸子植物多为常绿木本植物，木质部内只有管胞而无导管与纤维，韧皮部内只有筛胞而无筛管与伴胞。小孢子叶球和大孢子叶球同株或异株。小孢子叶球由多数小孢子叶聚生而成，每个小孢子叶下面生有小孢子囊，其内贮藏着小孢子。大孢子叶球由多数大孢子叶聚生而成，大孢子叶的腹面生有胚珠，不被大孢子叶包被而裸露。配子体进一步简化，寄生在孢子体上，雌配子体还有结构简单的颈卵器。小孢子形成雄配子体时能产生花粉管，受精作用不受水的束缚，使裸子植物更适应陆地生活。

裸子植物是组成森林的主要成分，约占全世界森林面积的80%。现存的裸子植物约13科71属800种。我国有11科41属243种，其中银杏、水杉、水松、银杉等被国际上誉为"活化石树种"。裸子植物常绿、寿命长、顶芽发达、株形美观、叶形秀丽，因此在园林建设中具有重要作用，如银杏、南洋杉、雪松、金钱松等是无可替代的观赏树种。很多裸子植物还是非常重要的工业和建筑木材原料，也是上等的造纸原料，有的可食用或药用。

（2）被子植物

被子植物是植物适应陆地生活发展到最高级、最完善的类群，约25万种。它们在种的数目上或个体的数量上都占据绝对优势，具有更广泛的适应性。被子植物的孢子体形态结构更加发达完善，器官和组织进一步分化，木质部中有导管和木纤维，韧皮部中有筛管、伴胞和韧皮纤维，因此输导和支持功能大大加强，对陆生条件具有更强的适应性。被子植物的生殖器官出现了花的结构，胚珠着生在子房内，受精后形成的种子由果皮包被，使下一代的幼小植物体有着更好的保护环境，发育和传播得到了更可靠的保证。被子植物的配子体高度简化，雄配子体简化为二核或三核花粉粒，雌配子体简化为八核胚囊，内有颈卵器。双受精作用和三倍体胚乳是被子植物所特有的，更利于种群的繁衍，保持了对陆生条件更强的适应性。

被子植物与人类的生产和生活密切相关，给人类提供了丰富的衣、食、住、行等方面的各种资源，还被用于水土保持、园林绿化和环境保护等方面，是人类提高生活水平、改善环境质量必不可少的物质基础。

🚩 巩固练习

1. 恩格勒系统和哈钦松系统对植物进行分类的观点有何不同？
2. 植物的学名由哪几个部分组成？
3. 裸子植物与被子植物的区别是什么？
4. 使用植物分类检索表检索10种园林植物，并编制5种园林植物的检索表。

项目 2

园林植物器官识别

项目描述

根、茎、叶、花、果实和种子是园林植物的重要器官，它们有不同的形态特征，是识别、鉴定园林植物种类的依据，同时具有极高的观赏价值，在园林植物配置时应被充分考虑。本项目共包含两个任务：园林植物营养器官识别和园林植物生殖器官识别。本项目的学习可为后续项目的学习奠定基础。

项目目标

≫ 知识目标

1. 知道植物六大器官的类型。
2. 掌握植物六大器官的形态术语。

≫ 技能目标

1. 能够准确描述植物六大器官的形态特点。
2. 能够正确判断植物六大器官的类型。

≫ 素质目标

1. 热爱园林事业，树立职业理想信念，培养对岗位工作的责任感。
2. 树立正确的世界观、人生观、价值观，践行"绿水青山就是金山银山"的理念。
3. 培养坚定的文化自信，培养爱国情怀和中华民族自豪感。
4. 培养善于沟通的能力和吃苦耐劳、团队合作的精神。

数字资源

任务 *2-1* 园林植物营养器官识别

任务描述

园林植物的营养器官包括根、茎、叶，它们对于植物的生长、发育和繁殖具有至关重要的作用。它们分工明确，彼此协作，保障植物茁壮成长。根是植物固定在土壤中的部分，能够为植物吸收水分和养分供生长所需。茎是植物地上部分的主要组成部分，具有支撑叶片、花朵和果实的作用，还能输送水分和养分。叶是植物进行光合作用的主要器官，能够将太阳能转化为化学能，用于合成有机物。本任务在学习常见园林植物营养器官相关理论知识的基础上，通过观察、比较园林植物各营养器官的形态特征，掌握描述根、茎、叶的常用术语及其区别，了解各营养器官在园林应用中的观赏价值，完成根、茎、叶识别特征和观赏特性的调查报告。

任务目标

》知识目标

1. 掌握描述根、茎、叶的形态术语。
2. 知道园林植物各营养器官的形态与园林植物观赏特性的关系。

》技能目标

1. 能准确描述和识别园林植物各营养器官的形态。
2. 能够区别园林植物不同类型营养器官的形态特征。
3. 能够根据园林植物营养器官的观赏特性恰当选择植物种类。

》素质目标

1. 培养观察能力。
2. 培养感知美、欣赏美的能力。
3. 培养对专业术语的理解能力和表达能力。

知识准备

一、根的识别

园林植物裸露的根部具有一定的观赏价值，如榕树的支柱根和枝干交织在一起，形似稠密的丛林，形成"独木成林"的壮丽景观。另外，特别值得一提的是在桩景的培养中，将根部发达的园林植物通过精细培育和艺术加工，可形成形神兼备的艺术形体，对于丰富景观文化内涵具有重要的意义。

1. 根的类型

根是园林植物的重要营养器官。除少数气生根外，根一般为圆柱状（球根花卉的根为圆球状或块状），生长在地下，在土壤溶液中吸收水分和无机盐，并通过维管组织向上

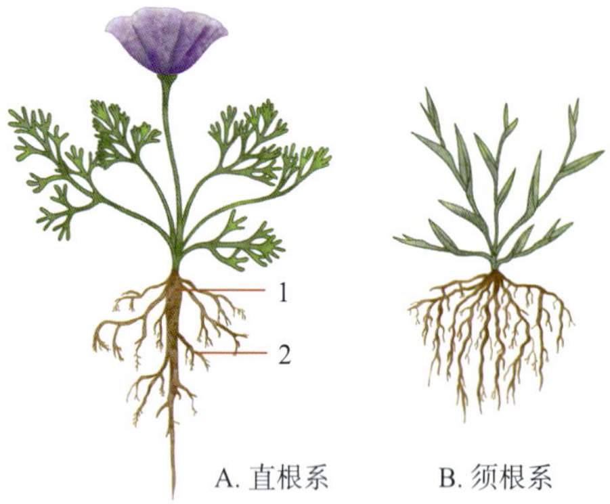

A. 直根系　　B. 须根系

图 2-1-1　根系的类型

1. 主根　2. 侧根

输送到枝叶，满足植物生长发育的需要。

种子萌发时，胚根突破种皮向下生长，形成主根；主根生长到一定阶段发生的各级分枝称为侧根。主根和侧根是按照一定位置发育的，称为定根；有些植物可以从茎、叶、老根等位置产生根，这些发生位置不一定的根称为不定根，如吊兰的气生根等。植物地下所有根的总体称为根系。按照起源和形态不同，根系可分为直根系和须根系两种基本类型（图2-1-1）。

（1）直根系

直根系的主根与侧根有明显区别：主根粗壮发达，垂直向土壤中生长；侧根较细小。裸子植物和双子叶植物的根系多属直根系，如松、杨、波斯菊等的根系。

（2）须根系

须根系主根不发达，主根与侧根没有明显区别或主要由不定根组成。单子叶植物的根系多属须根系，如棕榈、百合、小麦等的根系。

2. 根的变态

植物的每一个营养器官都有一定的形态和生理功能。在一定的环境中，为了适应环境的变化而改变本来的形态和功能的变异称为器官变态。如仙人掌，长期生活在沙漠的干旱环境中，为了减少蒸腾流失的水分，将叶变异为刺，茎变异为叶，进行光合作用。这是植物在生长环境中长期自然选择的结果。根的变态常见的有以下几种类型。

（1）贮藏根

贮藏根外形肥大，肉质，主要起贮藏营养物质的作用。2年生或多年生草本植物的根多为贮藏根。贮藏根如果主要是由主根发育而成，每株仅有一个肉质直根，称为肉质根，如萝卜、兰花等的肉质根（图2-1-2）；如果由侧根或不定根膨大而形成外形不规则且有多个的根，称为块根，如大丽花、花毛茛、甘薯等的块根（图2-1-3）。

（2）气生根

凡露出地面、悬垂在空气中的根，均称为气生根，如榕树枝干上产生的下垂的气生根（图2-1-4）、附生在树木枝干上的兰科植物的根。

图 2-1-2　萝卜的肉质根

图 2-1-3　甘薯的块根

图 2-1-4　榕树的气生根

（3）支持根

有些植物可以从靠近地面的茎节上生出许多不定根，伸入土中以加固植株，如玉米、高粱、甘蔗等都有支持根（图2-1-5）。

（4）攀缘根

一些茎细长柔软、不能直立生长的藤本植物，从茎上产生许多不定根，用以攀缘树干、山石或墙壁等的表面，称为攀缘根，如常春藤、绿萝、凌霄等的攀缘根（图2-1-6）。

（5）呼吸根

由于长期生活在水中或沼泽地带，植物根部呼吸困难，从而形成露在空气中的根，称为呼吸根。呼吸根组织疏松，适宜输送和贮存空气，如水松、池杉、落羽杉等的呼吸根（图2-1-7）。

（6）寄生根

有些寄生植物如菟丝子，其茎缠绕在寄主茎上，退化成小鳞片的叶不能进行光合作用，借助茎形成不定根侵入寄主体内，吸收水分和营养，这种不定根称为寄生根。

图 2-1-5　玉米的支持根　　图 2-1-6　凌霄的攀缘根　　图 2-1-7　池杉的呼吸根

二、茎的识别

1. 茎的基本形态（图2-1-8）

大多数种子植物的茎外形为圆柱形，也有少数植物的茎为其他形状，如莎草科植物的茎呈三角柱形，唇形科植物的茎为方柱形，有些仙人掌科植物的茎为扁圆形或多角柱形。茎上通常有叶、花和果实。

枝条　着生叶和芽的茎。

节　枝条上着生叶的部位。

节间　相邻两节之间不着生叶的部分。

叶腋　叶片与枝条之间所形成的夹角部位。

叶痕　叶片脱落后在枝条上留下的痕迹。

叶迹　叶痕中凸起的小点，是枝条与叶柄维管束断离后留下的痕迹。

芽鳞痕　顶芽开放后芽鳞脱落留下的痕迹。根据芽鳞痕的数目可以判断枝条的年龄。

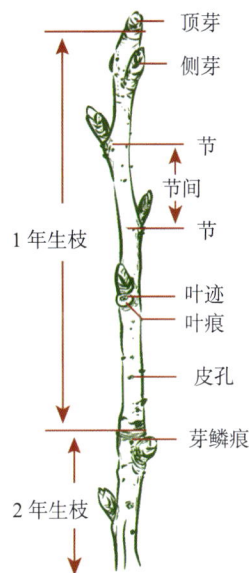

图 2-1-8　茎的基本形态

皮孔　木本植物枝条上一些黄褐色的小突起，是枝条与外界进行气体交换的通道。

长枝　节间显著伸长的枝条。

短枝　节间特别短的枝条。许多果树如苹果、柑橘、梨，长枝是营养枝，短枝是结果枝。

2. 芽的类型

茎的顶端和叶腋处都着生芽，枝条和花都是由芽开放而形成的。因此，芽是枝条和花的原始体。根据芽的着生位置、发育后所形成的器官、有无芽鳞和生理活动状态可将芽分为各种类型。

（1）按着生位置划分

按着生位置，芽分为定芽和不定芽。

①定芽　着生位置固定的芽。

顶芽　着生在枝条顶端的芽。

侧芽（腋芽）　着生在叶腋处的芽。大多数植物的叶腋通常只有一个腋芽，有的植物叶腋内可着生两个以上的芽。

并生芽　几个芽平行并列在一起，如桃的定芽（图2-1-9A）。

叠生芽　几个芽上下叠生在一起，如桂花的芽（图2-1-9B）。

柄下芽　叶柄基部膨大为鞘状，把芽覆盖，如悬铃木的芽（图2-1-9C）。

A. 桃的并生芽　　　　　　　B. 桂花的叠生芽　　　　　　　C. 悬铃木的柄下芽

图 2-1-9　侧芽

②不定芽　有些植物在老茎、根或叶特别是受创伤的部位形成的芽，如从秋海棠叶上及柳属、桑属植物老茎上长出的芽。由于不定芽可产生新植株，因而在农林生产中可利用这种特性来繁殖植物。

（2）按发育后所形成的器官划分

按发育后所形成的器官，芽分为叶芽、花芽和混合芽。

①叶芽　发育后形成枝条和叶的芽。

②花芽　发育后形成花或花序的芽。

③混合芽　同时发育为枝、叶、花（或花序）的芽。

（3）按有无芽鳞划分

按有无芽鳞，芽分为鳞芽和裸芽。

①鳞芽　有芽鳞包被的芽。芽鳞外常有茸毛或蜡质，可增强保护作用。

②裸芽　无芽鳞包被的芽。

（4）按生理活动状态划分

按生理活动状态，芽分为活动芽和休眠芽。

①活动芽　能在当年生长季节中发育成枝条或花的芽。

②休眠芽　位于枝条基部，在生长季不发育成枝条或花，多数呈休眠状态的芽。

3. 茎的分枝方式

茎的分枝方式是植物的基本生长特性之一，是普遍存在的现象。每种植物（棕榈科植物除外）的茎都有一定的分枝方式，常见的有以下3种。

（1）单轴分枝

主茎顶端优势明显，顶芽生长始终占主导，形成通直的主干，主茎上又有多次分枝，形成圆锥形、尖塔形的树冠，侧枝的生长始终不如主茎。这种分枝方式出材率最高，如池杉、雪松、杨等的分枝方式（图2-1-10A）。

（2）合轴分枝

主茎的顶芽生长一定时间便停止生长，由靠近顶芽的侧芽代替顶芽发育成新枝，新枝的顶芽生长一定时间又由靠近顶芽的侧芽所代替，如此形成弯曲的主轴，这种分枝方式称合轴分枝。在较幼嫩的枝条上，可看到接替的现象，而在较老的枝条上不明显。这种分枝方式，树冠开张如伞状，扩大了光合作用面积，有利于透光通风，也有利于花芽发育，如枣、榆、桃、苹果等的分枝方式（图2-1-10B）。

  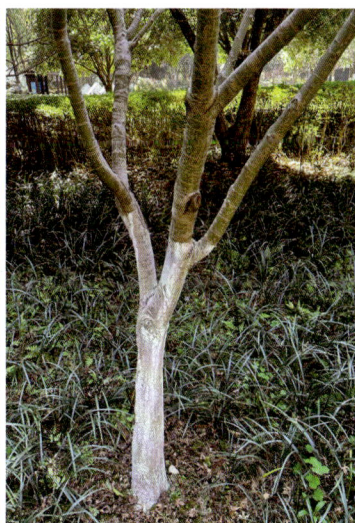

A. 单轴分枝　　　　　　　　　B. 合轴分枝　　　　　　　　　C. 假二歧分枝

图 2-1-10　茎的分枝方式

（3）假二歧分枝（假二叉分枝）

顶芽停止生长或形成花芽后，由顶芽下方两个对生的腋芽同时发育成叉状的分枝，这种分枝方式称假二歧分枝，如鸡爪槭、丁香、泡桐、梓树等的分枝方式（图2-1-10C）。

有些植物在同一植株中有几种分枝方式，如杜英、玉兰、女贞等，既有单轴分枝，又有合轴分枝。裸子植物大多为单轴分枝，被子植物大多为合轴分枝和假二叉分枝。根据分枝方式进行修剪，是园林植物栽培中必不可少的措施。

4. 茎的类型

按生长方式，茎可划分为以下几种类型。

（1）**直立茎**

垂直于地面向上直立生长的茎称直立茎。大多数植物的茎是直立茎，可以是草质茎，也可以是木质茎，如向日葵的茎是草质直立茎，而榆的茎则是木质直立茎（图2-1-11A）。

（2）**缠绕茎**

这种茎细长而柔软，不能直立，必须依靠其他物体才能向上生长，但其不具有特殊的攀缘结构，而是以茎的本身缠绕于其他物体上，如金银花、牵牛花等的茎（图2-1-11B）。

（3）**攀缘茎**

这种茎细长柔软，不能直立，必须依靠其他物体作为支柱，以特有的结构攀缘其上才能生长。根据攀缘结构的不同，可分为以下几类：以卷须攀缘，如丝瓜、葡萄的茎；以气生根攀缘，如常春藤的茎（图2-1-11C）；以吸盘攀缘，如地锦的茎。

（4）**匍匐茎**

茎细长柔弱，平卧于地面蔓延生长，一般节间较长，节上能生不定根，这种茎称匍匐茎，如甘薯、草莓等的茎（图2-1-11D）。

A. 向日葵的直立茎　　　B. 牵牛花的缠绕茎　　　C. 常春藤的攀缘茎　　　D. 甘薯的匍匐茎

图 2-1-11　茎的类型

5. 茎的变态

常见的茎的变态有以下几种类型。

（1）**地下茎的变态**

①根状茎　蔓生于土层下，具有明显的节与节间，节上产生不定根，并有退化的鳞叶，叶腋内有腋芽，顶端有顶芽，可形成地上枝，具繁殖作用，如莲、竹类等的根状茎

（图2-1-12A）。

②块茎　是节间缩短膨大的肉质地下茎，形状不规则，顶端有顶芽，四周有许多螺旋状排列的芽眼，每个芽眼内有几个侧芽，芽眼着生处为节，两个芽眼间为节间，如马铃薯的块茎（图2-1-12B）。

③鳞茎　是一种节间极短，扁平或圆盘状的地下茎，其上着生肉质或膜质的变态叶。如洋葱的鳞茎，中央节间缩短的茎称为鳞茎盘，顶端的顶芽将来发育成花序，节上着生肉质的鳞叶包围鳞茎盘，鳞叶内贮存大量营养物质，最外围还有几片膜质鳞叶起保护作用，叶腋有腋芽，鳞茎盘下端长有不定根。此外，还有水仙、百合等的鳞茎（图2-1-12C）。

④球茎　是节间缩短、膨大为球形的地下变态茎，具有明显的节和节间，节上生有起保护作用的鳞片及腋芽，如荸荠、慈姑等的球茎（图2-1-12D）。

A. 根状茎　　　　　　B. 块茎　　　　　　C. 鳞茎　　　　　　D. 球茎

图 2-1-12　地下茎的变态

（2）地上茎的变态

①茎刺　茎变为具有保护作用的刺，如山楂、柑橘的单刺，皂荚的分枝刺（图2-1-13A）。需注意的是，蔷薇、月季上的皮刺是由表皮形成的，数量多而分布无规则，与维管束无联系，是茎表皮的凸出物而不是茎的变态。

②茎卷须　许多攀缘植物的茎细长柔软，变成卷须（图2-1-13B），如南瓜、黄瓜的茎卷须（由腋芽发育形成）和葡萄的茎卷须（由顶芽发育形成）。

③叶状茎（叶状枝）　叶退化，茎变态为叶片状，执行叶的生理功能，如蟹爪兰、昙花、仙人指等的茎（图2-1-13C）。竹节蓼的叶状枝极显著，叶小或全缺；假叶树的侧枝变为叶状枝，叶退化为鳞片状，叶腋可生小化。

④肉状茎　肥厚多汁，常为绿色，可贮藏水分和养分，能进行光合作用，如莴苣、榨菜、球茎甘蓝和仙人掌科植物的茎（图2-1-13D）。

A. 茎刺　　　　　　B. 茎卷须　　　　　　C. 叶状茎　　　　　　D. 肉状茎

图 2-1-13　地上茎的变态

三、叶的识别

叶是植物最显著的营养器官，不仅可以进行光合作用，利用二氧化碳和水合成有机物并释放氧气，而且可以通过蒸腾作用将植物吸收的超过代谢需用量的多余水分变为水蒸气释放到大气中。此外，叶还具有吸收、繁殖、贮藏等功能。不同植物叶片大小不同，如巴西棕榈叶片长20m以上，而柏科植物的鳞形叶仅长几毫米。在园林应用中，主要通过叶的大小、形状、色彩、质地等实现其观赏价值。

1.叶的组成和形态

（1）叶的组成

典型双子叶植物的叶由叶片、叶柄和托叶3个部分组成（图2-1-14）。叶片通常是绿色、扁平的，是进行光合作用的主要部分，有各种形状和大小；叶柄连接叶片于茎上，是叶与茎之间物质交换的通道；托叶的形状和大小随植物种类而不同。单子叶植物的叶由叶片和叶鞘两部分组成，在叶片与叶鞘之间的连接处有叶舌和叶耳（图2-1-15）。

具有叶片、叶柄、托叶的叶称为完全叶，缺少其中一部分或两部分的叶称为不完全叶。

图 2-1-14　双子叶植物叶的组成（珊瑚朴）
1.叶片　2.叶柄　3.托叶

图 2-1-15　单子叶植物叶的组成（芦苇）
1.叶片　2.叶鞘

（2）叶的形态

叶的形态包括叶形、叶缘、叶尖、叶基、叶脉等。园林植物叶的形态变化万千，各有不同。

①叶形　叶片的形状称为叶形。不同种类的植物，甚至同一株植物，叶片的形状差别很大。叶形主要是以叶片的长度与宽度的比例及最宽处所处的位置来确定（图2-1-16）。常见的叶形有：针形、条形、剑形、披针形、倒披针形、圆形、矩圆形、椭圆形、卵形、倒卵形、匙形、扇形、三角形、鳞形等。

②叶缘　叶片的边缘称为叶缘，一般有以下几种类型。

全缘　叶缘平滑，不具任何齿或缺刻，如白玉兰、女贞、蜡梅等的叶缘（图2-1-17A）。

波状　叶缘稍显凸而呈波纹状，如茄子、胡颓子等的叶缘。

锯齿　叶缘具尖锐的锯齿，齿端向前，如珊瑚朴、桃、月季等的叶缘（图2-1-17B）。

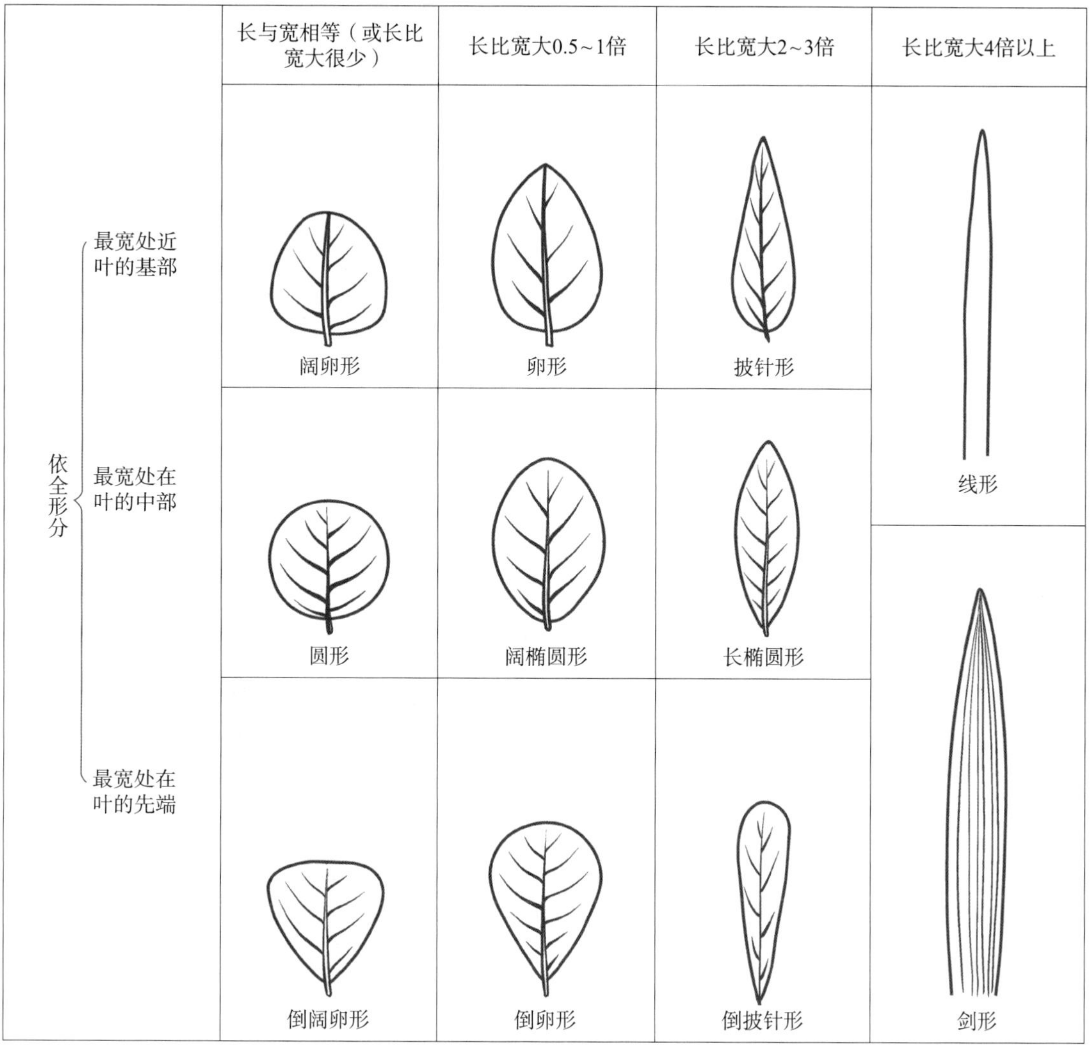

依全形分		长与宽相等（或长比宽大很少）	长比宽大0.5~1倍	长比宽大2~3倍	长比宽大4倍以上
	最宽处近叶的基部	阔卵形	卵形	披针形	线形
	最宽处在叶的中部	圆形	阔椭圆形	长椭圆形	
	最宽处在叶的先端	倒阔卵形	倒卵形	倒披针形	剑形

图 2-1-16　叶片形状

重锯齿　叶缘的锯齿边缘又有锯齿，如棣棠、樱桃等的叶缘（图2-1-17C）。

钝齿　叶缘具钝头的齿，如冬青卫矛的叶缘（图2-1-17D）。

牙齿　叶缘齿尖直向外方，如茨藻的叶缘。

圆齿　叶缘齿尖不尖锐而呈钝圆，如山毛榉的叶缘。

缺刻　叶缘凹凸的程度比较深，形成裂片，裂片深度从浅裂到全裂（图2-1-18）。

浅裂：裂片的深度不超过半个叶片的1/2。

深裂：裂片的深度超过半个叶片的1/2。

全裂：裂片的深度达到叶的中脉或叶的基部。

羽状分裂：裂片排成羽毛状。

掌状分裂：裂片排成掌状。

| A. 全缘 | B. 锯齿 | C. 重锯齿 | D. 钝齿 |

图 2-1-17 叶缘

| A. 羽状浅裂 | B. 羽状深裂 | C. 羽状全裂 |

| D. 掌状浅裂 | E. 掌状深裂 | F. 掌状全裂 |

图 2-1-18 缺刻

③叶尖 叶片先端部分，一般有以下几种类型。

渐尖 叶片先端较长或逐渐变尖，但有内弯的边，如垂柳、桃等的叶尖。

急尖 叶片先端较短而尖锐，如荞麦的叶尖。

尾尖 叶片先端具尾状延长的附属物，如日本晚樱、菩提树、梅等的叶尖。

锐尖　叶片先端呈一锐角而有直边，如金缨子的叶尖。

钝形　叶片先端钝而不尖，或近圆形，如冬青卫矛、厚朴等的叶尖。

尖凹　叶片先端稍微凹，如黄檀的叶尖。

倒心　叶片先端具较深的尖形裂缺，而叶两侧稍内缩，如酢浆草的叶尖。

④叶基　叶片的基部，一般有以下几种类型。

楔形　叶片中部以下向基部两边逐渐变狭，形如楔子，如垂柳的叶基。

钝圆形　叶片基部呈半圆形，如苹果的叶基。

耳垂形　叶片基部两侧各有一耳垂形的小裂片，如油菜的叶基。

箭形　叶片基部二裂片尖锐下指，如慈姑的叶基；叶片基部两侧的小裂片向外侧伸出，如菠菜、打碗花等的叶基。

匙形　叶片基部向下逐渐狭长，如金盏菊的叶基。

偏斜形　叶片基部两侧不对称，如秋海棠、朴树等的叶基。

⑤叶脉　是贯穿在叶肉内的维管束，起输导和支持作用。叶脉在叶片中的分布形式称脉序，常见的有两种类型，即网状脉和平行脉。

网状脉（图2-1-19）　叶脉错综分枝，连结成网状。这种叶脉是双子叶植物叶脉的特征之一，包括羽状脉和掌状脉两类。羽状脉只有一条主脉，侧脉较小，向两侧分枝，如扶芳藤、夹竹桃、苹果等的叶脉；掌状脉由叶基分出3条以上的主脉，如八角金盘、葡萄等的叶脉。具有3条主脉的掌状脉称为三出脉，如枣、冷水花等的叶脉。

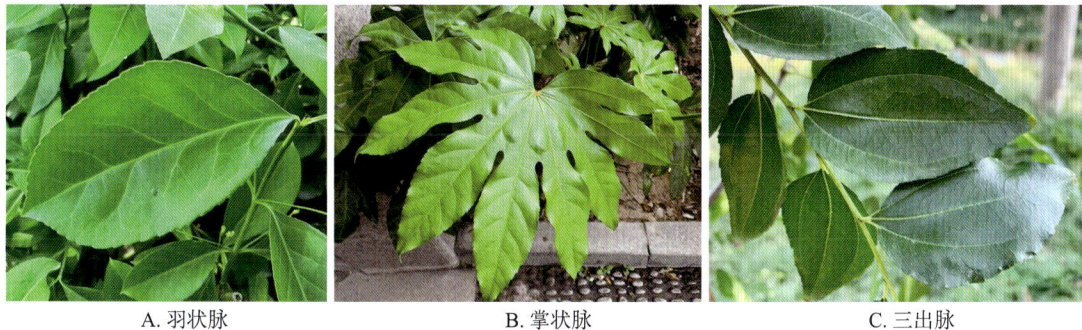

A. 羽状脉　　　　　　　　B. 掌状脉　　　　　　　　C. 三出脉

图 2-1-19　网状脉

平行脉（图2-1-20）　叶脉相互平行不交叉，中脉和侧脉自叶片基部发出，至叶片顶端汇合，各脉之间有细脉相连。这种叶脉是单子叶植物的特征之一，根据侧脉的形状或自中脉分枝位置的不同，又分为直出脉（如竹、玉米、小麦等的叶脉）、弧状脉（如玉簪的叶

A. 直出脉　　　　　　B. 弧状脉　　　　　　C. 侧出脉　　　　　　D. 射出脉

图 2-1-20　平行脉

脉）、侧出脉（如芭蕉、香蕉等的叶脉）和射出脉（如棕榈的叶脉）。

裸子植物银杏具有另一类型的叶脉，称为叉状脉，即叶脉为二叉状分枝，在一片叶上可以有好几级分枝。这种脉序常见于蕨类植物。

2. 叶的类型

从观赏特性来看，根据单叶柄上着生叶片的数目，叶可分为单叶与复叶两种。

（1）单叶

一个叶柄上仅有一个叶片的叶，称为单叶。

（2）复叶

一个叶柄上着生两个及两个以上叶片的叶，称复叶，如月季、刺槐、南天竹等的叶。复叶的叶柄称为总叶柄或叶轴，总叶柄上着生的叶称为小叶，小叶的叶柄称为小叶柄。根据总叶柄的分枝情况和小叶的多少，复叶可以分为羽状复叶、掌状复叶、三出复叶和单身复叶4种类型。

①羽状复叶　小叶着生在总叶柄的两侧，呈羽毛状（图2-1-21）。顶生一个小叶的羽状复叶为奇数羽状复叶，如刺槐、紫藤、月季等的叶；顶生两个小叶的羽状复叶为偶数羽状复叶，如双荚决明、皂荚等的叶。叶轴不分枝，小叶直接着生在叶轴左、右两侧的，为一回羽状复叶，如刺槐、花生等的叶；叶轴分枝一次的，为二回羽状复叶，如合欢、凤凰木、蓝花楹等的叶；叶轴分枝两次的，为三回羽状复叶，如南天竹的叶。

| A. 奇数羽状复叶 | B. 偶数羽状复叶（一回羽状复叶） | C. 二回羽状复叶 | D. 三回羽状复叶 |

图2-1-21　羽状复叶

②掌状复叶　3个以上小叶着生在总叶柄顶端，且排列为指掌形，如七叶树、木棉等的叶（图2-1-22A）。

③三出复叶　只有3个小叶着生在总叶柄的顶端，如重阳木、迎春花等的叶（图2-1-22B）。

④单身复叶　形似单叶，但其叶柄与叶片之间有明显的关节，为复叶的一种特殊类型，如柑橘、柚等的叶（图2-1-22C）。

3. 叶序

叶在茎上的排列方式称为叶序。叶序通常有以下几种类型（图2-1-23）。

①互生　每节只生一叶，交互而生，如樟、悬铃木、山茶等的叶序。

②对生　每节着生两叶，相对排列，如桂花、丁香、蜡梅等的叶序。

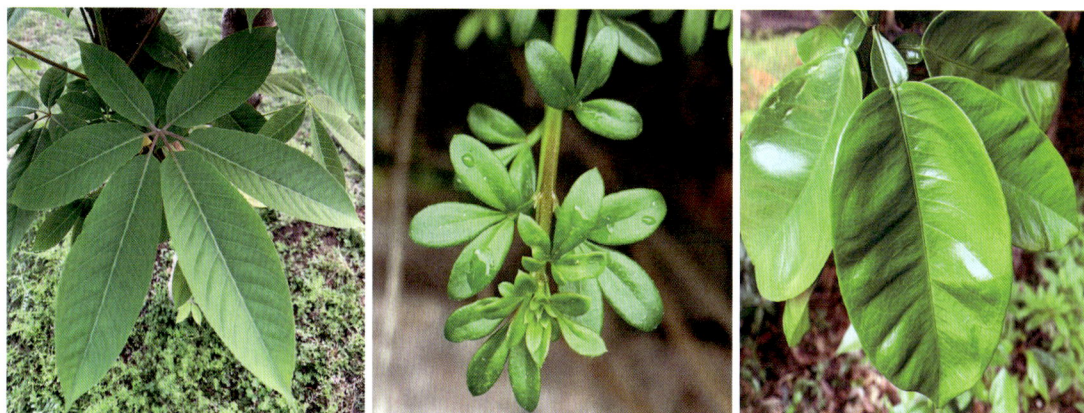

A. 掌状复叶   B. 三出复叶   C. 单身复叶

图 2-1-22 复叶其他类型

A. 互生    B. 对生    C. 轮生    D. 簇生

图 2-1-23 叶序

③轮生　每节着生三叶或三叶以上，轮状排列，如夹竹桃、软枝黄蝉、茜草等的叶序。

④簇生　节间极度缩短，多数叶丛生于短枝上，如银杏、雪松、落叶松等的叶序。

⑤基生　叶着生于茎基部近地面处，如非洲菊、蒲公英等的叶序。

4. 叶片的质地

叶片的质地（即叶质）是多种多样的。叶片不同的质地与叶形，可产生不同的质感。如合欢的整个树冠看起来像个绒团，具有柔软秀美的视觉效果；而枸骨的叶片坚硬多刺，给人剑拔弩张的心理感受。叶片的质地主要有以下几种类型。

①革质　叶厚而坚韧，颜色较暗，如冬青卫矛、法国冬青、橡皮树、桂花等的叶质。

②草质　叶片柔软，非木质化或木质化极弱，多为草本植物的叶，如石竹、福禄考、凤仙花等的叶质。

③纸质　叶片较薄而柔软，多为木本植物的叶，如梧桐、悬铃木、槐、桑、榆等的叶质。

④膜质　叶薄而呈半透明，不呈绿色，如中麻黄的叶质。

⑤肉质　叶片内有丰富的浆液，肥硕丰腴，如芦荟、景天、落地生根等的叶质。

一般革质的叶片具有较强的反光能力，在阳光下会呈现光影闪烁的效果，特别适合种植在有灯光照射的场所；透明状的纸质、膜质叶片，给人以恬静之感；粗糙多毛的叶片，给人以粗犷、野趣的质感；多肉植物的叶片则具有呆萌可爱的视觉形象，可配置出优美、有个性的室内外环境。

需要注意的是，在园林植物的配置过程中，人们对叶的奇特外形和鲜艳色彩运用较多，随着审美的变化，人们的心理需求越来越多，需要加强对园林植物叶的质感方面的运用。

5. 叶的形态结构与环境的关系

叶的形态结构不仅与其生理功能相适应，而且与植物所处的生态（外界环境）条件密切相关。

长期生活在干旱缺水条件下的植物，具有适应干旱条件的形态结构，有较强的抗旱能力。通常表现出两种适应形式：一种是叶片小而厚，角质层发达或表皮被毛，产生下皮层，气孔下陷；机械组织发达；叶肉细胞折叠；叶脉分布密等。裸子植物的针叶、鳞叶以及毛竹叶都属于这种类型。另一种是叶肥厚，有发达的贮水组织，细胞液浓度高，保水能力强。龙舌兰、马齿苋、景天科、仙人掌科，以及生长在盐碱地上的猪毛菜、盐蒿等的叶都属于这种类型。

长期生活在潮湿条件下的湿生植物，它们的抗旱能力很弱，不能忍受干旱缺水的条件。这类植物的叶片表面积通常增大，同时，由于蒸腾量减少，角质层不发达或没有，表皮毛也减少，海绵组织发达；叶脉和机械组织不发达；细胞间隙大等。这些特征都是与湿生条件相适应的。

光照强弱对叶的形态结构也有很大影响。有些植物在充足阳光下才能生长良好，不能忍受荫蔽的环境，这类植物称为喜光植物，它们的叶称为阳叶，如松、山杨、刺槐、桃、苹果等的叶。阳叶的形态结构常倾向于旱生植物叶的形态结构。有些植物适应在较弱的光照条件下生长，不能忍受强光的照射，这类植物称为耐阴植物，它们的叶称为阴叶，如咖啡、砂仁和一些林下植物的叶。阴叶的形态结构常倾向于湿生植物叶的形态结构。

叶对生态条件反应明显，可塑性大。即使是同一种植物，由于生长条件的不同，也会引起叶不同程度的形态结构变化。甚至同一株植物上的叶片，由于着生部位的不同，在形态结构上也有变化，如丁香的叶。在栽培植物群体中，顶部和向阳部位的叶具阳叶结构，而背阴部位的叶趋向阴叶结构。

6. 叶的寿命与落叶

植物的叶是有一定寿命的，其寿命因植物种类不同而异。草本植物的叶，随着植物的死亡而枯萎。杨、柳、榆、槐、香椿、楝、合欢等树木，它们的叶在春季长出，到冬季则全部枯萎脱落，这类树木称为落叶树。而有的树木，叶的寿命为1年以上，每年都有一部分叶片枯萎脱落，但植株上一年四季均有大量的叶子存在，同时每年增生新叶，这类树木称为常绿树，如松、柏、冬青、女贞、荔枝、龙眼、杧果等。

7. 叶的变态

叶生长在茎的节上，当其功能发生改变时，叶的形态也会发生变化，称为变态叶。叶的变态有以下几种类型。

（1）苞叶

苞叶是生在花或花序下面的一种特殊的叶，有保护花或果实的作用，有的还可作为区别植物科、属的特征，如玉米雌花序外面的苞叶，向日葵花序外面的总苞（图2-1-24A），以及一品红、叶子花的苞片等。

（2）芽鳞

芽鳞是包在芽外面的鳞片，有时鳞片外面有被毛，用以保护幼嫩的芽组织及减少蒸腾。树木的冬芽大多具有芽鳞。

（3）叶刺

叶的一部分或全部都变为刺，如仙人掌、小檗的刺（图2-1-24B）。如果在叶柄基部两侧发生，则为托叶刺（图2-1-24C），如刺槐的托叶刺。

（4）叶卷须

叶的一部分变为卷须，攀缘在其他植物或物体上。如豌豆叶先端的卷须，是由小叶片及复叶的叶轴变态而成。

（5）叶状柄

叶片退化，叶柄变成扁平状并执行叶片的功能，称为叶状柄。如台湾相思树的叶状柄。

（6）捕虫叶

叶发生变态，变成能捕食小虫的叶，称为捕虫叶。如茅膏菜、猪笼草的叶，叶先端变成囊状，具盖（图2-1-24D）。

| A. 苞叶 | B. 叶刺 | C. 托叶刺 | D. 捕虫叶 |

图 2-1-24　叶的变态

任务实施

一、搜集资料

学生分组，观察日常生活中遇到的植物，拍摄它们的根、茎、叶的照片。

二、学习园林植物的根、茎、叶的形态相关理论知识

以小组为单位，学习园林植物的根、茎、叶的形态相关理论知识。教师利用图片或标本进行园林植物根、茎、叶形态典型代表的现场教学。

三、现场调查园林植物的根、茎、叶

各小组对当地常见园林植物的根、茎、叶的形态进行观察，并填写根、茎、叶形态特征和观赏特性调查记录表（表2-1-1）。

表 2-1-1　常见园林植物根、茎、叶形态特征和观赏特性调查记录表

班级：_____　　小组成员：_____　　调查时间：_____　　调查地点：_____

项　目		1	2	3	4	5	6	7	8	9	10
形态特征	树冠										
	根										
	树皮										
	枝条										
	叶形										
	叶序										
	叶缘										
	叶基										
	叶尖										
观赏特性	茎										
	叶										

四、完成调查报告

各小组总结调查记录，分析当地常见园林植物营养器官的主要观赏价值，提出提质改良建议。

五、园林植物根、茎、叶类型识别

每人对20种园林植物的营养器官进行观察、分析和判断，准确说出其类型。

任务考核

根据表2-1-2进行考核评价。

表 2-1-2　常见园林植物根、茎、叶形态识别考核评分标准

项　目	考核内容	考核标准	赋分	得分
过程性评价	调查准备工作	准备充分	15	
	调查态度	积极主动，有团队精神，注重方法及创新	15	
	调查水平	根、茎、叶形态特征描述准确，观赏特性与应用价值分析合理	30	
结果性评价	调查报告	符合要求，内容全面，条理清晰，图文并茂	20	
	根、茎、叶类型识别	对20种园林植物的根、茎、叶进行类型识别，每正确识别1种得1分	20	
总　分			100	

✚ 巩固练习

1. 根系有几种类型？在园林工作中有何参考意义？
2. 列表说明根、茎、叶的变态类型及形态特征。
3. 绘图说明茎的4种生长方式。
4. 绘图说明复叶的类型。

任务 2-2　园林植物生殖器官识别

📝 任务描述

　　园林植物的生殖器官包括花、果实和种子。花、果实的形态和功能多种多样，有的富含营养物质，能够吸引动物食用；有的具有保护作用，能够保护花粉、种子免受外界环境的侵害。这些器官不仅为园林植物的种群延续提供保障，而且颜色艳丽或形态奇特，或具有芳香气味，令人心旷神怡。本任务在学习常见园林植物生殖器官形态特征相关理论知识的基础上，通过观察、比较、分析园林植物各生殖器官的形态特征，掌握描述花、果实、种子形态特征的常用术语，了解各生殖器官在园林应用中的观赏价值，完成园林植物花、果实、种子形态特征和观赏特性调查报告。

🎯 任务目标

≫ 知识目标

1. 掌握描述花、果实、种子形态特征的相关术语。
2. 知道园林植物各个生殖器官的形态特征与观赏特性的关系。

≫ 技能目标

1. 能准确描述园林植物各生殖器官的形态特征。
2. 能够通过园林植物各生殖器官的形态特征区分园林植物种类。
3. 能够根据园林植物各生殖器官的物候特点恰当选择园林植物种类。

≫ 素质目标

1. 培养认真、细致的工作态度。
2. 培养感知美、欣赏美的能力。
3. 培养对专业术语的理解能力和表达能力。

📖 知识准备

一、花的概念、组成和类型

1. 花的概念

花是植物特有的生殖器官。植物通过花完成传粉、受精、产生种子等一系列有性生殖过程，从而繁衍后代，延续种族。同时，花也是园林植物最醒目的部位，花的形状、色彩、气味都能带给人们美的享受。如艳红的石榴花如火如荼，给人以热情、兴奋之感；白色的丁香花则表现出悠闲、淡雅的气质；茉莉花的清香给人以神清气爽之感；桂花的甜香给人如醉如痴之感；锦葵科的吊灯扶桑，朵朵红花垂于枝叶间，犹如古典的宫灯，近距离欣赏可给人强烈的视觉冲击。

园林植物花的观赏效果取决于两个方面：一是由本身的遗传特性决定的形态特征（包括花色、花形、花序类型、花香等）；二是花或花序着生在枝条上表现出的植株样貌、叶的陪衬关系以及着花枝条的生长习性。

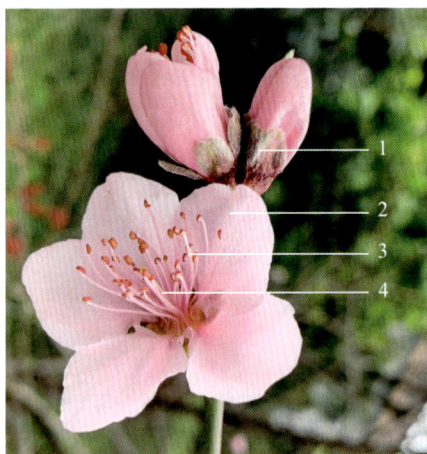

图 2-2-1 花的组成

1. 花萼　2. 花瓣　3. 雄蕊　4. 雌蕊

2. 花的组成

一朵完整的花包括花柄、花托、花被（花萼和花冠）、雄蕊群、雌蕊群5个部分（图2-2-1）。一朵具备5个部分的花称为完全花。缺少其中一部分或两部分的花，称为不完全花。

（1）花柄

花柄也称为花梗，是连接花和茎的圆柱形柄状结构，支撑花，并输送花发育所需的全部营养物质。

（2）花托

花托是花柄的顶端部分，是花萼、花冠、雄蕊和雌蕊着生的部位。一般情况下花托略微膨大，有各种形状，如圆柱形、杯形、壶形、盘形等。

（3）花被

花被是花萼和花冠的总称。既有花萼，也有花冠的花，称为两被花，如月季、木芙蓉等的花；只有花萼的花，称为单被花，如叶子花、桑等的花；花萼、花冠都没有的花，称为无被花或裸花，如垂柳、毛白杨等的花。

①花萼　为花最外轮不育的变态叶，由若干萼片组成。各萼片之间完全分离的称离萼，如山茶的花萼；各萼片彼此连接的称合萼，如月季、石竹等的花萼。花萼通常呈绿色，起保护花蕾、幼果的作用，并兼有光合作用的功能。有些植物的花萼形态特殊、颜色鲜艳，主要起到吸引昆虫为其传粉的作用，如一串红的花萼。也有些植物的萼片变为冠毛，有利于果实传播，如蒲公英的花萼。

②花冠　为位于花萼上方的叶状结构，也是一种不育的变态叶，由若干花瓣组成，起保护花蕊和吸引昆虫进行传粉的作用。根据组成花冠的花瓣的离合情况，花冠可分为离瓣花冠和合瓣花冠两类。

离瓣花冠　花瓣基部彼此完全分离。具有这种花冠的花称为离瓣花。离瓣花冠有以下几种常见类型（图2-2-2）。

蔷薇形花冠：由5（或5的倍数）枚分离的花瓣排列成五星辐射状，如桃的花冠。

十字形花冠：由4枚分离的花瓣排列成"十"字形，为十字花科植物的特征之一，如油菜、二月蓝的花冠。

| A. 蔷薇形花冠 | B. 十字形花冠 | C. 蝶形花冠 |

图 2-2-2　离瓣花冠

蝶形花冠：花瓣5枚离生，花形似蝶；最外面的一枚最大，称为旗瓣；两侧的两瓣称为翼瓣；最里面的两瓣顶部稍连合或不连合，称为龙骨瓣。如大豆、刺槐的花冠。

合瓣花冠　花瓣全部或基部合生的花冠。具有这种花冠的花称为合瓣花。连合的部位称为花冠筒，分离的部位称为花冠裂片。合瓣花冠有以下几种常见类型（图2-2-3）。

唇形花冠：花冠裂片为上、下二唇形，如深蓝鼠尾草的花冠。

漏斗状花冠：花瓣连合成漏斗状，如牵牛花、甘薯的花冠。

筒状花冠：花冠大部分连合成管状或圆筒状，花冠裂片向上伸展，如向日葵花序中间花朵的花冠。

舌状花冠：花冠筒较短，花冠裂片向一侧延伸成舌状，如向日葵花序的边花花冠、莴苣的花冠。

钟状花冠：花冠较短而广，上部扩大成钟形，如南瓜、桔梗的花冠。

高脚蝶状花冠：花冠下部狭圆筒状，上部忽然水平状扩大，如水仙、羽叶茑萝的花冠。

| A. 唇形花冠 | B. 漏斗状花冠 | C. 筒状花冠和舌状花冠 | D. 钟状花冠 | E. 高脚蝶状花冠 |

图 2-2-3　合瓣花冠

（4）雄蕊群

雄蕊群是一朵花中雄蕊的总称，是花的重要组成部分之一。雄蕊由花丝和花药两个部分组成。花丝一般细长，着生于花托之上，支撑着花药，有利于散发花粉。花药膨大，囊状，位于花丝顶端，常分为两个药室，每个药室具一个或两个花粉囊。花粉成熟时，花粉囊开裂，散出大量花粉粒。

雄蕊分为离生雄蕊和合生雄蕊，雄蕊的数目和类型是鉴别植物的标志之一。

①离生雄蕊　花中雄蕊各自分离。典型的有以下几种类型。

二强雄蕊　花中雄蕊4枚，2长2短，如芝麻、益母草的雄蕊。

四强雄蕊　花中雄蕊6枚，4长2短，如羽衣甘蓝、油菜的雄蕊。

②合生雄蕊　花中雄蕊全部或部分合生。重要的有以下几种类型。

单体雄蕊　花丝下部连合成筒状，花丝上部或花药仍分离，如棉花、木槿的雄蕊。

二体雄蕊　花丝连合成两组，其中9枚花丝连合，另有1枚单生，如大豆的雄蕊。

多体雄蕊　雄蕊多数，花丝基部合生成多束，如蓖麻、金丝桃的雄蕊。

聚药雄蕊　花丝分离，花药合生，如向日葵的雄蕊。

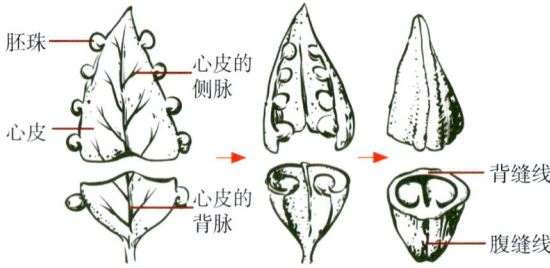

图 2-2-4　心皮边缘卷合形成雌蕊的过程示意图

（5）雌蕊群

雌蕊群是一朵花中所有雌蕊的总称，位于花的中央或花托顶部。雌蕊是由心皮形成的。心皮是具有生殖作用的变态叶。心皮卷合形成雌蕊时，边缘互相连接处称为腹缝线。在心皮背面的中肋处也有一条缝线，称为背缝线（图2-2-4）。

雌蕊由柱头、花柱和子房3个部分组成。柱头位于雌蕊的顶端，是接受花粉和花粉粒萌发的地方；花柱位于子房和柱头之间，是花粉萌发后进入子房的必经通道；子房是雌蕊基部膨大的部分，外面是子房壁，里面包裹着胚珠，传粉、双受精成功后整个子房发育成果实，子房壁发育成果皮，胚珠发育成种子。

雌蕊分为单雌蕊、离生雌蕊和合生雌蕊。

①单雌蕊　一朵花中的雌蕊仅由一个心皮卷合形成，称为单雌蕊，如大豆、蚕豆等的雌蕊（图2-2-5A）。

②离生雌蕊　一朵花中的雌蕊由几个心皮卷合形成，但心皮彼此分离，每个心皮为一个雌蕊，称为离生雌蕊，如莲、草莓、八角等的雌蕊（图2-2-5B）。

③合生雌蕊　一朵花中的雌蕊由2个至多数心皮卷合而成，属复雌蕊，如棉花、番茄等的雌蕊（图2-2-5C）。

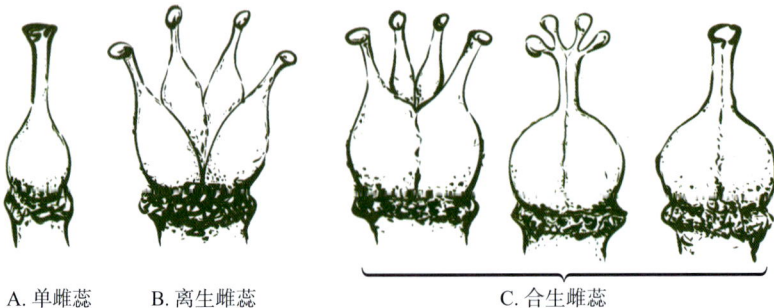

A. 单雌蕊　　B. 离生雌蕊　　　　　　C.合生雌蕊

图 2-2-5　雌蕊的类型

3. 花的类型

根据不同分类方式，花可分为不同类型。

（1）按花中各部分具备与否分类

①完全花　花萼、花冠、雄蕊群和雌蕊群都具备的花，如油菜、棉花、桃、番茄的花。

②不完全花　缺少花萼、花冠、雄蕊群、雌蕊群中任何一部分或几部分的花，如桑、南瓜、垂柳的花。

（2）按花的对称性分类

①辐射对称花　通过花的中心，可得到2个以上对称面的花，又称整齐花，如棉花、桃、茄子的花。

②两侧对称花　通过花的中心，只能得到1个对称面的花，又称不整齐花，如蚕豆、三色堇、水稻的花。

③不对称花　通过花的中心，不能得到对称面的花，如美人蕉的花。

（3）按花被分类

①两被花　具有花萼和花冠的花，如栝楼、党参的花。

②单被花　只有花萼而无花冠，或花萼与花冠不分化的花，如玉兰、白头翁的花。

③无被花　不具有花被的花，如杜仲、胡椒、杨、柳的花。

（4）按花中雌蕊、雄蕊的有无分类

①两性花　雌蕊和雄蕊都具有的花，如牡丹、桔梗的花。

②单性花　仅有雄蕊或雌蕊的花。其中，只有雄蕊的花称雄花，只有雌蕊的花称雌花。雌花和雄花生于同一植株上，称雌雄同株；雌花和雄花分别生于不同植株上，称雌雄异株（只有雄花的植株称雄株，只有雌花的植物称为雌株）；同一植株上，两性花和单性花同时存在的，称杂性同株。

③无性花　雄蕊和雌蕊均退化或发育不全的花，如八仙花的花。

二、花序的概念和类型

1. 花序的概念

有些植物的花单独一朵生在枝顶或叶腋，称为单生花，如玉兰、含笑、牡丹等的花。也有些植物的花，密集或稀疏地按一定顺序排列在总花轴上。花在总花轴上的排列方式称为花序。花序的总花柄称为花序轴。花序下部的变态叶称为苞片。

2. 花序的类型

根据花序轴长短、分枝与否、有无花柄及开花顺序等，将花序分为无限花序和有限花序。

（1）无限花序

花序轴下部的花先开，渐及上部，花序轴顶端可以继续生长，或花序轴较短，花自外向内逐渐开放的，均属无限花序。

①简单花序　花序轴不分枝，有以下几种常见类型。

总状花序　花序轴较长且不分枝，每朵花的花柄约等长，如紫藤、槐、金鱼草、风信子等的花序（图2-2-6A）。

伞房花序　花序轴较短且不分枝，每朵花的花柄不等长，各花分布近于同一个平面，

A. 总状花序　　　　B. 伞房花序　　　　C. 伞形花序　　　　D. 穗状花序

E. 肉穗花序　　　　F. 柔荑花序　　　　G. 头状花序　　　　H. 隐头花序

图 2-2-6　简单花序

如梨、苹果、垂丝海棠等的花序（图2-2-6B）。

　　伞形花序　花序轴很短，各花自轴顶生出，花柄几乎等长，整个花序的形状似开张的伞，如常春藤、报春花、君子兰等的花序（图2-2-6C）。

　　穗状花序　花序轴较长、直立且不分枝，其上着生许多无柄的两性花，如车前、穗花婆婆纳等的花序（图2-2-6D）。

　　肉穗花序　结构与穗状花序相似，但花序轴膨大，肉质化，其上着生多数无柄的单性花，如玉米、香蒲、花烛等的花序（图2-2-6E）。

　　柔荑花序　花序轴长，不分枝且柔软下垂，其上着生许多无柄或具短柄的单性花，开花后整个花序一起脱落，如毛白杨、垂柳、枫杨等的花序（图2-2-6F）。

　　头状花序　花序轴球形或盘形，花短柄或近乎无柄，花序外层的苞片常聚生成总苞，生于花序基部，如菊花、向日葵、千日红等的花序（图2-2-6G）。

　　隐头花序　花序轴肥大而中空，其内壁着生许多无柄小花，花序顶端有一小孔容纳昆虫进出传粉，如无花果、薜荔等的花序（图2-2-6H）。

　　②复合花序　花序轴具分枝，每一分枝上又出现上述的一种简单花序。有以下几种常见类型。

　　圆锥花序　又称复总状花序，花序轴的分枝总状排列，每一个分枝又自成一个总状花序，如南天竹、凤尾兰的花序（图2-2-7A）。

A. 圆锥花序　　　　　　　　B. 复伞形花序　　　　　　　　C. 复伞房花序

图 2-2-7　复合花序

复穗状花序　花序轴分枝，每个分枝均为穗状花序，如小麦、大麦的花序。

复伞形花序　花序轴顶端分枝，每个分枝均为伞形花序，如胡萝卜、小茴香的花序（图2-2-7B）。

复伞房花序　伞房花序的每个分枝再形成一个伞房花序，如粉花绣线菊、石楠、火棘的花序（图2-2-7C）。

（2）有限花序

有限花序也称聚伞花序，其不同于无限花序的是花序轴顶端的花先开放，花序轴顶端不再向上产生新的花芽，而是由顶花下部分化形成新的花芽，因而花的开放顺序是从上向下或从内向外。有限花序可分以下几种类型。

①单歧聚伞花序　主轴顶端先着生一花，其下形成一侧枝，在枝端又生一花，按如此方式形成一个合轴分枝的花序轴。如果分枝时，各分枝左、右间隔生出，而分枝与花不在同一个平面，称蝎尾状聚伞花序，如唐菖蒲的花序；如果各分枝的侧枝都向着一个方向生长，称螺状聚伞花序，如勿忘草的花序。

②二歧聚伞花序　主轴顶花下分出两个分枝，每个分枝再两侧分枝，如此反复分枝，分枝的顶端着生花，如冬青卫矛的花序（图2-2-8）。

③多歧聚伞花序　主轴顶花下分出3个以上的分枝，各分枝又形成一个小的聚伞花序，如大戟的花序。

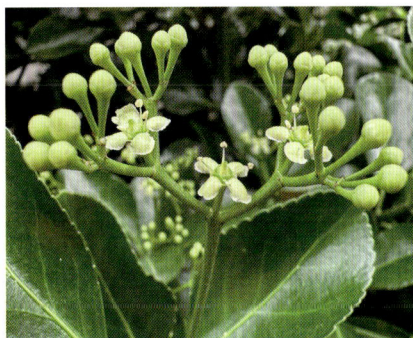

图 2-2-8　二歧聚伞花序

三、果实的形成和类型

（一）果实的形成

被子植物开花传粉和受精后，花的各部分发生显著变化。通常花瓣凋谢，花萼、雄蕊和雌蕊枯萎，子房发育成果实（其中子房壁发育成果皮，胚珠发育成种子），花梗发育成果柄。

（二）果实的类型

1. 按来源分类

（1）真果

真果是单纯由子房发育而成的果实，如桃、柑橘的果实。真果的结构比较简单，外为果皮，内含种子。果皮可分外果皮、中果皮和内果皮3层。

（2）假果

除子房外，还有花托、花被、花萼等参与果实的形成，如苹果、菠萝、梨的果实。假果的结构比较复杂。

2. 按果实是由一朵花形成还是由花序形成分类

（1）单果

单果是由一朵花中的单雌蕊或复雌蕊形成的果实（图2-2-9）。根据果皮的性质与结构，单果又可分为肉质果与干果两大类。

①肉质果　果实成熟后，肉质、多汁。肉质果又分为浆果、柑果、核果、梨果和瓠果。

浆果　由1至多个心皮的雌蕊发育而成，外果皮薄，果皮、果肉均肉质化并充满汁液且有的很难分离，如番茄、葡萄、柿子的果实。

A.浆果（葡萄）　B.柑果（柑橘）　C.核果（桃）　D.梨果（苹果）

E.瓠果（黄瓜）　F.荚果（刺槐）　G.蓇葖果（深山含笑）　H.蒴果（栾树）

I.角果（羽衣甘蓝）　J.瘦果（向日葵）　K.颖果（玉米）　L.翅果（'红枫'）　M.坚果（板栗）

图2-2-9　单果的类型

柑果　由复雌蕊形成，外果皮革质，中果皮疏松，分布有维管束，内果皮膜质，分为若干几种肉果胚珠室，向内生出许多汁囊，是食用的主要部分，如柑橘、柚的果实。

核果　多由单心皮雌蕊形成，外果皮较薄，中果皮肉质，内果皮坚硬，如桃、杏、李、樱桃的果实。

梨果　为下位子房发育而成的假果。果实外层由花托发育而成，果内大部分由花筒发育而成，子房发育形成的部分位于果实的中央。由花筒发育形成的部分和外果皮、中果皮为肉质，内果皮木质化、较硬，如苹果、梨的果实。

瓠果　由下位子房发育而成的假果，为葫芦科植物特有。花托和外果皮结合成坚硬的果壁，中果皮和内果皮肉质，胎座发达、肉质化。

②干果　果实成熟后，果皮干燥。干果又分为裂果和闭果两类。

裂果　果实成熟后果皮开裂。主要有荚果、蓇葖果、角果和蒴果等类型。

荚果：由单心皮雌蕊发育而成，为豆科植物所特有。果实成熟时，沿腹缝线和背缝线同时开裂，如刺槐、槐的果实。

蓇葖果：由单心皮雌蕊发育而成，成熟时常在腹缝线一侧开裂（有的在背缝线开裂），如梧桐、牡丹、木兰科的果实。

角果：由两个心皮的复雌蕊发育而成，为十字花科植物所特有。果实成熟时从两腹缝线开裂。有长角果和短角果之分，如羽衣甘蓝、油菜的果实是长角果，荠菜、独行菜的果实是短角果。

蒴果：由两个或两个以上心皮的复雌蕊发育而成，成熟时有各种开裂方式，如栾树、芝麻的果实。

闭果　果实成熟后果皮不开裂。主要有瘦果、颖果、翅果、坚果和分果等类型。

瘦果：由1~3个心皮的雌蕊发育形成，果实内含1粒种子，果皮与种皮分离。如白头翁、向日葵、荞麦等的果实。

颖果：由2~3个心皮的雌蕊发育形成，果实内含1粒种子，果皮与种皮紧密愈合不易分离，如小麦、玉米等禾本科植物的果实。

翅果：果皮向外延伸成翅，如榆、'红枫'、枫杨的果实。

坚果：果皮木质化、坚硬，果实内含1粒种子，如板栗的果实。

分果：由2个或2个以上心皮的雌蕊发育形成，各室含1粒种子。果实成熟时，各心皮沿中轴分开，如芹菜、胡萝卜等伞形科植物的果实。

（2）聚合果

一朵花中生有多数离生雌蕊，每一枚雌蕊形成一个小果聚生在花托上，如草莓、莲、悬钩子的果实（图2-2-10）。

（3）聚花果

由整个花序形成果实，也称复果，如菠萝、桑、无花果的果实（图2-2-11）。

四、种子的结构

不同植物的种子，其大小、形状、颜色等有明显的差异，但结构基本相同，一般由种皮、胚和胚乳3个部分组成。

图 2-2-10　聚合果

图 2-2-11　聚花果

1. 种皮

种皮是种子最外面的保护层。有些植物仅一层种皮；有些植物有两层种皮，即外种皮和内种皮，如蔷薇科、大戟科。种皮一般坚硬且厚，由厚壁组织组成，有各种色泽、花纹或其他附属物，如马尾松、泡桐等的种皮延伸成翅，杨、柳的种皮有毛等。

一般而言，一粒种子的外部有种脐、种脊和种孔。种脐是种柄（珠柄）脱落留下的痕迹，常为浅圆形，凹陷。种脐的中央有一细孔，是种子萌发时胚根伸出的孔道，称为种孔。种脐的一端有一隆起的脊，称为种脊。有些植物的种子无种脊，但有种脐和种孔。

2. 胚

胚是种子的重要部分，是包被在种皮内的幼小植物体。一粒种子是否能正常地萌发，关键在于胚是否正常。胚由胚芽、胚轴、胚根和子叶4个部分组成。胚芽将来发育成地上部分的主茎和叶；胚轴大多数将来发育成根颈部；胚根发育成地下部分的初生根；子叶贮藏了丰富的养分，供给种子萌发时利用，并且能暂时进行光合作用。

3. 胚乳

胚乳位于胚和种皮之间，为种子集中贮藏养分的地方，供给种子萌发时利用。

根据成熟种子中是否有胚乳，将种子分为有胚乳种子和无胚乳种子两种类型。有胚乳种子由种皮、胚和胚乳3个部分组成。如蓖麻、水稻、玉米等植物的种子。无胚乳种子只有种皮和胚两个部分，缺少胚乳，但子叶肥厚，贮存了丰富的营养物质，具有胚乳的功能，如刺槐、梨、板栗、油茶等植物的种子。

🔖 任务实施

一、搜集资料

学生分组，观察日常生活中遇到的园林植物，拍摄它们的花、果实、种子的照片。

二、学习园林植物花、果实、种子相关理论知识

以小组为单位，学习园林植物花、果实、种子相关理论知识。教师利用图片或标本进行园林植物花、果实、种子形态典型代表的现场教学。

三、现场观察园林植物的花、果实、种子

各小组对当地常见园林植物花、果实、种子的类型进行调查，并填写园林植物花、果实、种子形态特征和观赏特征调查记录表（表2-2-1）。

表 2-2-1　常见园林植物花、果实、种子形态特征和观赏特性调查记录表

班级：_____　小组成员：_____　调查时间：_____　调查地点：_____

项　目		1	2	3	4	5	6	7	8	9	10
形态特征	花冠										
	花萼										
	雄蕊										
	雌蕊										
	花序										
	种子										
	果实										
观赏特性	花										
	果实										
	其他										

四、完成调查报告

各小组总结调查记录，分析当地常见园林植物生殖器官的主要观赏价值，提出品质改良建议。

五、花冠、花序、果实和种子类型识别

每人对20种园林植物的生殖器官进行观察、分析和判断，准确说出其类型。

任务考核

根据表2-2-2进行考核评价。

表 2-2-2　常见园林植物花、果实、种子形态识别考核评分标准

项　目	考核内容	考核标准	赋分	得分
过程性评价	调查准备工作	准备充分	15	
	调查态度	积极主动，有团队精神，注重方法及创新	15	
	调查水平	花、果实、种子形态特征描述准确，观赏特性与应用价值分析合理	30	
结果性评价	调查报告	符合要求，内容全面，条理清晰，图文并茂	20	
	花、果实、种子类型识别	对20种园林植物的花、果实、种子进行类型识别，每正确识别1种得1分	20	
总　　分			100	

知识拓展

果实与种子的传播

果实与种子的传播，扩大了植物的分布范围，对于植物获得有利的生长条件繁衍种群有重要意义。经过长期的自然选择，各种果实和种子都具备了各自的传播方式。

1. 风力传播

借风力传播的果实和种子一般小而轻，往往带有翅或毛等附属物，如鸡爪槭、榆、白蜡树、蒲公英、铁线莲的果实及松属的种子。

2. 水力传播

借水力传播的多为水生植物和沼生植物的果实或种子，它们能随水漂浮，如莲的果实。有些陆生植物的果实或种子也可以借水力传播，如椰子的果实。

3. 人和其他动物传播

借人和其他动物传播的果实和种子，主要特点是果皮或种皮坚硬，虽然被食用，但不易消化，能随粪便排出体外，从而达到传播的目的。还有一些果实和种子易于黏附在人的衣服或动物皮毛上而传播，如苍耳、鬼针草的果实。

4. 果实弹力传播

有些植物的果实成熟时，果皮干燥开裂，以弹力将种子弹射到较远的地方，如凤仙花的果实。

植物果实和种子的传播方式不同，在进行采种时要采取不同的措施。例如，油菜要在球果成熟而未开裂时进行采种。又如，借果实弹力传播的种子，必须在果实成熟而果皮干燥前采收。

巩固练习

1. 花由哪些部分组成？各部分有何作用？

2. 什么是花序？有哪些类型？请举例说明。

3. 举例说明总状花序与圆锥花序的区别。

4. 什么是真果和假果？两者在结构上有什么特点？

5. 列表表示果实的类型和特点。

项目 3

认知园林植物的生长特性、生态习性与配置

项目描述

园林植物的选择与配置，从生态学的角度，要"师法自然"，充分考虑植物的生长特性和生态习性，满足植物的生长需要，体现自然美；从艺术的角度，要营造出丰富多彩的植物景观。本项目共包含两个任务：认知园林植物生长特性和生态习性、认知园林植物选择与配置。本项目的学习可为后续项目的学习奠定基础。

项目目标

知识目标

1. 知道园林植物的生长特性和生态习性类型。
2. 理解园林植物配置原则。

技能目标

1. 能够根据园林植物的生长特性和生态习性选择适宜的园林植物种类。
2. 能够熟练运用配置原则选择恰当的园林植物进行配置。

素质目标

1. 培养正确的生态观和环保意识。
2. 培养创新思维与表达能力。

数字资源

任务 3-1 认知园林植物生长特性和生态习性

📝 任务描述

园林植物的生长发育表现出明显的节奏性和阶段性。不同的生态环境中生活着不同的植物类型。这些规律是园林植物应用的理论基础。掌握园林植物的生长特性与影响其生长发育的生态因子，有助于对园林植物景观的动态特征进行把握。本任务在学习园林植物的生长特性和生态习性相关理论知识的基础上，通过观察、对比和分析，理解园林植物的生长特性和生态习性类型，完成园林植物生长特性和生态习性调查报告。

🎯 任务目标

≫ 知识目标

1. 理解园林植物生长特性和生态习性的相关专业术语。
2. 知道园林植物生命周期与年周期的特点。
3. 领会不同生态因子下的园林植物类型。

≫ 技能目标

1. 能够通过观察、查阅资料，判断园林植物在生命周期和年周期中所处的阶段。
2. 能够根据气候类型选择合适的园林植物种类。
3. 能够根据土壤类型选择合适的园林植物种类。
4. 能够综合园林植物的生长特性和生态习性选择合适的园林植物种类。

≫ 素质目标

1. 培养生态价值与审美价值相平衡的理念。
2. 提升传播生态文明的意识和责任感。

📖 知识准备

一、园林植物的生长特性

植物的个体发育是指植物个体从其生命活动的某一阶段（如孢子、种子或合子等）开始，经过一系列的生长、发育、分化、成熟，直到重新进入该开始阶段的全过程。个体发育的全过程也称生活周期或生活史。

无论是植物的细胞、器官、单株或群体，一般都表现出生长的节奏性，即初期生长缓慢，而后生长越来越快，到了生长后期或接近成熟时，生长又逐渐变慢，直至生长停止。

植物生长发育具有阶段性。植物通过营养生长阶段后才能转入生殖生长阶段。植物在不同的生长发育阶段，具有不同的特性。植物在每一生长发育阶段对外界的环境条件都有不同的要求。当某一阶段的生长需求得不到满足时，后一阶段的生长发育必然会受到阻滞。

1. 园林植物的生命周期

园林植物的生命周期是指从种子萌发开始，经过幼苗、开花、结实及多年的生长，直至植株死亡的整个时期，是园林植物发育的总周期。园林植物的生命周期通常被划分为几个不同的阶段，每个阶段都有其特点和特定的养护管理措施。

（1）种子期（胚胎期）

种子期是园林植物从卵细胞受精形成合子开始，至萌发前的一个时期。在这个时期，种子的形成受到天气、土壤条件等因素的影响。

（2）幼年期

幼年期是从种子萌发时起，到具有开花潜能之前的一个时期。在这个时期，园林植物的可塑性大，树冠、根系扩展快，但枝条组织生长不充实，易发生冻害。

（3）青年期

青年期是园林植物从第一次开花到大量开花的一个时期。在这个时期，园林植物的可塑性低，处于从生长占优势向生长与开花结实趋于平衡的过渡时期。

（4）壮年期

壮年期是园林植物从开始大量开花结实到结实开始衰退的这个时期。在这个时期，需要分期追肥，适时、适当地进行更新修剪，促进根系更新。

（5）老年期

老年期是园林植物生命结束前的阶段，表现为生长和繁殖能力的下降。

2. 园林植物的年周期

园林植物的年周期主要包括生长初期、萌芽及展叶期、生长盛期、休眠期等阶段。

园林植物的年周期反映了园林植物在一年的生长发育过程中呈现出的规律性变化。生长初期，园林植物主要利用贮藏的营养进行生长，光合效率不高，生长量较小，抗性较弱。随后进入萌芽及展叶期，这一时期干旱、多风、少雨，需要及时浇水以防止春寒晚霜危害，有利于萌发新梢和叶片生长及春花树种的开花。生长盛期是从发叶结束至枝梢生长量开始下降的阶段，此时园林植物的同化能力强，生长最为迅速，但易遭高温、干旱危害，需要加强水肥管理和病虫害防治。休眠期是园林植物生长发育的一个重要阶段。一年生植物，由于春天萌芽后当年开花结实最后枯萎死亡，年周期就是其生命周期。二年生植物、多数宿根花卉和球根花卉以及落叶树，则在开花结实后进入休眠状态越冬或越夏。常绿性多年生植物，在适宜的环境条件下可以保持周年生长而无须进入休眠期。

二、园林植物的生态习性

影响园林植物生长发育的生态因子包括温度、光照、水分、土壤、地形地势和生物因素等，其中温度、光照、水分和土壤是起主导作用的关键因子。

1. 温度

温度是影响园林植物生长、发育的重要环境因子，它不仅影响园林植物的地理分布，还制约着园林植物生长发育的速度及体内的生理代谢等一系列生理活动。园林植物对水分和矿质元素的吸收、光合作用、呼吸作用等代谢活动以及花芽分化等都与温度密切相关。

任何园林植物的生长发育都对温度有一定的要求，都有其温度的三基点，即最低温度、最适温度和最高温度。园林植物种类、原产地不同，其温度的三基点不同。原产于热带地区的园林植物，生长的最低温度较高，一般在18℃开始生长；原产于亚热带地区的园林植物，一般在15~16℃开始生长；原产于温带地区的园林植物，一般在10℃左右就开始生长。园林植物不仅在萌芽、开花、结果等生长发育过程中要求一定的温度条件，其自身的生存也有一定的温度范围，如果温度超过园林植物所能忍受的范围，则会对园林植物产生伤害。例如，高温会破坏园林植物体内的水分平衡，导致植株萎蔫甚至死亡；温度过低，则会造成细胞内外结冰、质壁分离而发生冻害，甚至死亡。

依据对温度的不同要求，可将园林植物分为耐寒植物、喜凉植物、中温植物、喜温植物和喜热植物。

①耐寒植物　这类植物多原产于高纬度地区或高海拔地区，耐寒而不耐热，冬季能忍受-10℃甚至更低的气温而不受冻害。

②喜凉植物　在冷凉气候条件下生长良好，稍耐寒但不耐严寒和高温。一般在-5℃左右不受冻害，如梅、桃、蜡梅、菊花、三色堇、雏菊等。

③中温植物　一般耐轻微短期霜冻，在我国长江流域以南大部分地区能露地越冬，如苏铁、山茶、桂花、栀子、含笑、杜鹃花、金鱼草、报春花等。

④喜温植物　喜温暖而极不耐霜冻，一经霜冻，轻则枝叶坏死，重则全株死亡，一般在5℃以上能安全越冬，如茉莉花、白兰花、瓜叶菊等。

⑤喜热植物　多原产于热带或亚热带，喜温暖，能耐40℃以上的高温，但极不耐寒，在10℃甚至15℃下便不能适应，如米兰、变叶木、芭蕉属、仙人掌科、热带兰类、露兜树、龙血树类等。

2. 光照

在园林植物生长发育过程中，光照是不可或缺的条件。不同的园林植物生长发育所需的光照强度、光周期不同。

（1）光照强度

大部分园林植物在光照充足的条件下枝叶繁茂，花朵绚丽；而有些园林植物如铃兰、杜鹃花等，在过强的光照下生长会受到影响。花谚曰："阴茶花，阳牡丹，半阴半阳四季兰。"依据园林植物对光照强度的不同要求，可将园林植物分为喜光植物、耐阴植物、中性植物3类。

①喜光植物　具有较高的光补偿点，在阳光充足的条件下才能正常生长发育的植物。若光照不足，则枝条细弱，叶色变淡发黄，开花不良甚至不开花，易感染病虫害。木本园林植物中的落叶松、松属（华山松、红松除外）、水杉、银杏、桦木属、桉属、杨属、柳属等，草本园林植物中的多数一、二年生植物，仙人掌及多浆植物，以及大多数草坪草等，都是喜光植物。

②耐阴植物　具有较低的光补偿点，在适度庇荫的条件下方能生长良好，一般要求50%~80%的郁闭度。若光照过强，叶片会变黄焦枯，甚至会造成死亡。木本园林植物中的红豆杉幼株、云杉幼株、冷杉幼株、金银木、八角金盘、常春藤、太平花、溲疏、珍珠梅等，草本园林植物中的兰科、凤梨科、天南星科、秋海棠科、蕨类植物等，均为耐阴植物。

③中性植物　喜光，有一定的耐阴能力，对光照强度的要求介于喜光植物与耐阴植物二者之间。大多数木本园林植物均属于中性植物，如榆、元宝枫、圆柏、侧柏、樟、榕树等。草本园林植物中的萱草、楼斗菜、桔梗、鸢尾等也属于中性植物。

需要注意的是，植物对光照强度的需求并不是一成不变的，如木本植物对光照的需求常随着树龄、环境、地区的不同而变化。

（2）光周期

根据园林植物开花对光周期的要求不同，可将园林植物分为长日照植物、短日照植物、中日照植物和中间型植物4种类型。

①长日照植物　每天需要超过12h日照的植物，如凤仙花、唐菖蒲、荷花等。这类植物，一般每天14~16h的日照可以促进其开花。在昼夜不间断的光照条件下，能起到更好的促进作用。相反，在较短的日照条件下，只进行营养生长，不开花或延迟开花。

②短日照植物　只有在每天8~12h的短日照条件下才能够促进开花的植物，如一品红、菊花、金鱼草、牵牛花等。这类植物在夏季长日照条件下只进行营养生长，不能开花或延迟开花。在低纬度的热带和亚热带地区，全年日照均等，昼夜几乎都是12h，因此一般原产于这些地区的园林植物均为短日照植物。

③中日照植物　这类园林植物对日照长度要求不严，在10~16h的光照条件下均可开花。如天竺葵、月季、扶桑、马蹄莲等，只要温度适宜、营养丰富，一年四季均可开花。

④中间型植物　完成开花和其他生命阶段与日照长短无关的植物，如番茄、黄瓜、菜豆、蒲公英等。

3. 水分

水分既是构成植物的必要成分，也是植物赖以生存的必不可少的生活条件。自然界中，雨水是植物生长发育所需水分的主要来源。因此，年降水量、降水次数、降水强度及其分配情况均直接影响植物的生长与分布。与温度一样，园林植物的生长发育也有不同的水分基点，即最高点、最适点和最低点。水分含量处于最适点时，园林植物生长正常；水分含量低于最低点时，园林植物出现萎蔫现象，生长停止；水分含量超过最高点时，园林植物缺氧，代谢混乱，也不能正常生长。

根据园林植物对水分的不同要求，可将园林植物分为旱生植物、中生植物、湿生植物和水生植物4类。

①旱生植物　原产于热带或沙漠，耐旱性强，能忍受空气和土壤较长期的干燥而继续生活的植物。这类植物为了适应干旱的环境，在外部形态和内部构造上都产生了许多适应性的变化。例如，叶片变小，多退化为鳞片状、针状或刺毛状；叶表面具有较厚的蜡质层、角质层或茸毛，以减少水分蒸腾；茎、叶具有发达的贮水组织；根系极发达，能从较深和较广的土层内吸收水分。根据外部形态和适应环境的生理特性，旱生植物又可分为：少浆植物（或硬叶旱生植物），如柽柳、榆叶梅、沙棘、骆驼刺、卷柏等；多浆植物（或肉质植物），如仙人掌科、景天科、马齿苋科、番杏科、大戟科部分植物、百合科部分植物及龙舌兰科等。

②中生植物　大多数园林植物属于中生植物，不能忍受过干或过湿的环境。但其种类众多，因而对干与湿的忍耐程度具有很大差异。在中生木本园林植物中，油松、侧柏等有

很强的耐旱性，但以在干湿适度的条件下生长最佳；旱柳、紫穗槐、桑、乌桕等则有很强的耐水湿能力，也以在中生环境下生长最佳。

③湿生植物　需生长在潮湿的环境中，在干燥或中生的环境下常生长不良或死亡的植物。根据所处的生态环境，湿生植物又可分为喜光湿生植物和耐阴湿生植物。前者是指生长在阳光充足、土壤水分饱和环境下的湿生植物，如河湖沿岸低地生长的鸢尾、水团花、池杉、水松、落羽杉等；后者是指生长在光线不足、空气湿度较大、土壤潮湿环境下的湿生植物，如蕨类、海芋、秋海棠类等。

④水生植物　根的全部或部分必须生活在水中，遇干旱则枯死的植物。依据生活型和生态习性，水生植物又可分为挺水植物、浮水植物、漂浮植物和沉水植物。挺水植物的根或根状茎生于泥中，茎、叶和花高挺出水面，如荷花、千屈菜、芦苇、香蒲、水葱、梭鱼草、再力花、水生美人蕉、旱伞草、菖蒲、慈姑、泽泻等。浮水植物的根或根状茎生于泥中，茎细弱不能直立，叶片漂浮在水面上，如王莲、睡莲、萍蓬草等。漂浮植物的根悬浮在水中，植株漂浮于水面上，随着水流、波浪四处漂泊，如凤眼莲、荇菜、浮萍等。沉水植物整株沉于水中，无根或根系不发达，通气组织特别发达，利于在水中进行气体交换，如黑藻、狐尾藻、金鱼藻等。

4. 土壤

土壤是植物生长的基质和养分来源。不同园林植物，对土壤的要求不同。理想的土壤应保水性强，有机质含量丰富，呈中性至微酸性。

（1）土壤酸碱度

根据园林植物对土壤酸碱度的要求，可将园林植物划分为以下几种类型。

①酸性土植物　指在酸性土壤上生长最旺盛的植物。这类植物适宜的土壤pH在6.5以下，如山茶、杜鹃花、油茶、马尾松、油桐、蒲包花、茉莉花、栀子、红桦、白桦、橡皮树、棕榈科植物、羽扇豆、八仙花等。

②中性土植物　指在中性土壤上生长最佳的植物。这类植物适宜的土壤pH为6.5~7.5，大多数园林植物均属于此类，如杨、柳、梧桐、金盏菊、风信子、仙客来、朱顶红等。

③碱性土植物　指在碱性土壤上生长最好的植物。这类植物适宜的土壤pH在7.5以上，如柽柳、海滨木槿、紫穗槐、沙棘、沙枣、石竹、天竺葵、非洲菊等。

（2）土壤含盐量

根据园林植物对土壤含盐量的要求，可将园林植物划分为以下几种类型。

①喜盐植物　可分为旱生喜盐植物与湿生喜盐植物。分布于内陆干旱盐土地区的植物如盐角草等为旱生喜盐植物，分布于海滨的喜盐植物如碱蓬、水飞蓟等为湿生喜盐植物。

②抗盐植物　这类植物的根对盐类的透性很小，所以很少吸收土壤中的盐类，如田菁、盐地凤毛菊等。

③耐盐植物　这类植物能从土壤中吸收盐分，但并不将盐分积累在体内，而是将多余的盐分经茎、叶上的盐腺排出体外，如柽柳、盐角草等。

④碱土植物　这类植物能适应pH 8.5以上和物理性质极差的土壤条件，如一些藜科、苋科等。

园林植物景观设计中常用的耐盐碱植物有柽柳、海滨木槿、白榆、桑、旱柳、臭椿、刺槐、槐、黑松、白蜡、杜梨、乌桕、胡杨、君迁子、枣、杏、钻天杨、复叶槭等。

（3）土壤肥力

根据园林植物对土壤肥力的要求，可将园林植物划分为以下几种类型。

①瘠土植物　能在干旱、瘠薄的土壤中正常生长的植物，如马尾松、油松、侧柏、构、刺槐、沙枣、合欢、沙棘、黄连木、小檗、锦鸡儿等。这类植物可作为荒山、荒坡造林的先锋植物。

②肥土植物　要求肥沃深厚的土壤，肥力不足则生长不良甚至死亡的植物，如银杏、冷杉、红豆杉、水青冈、楠木、白蜡、槭树等。可以说，绝大多数植物都喜欢肥沃的土壤，即使是瘠土植物，在肥土环境中也会生长更好。

③沙生植物　此类植物具有耐干旱贫瘠、耐沙埋、抗日晒，以及易生不定根、不定芽等特点，如骆驼刺、沙冬青以及仙人掌科等。

5. 地形地势

地形地势主要指栽植地的海拔、坡度、坡向、地势变化等。地形地势通过对园林植物所在地区小气候环境条件的影响间接地影响园林植物的生长发育过程。在不同的地形地势条件下进行园林植物配置时，应充分考虑地形地势造成的光照、温度、水分、土壤等的差异，结合园林植物的生态习性，合理选择园林植物。

（1）海拔

海拔主要影响温度、湿度和光照强度。一般海拔由低至高，温度渐低，相对湿度渐高，光照渐强，紫外线含量增加，这些现象以山地地区更为明显。对于植物个体而言，生长在高海拔地区与生长在低海拔地区的同种植物相比较，由于各方面因子的变化，会出现植株高度变矮、节间变短、叶的排列变密等变化。随着海拔升高，园林植物的物候期推迟，生长期结束提早，秋叶更加色艳而丰富，落叶相对提早，而果熟较晚。

（2）坡度和坡向

在坡度和坡向的影响下，大气候条件下的热量和水分发生再分配，从而形成各类不同的小气候环境。不同方位山坡的小气候环境有很大差异。例如，南坡光照强，土温和气温高，土壤较干；而北坡正好相反。因此，在自然状态下，同一树种在垂直分布中，在南坡分布往往多于北坡。在北方，由于降水量少，所以土壤的水分状况对植物生长的影响极大。因此，在北坡，由于水分状况相对比南坡好，植被繁茂，可生长乔木，甚至一些喜光树种也生于阴坡或半阴坡；在南坡，由于水分状况差，仅能生长一些耐旱的灌木和草本植物。在雨量充沛的南方，阳坡的植被则比较繁茂。此外，不同的坡向，植物冻害、旱害等的程度也有所不同。

（3）地势变化

坡度的缓急、地势的起伏等，不但会影响小气候，而且对水土的流失与积聚也有影响，从而直接或间接地影响植物的生长和分布。坡度通常可分为5级：平坦地为5°以下，缓坡为6°～15°，中坡为16°～35°，急坡为36°～45°，险坡为45°以上。坡面上水流速度与坡度及坡长成正比，而流速越快、径流量越大时，冲刷掉的土壤量越大。坡度影响地表径流和排水状况，因而直接改变土壤的厚度和含水量。一般在缓坡上，土壤肥沃，排水良好，对植物生长有利；而在陡峭的山坡上，土层薄，石砾含量高，植物生长差。山谷的宽窄与深浅以及走向变化也会影响植物的生长状况。在不同的地形地势条件下配置园林植物时，应充分考虑地形和地势造成的温度、湿度上的差异，结合园林植物的生态习性，合理选择植物。

6. 生物因素

（1）园林植物与生物因子的关系

园林植物的生长环境中少不了动物和微生物，它们与园林植物生活在一起，对园林植物的影响包括有益和有害两个方面。有些动物能帮助园林植物传播花粉（主要是昆虫）、传播种子、疏松土壤，而有些兽类会危害园林植物的幼苗、枝叶、花果、根等。微生物能分解有机物，增加土壤肥力，有的还能形成根瘤、菌根，固定空气中的游离氮，但也有不少致病微生物能使园林植物发生病害。植物与植物之间也存在着相互促进、相互抑制的关系。植被丰富度高、稳定性强的植被群落，一方面，能增强整个群落对病虫害和其他自然灾害的抵抗能力，增加其周围的空气湿度等，这是相互依存的促进关系；另一方面，这些植物之间相互争夺阳光、养分，藤本植物对乔木和灌木进行缠绕、绞杀等，这是相互抑制的关系。一般来说，生活型、生物学特性和生态习性越接近的植物，相互间的竞争越激烈，越容易发生相互抑制；反之，就能较好地共存，甚至相互促进生长。

转主寄生现象在园林规划设计中也应该引起重视，它是指寄主在生活史中各阶段能在不同种的宿主上进行寄生生活的现象。以梨桧锈病为例，在梨、海棠、苹果、山楂、木瓜等的附近配置圆柏、龙柏等，梨赤星病菌在梨的叶上渡过性孢子和锈孢子两个阶段，再在圆柏的茎、叶上渡过冬孢子阶段，完成其生命周期。在梨的叶上，初期病斑为黄绿色，渐变为橙黄色圆形斑，后变成黑色粒状物，在叶背面相应处形成黄白色隆起，并着生黄色毛状物；圆柏受害后，于针叶叶腋处出现黄色斑点，逐渐形成锈褐色角状突起，潮湿条件下形成黄褐色胶质鸡冠状冬孢子角。

（2）园林植物与人为因子的关系

虽然人类属于生物的范畴，但人类对植物资源的改造和利用，以及对生态环境的破坏等行为，已充分表明人类对其他生物的影响远远超出了生物的范畴。把人为因子从生物因子中分离出来是为了强调人类作用的特殊性和重要性。人类对园林植物的作用是有意识的和有目的性的，而且其影响程度正不断加深，影响范围正不断扩大。

任务实施

一、搜集资料

学生分组，观察并拍照记录生活在水中、林荫、阳光下、岩石缝隙等不同环境条件下的园林植物。

二、学习园林植物生长特性和生态习性相关理论知识

以小组为单位，学习园林植物的生长特性和生态习性相关理论知识。教师进行园林植物生长特性和生态类型的案例分析教学。

三、现场观察园林植物

各小组对校园中园林植物的生长特性和生态习性进行观察、讨论，并填写园林植物生长特性和生态习性调查记录表（表3-1-1）。

表 3-1-1　常见园林植物生长特性和生态习性调查记录表

班级：_____　　小组成员：_____　　调查时间：_____　　调查地点：_____

植物名称	生命周期阶段	年周期阶段	温度	光照	水分	土壤	其他

四、完成调查报告

各小组总结调查记录，分析校园中园林植物的生长特性和生态习性，提出园林植物配置优化方案。

五、园林植物配置优化方案汇报

各小组派一名代表对园林植物配置优化方案进行汇报。

任务考核

根据表3-1-2进行考核评价。

表 3-1-2　认知园林植物生长特性和生态习性考核评分标准

项　目	考核内容	考核标准	赋分	得分
过程性评价	调查准备工作	准备充分	10	
	调查态度	积极主动，有团队精神，积极参与讨论	20	
	调查水平	园林植物生长特性、生态习性判断正确，分析合理	30	
结果性评价	方案可行性	园林植物生长特性、生态习性总结切合实际情况，园林植物配置优化方案具备可行性	25	
	汇报表达	仪态大方得体，声情并茂，表达清晰	15	
总　　分			100	

巩固练习

1.举例分析园林植物对气候条件的要求。
2.举例分析园林植物对土壤条件的要求。
3.举例分析不同生长阶段的园林植物在园林植物配置中的作用。

任务 3-2 认知园林植物选择与配置

任务描述

园林植物的选择与配置在园林景观营造过程中起着极其重要的作用，直接影响园林的景观效果和生态环境等。如利用四季常青的绿叶、色彩斑斓的花朵、形态各异的果实等，可以营造出丰富多彩的植物景观，为园林增添生机和美感；利用不同高度、形态和色彩的植物，还可以营造出不同的空间感、氛围等，给人们带来多样化的精神享受。同时，植物的选择和配置过程中充分考虑与周围环境的适应性和协调性，可起到保护或改善当地生态环境的作用。本任务在学习园林植物选择和配置相关理论知识的基础上，调查当地主要街道、居住区、公园等园林绿地的园林植物应用及配置方式，分析其优缺点，并提出合理的建议。

任务目标

知识目标

1. 理解园林景观中植物选择的特点。
2. 理解园林植物的配置原则，领会园林植物的配置方式。

技能目标

1. 能够按照不同园林景观要求选择适当的园林植物。
2. 能够按照园林景观要求配置园林植物。
3. 能对目前已有的园林景观的改造提出合理的建议。

素质目标

1. 培养细致的观察力和对问题的分析能力。
2. 培养创新思维和解决问题的能力。
3. 树立生态保护意识。
4. 提高审美能力。

知识准备

一、园林植物选择与配置原则

园林植物的选择与配置是在综合考虑植物的适应性，以及园林景观的视觉效果、生态效益和维护需求的基础上，以创造美观、功能齐全且易于管理的园林景观为目标。在实践中，应遵循以下原则。

1. 适地适树原则

应根据立地条件，结合植物材料的自身特点和对环境的要求来选择和配置植物，使各种植物都能良好生长。应注重开发和应用乡土植物，不能盲目引进、推广外地的园林植物。

2. 植物多样性原则

植物多样性原则是园林植物选择和配置中的重要考虑因素，它体现了对自然生态系统的尊重和对生物多样性的保护。在构建园林空间时，倡导运用尽可能多的植物种类，不仅能够提升景观的观赏性，还有助于实现生态多样性的要求，对生态系统的健康和可持续性产生积极影响。通过科学合理的植物配置，园林可以成为一个富含生物多样性的乐园，为人们提供美好的自然体验。

3. 景观艺术性原则

园林植物的选择和配置应注意不同园林植物形态和色彩的合理搭配。应根据地形、地貌配置不同形态、色彩的植物，植物相互之间不能造成视角上的抵触，而且不能与园林建筑及园林小品在视角上造成抵触。总之，园林植物的选择和配置在遵循生态学原理的基础上，还应遵循美学原理。

4. 文化性原则

应注意将园林植物自身的文化属性与周围环境相融合。例如，园林景观设计中常见的"岁寒三友"即松、竹、梅的搭配在许多文人雅士的私家园林中备受青睐，松象征坚韧和长寿，竹子寓意纯洁和坚韧不拔的性格，而梅则代表坚强、乐观和奋发向前的精神。这一植物组合不仅在形式上展现了自然的美感，更承载了文人雅士对人生境界和个人气节的寄托。

将园林植物的文化属性与环境相融合需要审慎考虑，结合文学、历史、传统等多方面的元素。通过这样的综合考虑，设计者才能够创造出更具有深度和寓意的园林空间，使植物不仅是自然元素，更成为文化和情感的表达媒介。

5. 科学性原则

园林植物的选择和配置应充分遵循植物生长发育和植物群落演替的规律，注重植物景观随时间、植株、年龄逐渐变化的效果，强调人工植物群落能够自然生长和自我演替，尽量避免大树移栽等急功近利的做法。在园林景观中，植物是季相变化的主体，设计者不仅要会欣赏植物的季相变化，更为关键的是要能营造季相变化丰富的景观群落。应充分利用植物枝干、叶、花等的形态、色彩、质地等外部特征，展现其在各生长时期的最佳观赏效果，尽可能做到一年四季有景可赏，而且充分体现季节的特色。

6. 安全性原则

园林植物的选择和配置不能影响交通安全、人身安全和人体健康。如交通干道交叉路口及转弯处不宜种植高大的乔木，以免遮挡驾驶员的视线；居住区不宜种植有飞毛、有毒、有臭味的植物；儿童活动场地不能种植有刺的植物等。

7. 生态性原则

在进行园林植物的选择和配置时，要充分考虑植物群落结构在遮阴防晒、减风滞尘、固碳减排、改善环境小气候等方面的作用。

8. 经济性原则

在植物选择上，应充分考虑植物的养护难度，估算养护成本。优先选择生长快速、易于管理和繁殖的植物，以提高成活率，节约经济成本。

二、园林植物配置方式

1. 乔木、灌木配置方式

乔木、灌木都具有直立的茎，既可单独成景，又可与其他植物构成多种多样、千变万化的造景形式。其常用的配置方式有两种，即规则式和自然式。

规则式形式固定，排列整齐，株形固定，讲求规整、对称，效果整齐庄重、富有序列感。种植形式主要包括对植、列植、绿篱等。这种配置方式在西方古典园林中运用较多，西方园林偏重将植物作为装饰和雕塑材料组成一些造型各异的图案，并将建筑和整形植物结合，形成对称均衡的效果。在现代园林中，这种配置方式常用于一些庄重的场合，如寺庙、陵园、广场、道路入口以及大型建筑周围等。

自然式的植物造景，植物不按一定的株行距固定排列，植物配置参差有致，变化丰富。种植形式主要包括孤植、对植、丛植、列植、带植、群植、林植等。这种配置方式自然灵活、富有生机，比较注重利用植物本身的特性形成物种多样、群落多样、结构复杂的丰富景观。中式庭园、日式庭院及富有田园风趣的英式花园多采用自然式配置。

（1）孤植

孤植是指乔木、灌木孤立种植的种植形式，可以突出展示植物的个体美。这种形式中，乔木、灌木在室外多处于平面构图中心和空间的视觉中心成为主景，可引导视线，并可烘托建筑、假山或活泼水景，具有强烈的标志性、导向性和装饰作用。如种植在建筑及户外空间的西南、西或西北，可用于遮阴。

孤植树在园林景观中起到画龙点睛的作用，应选择观赏价值高的树种。要求植株姿态优美、树形挺拔，如雪松、异叶南洋杉、樟、白皮松、木棉等；或树冠开展、枝叶茂密、线条优雅，如垂丝海棠；或秋色叶树种及异色叶树种，如银杏、黄栌、枫香树、鹅掌楸、鸡爪槭、红叶李等；或花繁色艳、芳香浓郁、果实鲜亮，如樱花、玉兰、海棠、醉香含笑、石榴等。

（2）对植

对植指两株或两丛相同或相似的植物，按照一定的轴线关系相互对称均衡或不对称均衡种植的种植形式。对植可起到强调、提示、限定入口的作用，体现出庄严、肃穆的整齐美。

对植强调植物在体量、色彩、姿态等方面的一致性，多选用树形整齐优美、生长较慢的常绿树种，如松柏类、南洋杉、云杉、冷杉、大王椰子、假槟榔、苏铁等；一些花色艳丽的树种也适于对植，如桂花、玉兰、碧桃、蜡梅等；或选用适合人工整形修剪的树种，如罗汉松、红花檵木、紫薇等。

（3）丛植

丛植指由两株到十几株同种或异种的乔木或灌木按照一定的构图方式组合成丛状植物群体，并形成一个整体外轮廓线的种植形式，是园林绿地中最常用的种植形式。丛植在强调植物群体美的同时，还要求单株植物在统一构图中体现个体美，使个体和群体之间相互衬托、对比，既有统一的联系，又有各自的形态变化。丛植除了具有部分遮阴作用以外，在空间景观构图上能形成主景、配景、障景、隔景等观赏效果。

在树种的选择上，主要考虑植株个体的生物学特性及个体之间的相互影响，使植株在地上生长空间、光照、通风、温度、湿度和地下根系生长发育方面都能得到良好条件。

以观赏为主要目的的树丛，可多选几个不同的树种来延长观赏期，也可利用植物的季相变化将春季观花的花灌木与秋季观果的常绿树种配合使用，并在树丛下配置常绿地被植物以增加立面空间的丰富度。如油松-元宝枫-连翘、黄栌-丁香-珍珠梅树丛布置于山坡；垂柳-'碧桃'树丛布置于溪边、池畔、水榭附近以形成桃红柳绿的景观；水体内搭配荷花、睡莲、水生鸢尾的华中基本种植形式；松-竹-梅树丛布置于山坡石间的江南基本种植形式。

以遮阴为主要目的的树丛，常采用高大乔木为主，一般不用灌木或少用灌木，且多用单一树种，如毛白杨、朴树、樟、榕树等。树丛下也可适当配置耐阴花灌木。

（4）列植

列植指乔木和灌木沿一定方向等株距成行、成排种植的种植形式，有单列、双列、多列等类型。列植可形成整齐一致、气势雄伟的景观，这种内在的规律会产生强烈的韵律感。

列植宜选用树冠比较整齐的树种，如树形为圆形、卵圆形、倒卵形、椭圆形、塔形、圆柱形等的树种，而不宜选枝叶稀疏、树冠不整齐的树种。同时，要保持两侧的对称性，平面上要求行间距相等，立面上树木的冠径、胸径、高矮要大体一致。常用树种中，大乔木有油松、圆柏、银杏、槐、白蜡、元宝枫、柳杉、悬铃木、榕树、垂柳、合欢等，小乔木和灌木有丁香、红瑞木、小叶黄杨、西府海棠、木槿等。

（5）带植

带植指长度大于宽度，具有一定的高度和厚度的种植形式。按树种构成，可分为规整的单一植物带植和变化多样的多种植物带植。

带植多选用1~2种高大乔木，配合灌木组成前景、中景和背景，植株密度高，树木成年后树冠要能交接。前景的基调植物应选择低矮的灌木；中景的主调植物应该具有较高的观赏性，如银杏、凤凰木、黄栌、海棠、樱花、桃等；背景的配调植物应该形状、颜色统一，其高度应该超过主景植物，最好选择常绿、分枝点低、枝叶密集、花色不明显、颜色较深或能够与主景形成对比的植物。

（6）群植

群植是由10余株至上百株乔木和灌木混合成群栽植在一起的种植形式。其树群可以分为单纯树群和混交树群。单纯树群由一种树木组成，可以应用宿根花卉作为地被植物。混交树群是树群的主要类型，一般不允许游人进入，采用郁闭式的多层次群落结构（包括乔木层、亚乔木层、大灌木层、小灌木层和草本层5个组成部分）。

群植一般是为了模拟自然景观，要根据环境和功能要求进行树种的选择，大多数园林树种均适合群植。为了增加树群的季相变化，使园林景观具有不同的季节景观特征，可使用一些秋色叶树种。乔木层选择树冠形态丰富、能使整个树群的天际线富于变化的喜光树种，如枫香树、元宝枫、黄连木、黄栌、槭树；亚乔木层选择开花繁茂或叶色美丽的弱喜光树种，如鸡爪槭、'红枫'、三角枫、桂花等；大灌木层、小灌木层以喜阴或耐阴的花木为主，如花叶青木、八角金盘等；草本层以多年生草本花卉为主，如吉祥草、山麦冬、石蒜等。

（7）林植

林植是大面积、大规模地成带、成林状种植的种植方式，形成林地和森林景观。大面积公园、风景游览区或休闲疗养区常采用此种方式。

林植的树种一般以乔木为主，有林带、密林和疏林等形式；从树种组成上看，又有纯林和混交林的区别，景观各异。选择林植的树种时应注意林冠线的变化、疏林与密林的变化、群体内个体之间及群体与环境之间的关系，还应按照休憩、游览的要求留有一定大小的林间空地等。

①林带　一般为狭长带状，多应用于周边环境，如路边、河滨、广场周围等。既有规则式的，也有自然式的。大型的林带如防护林、护岸林等可应用于城市周边、河流沿岸等处，宽度随环境而变化。

②密林　一般应用于大型公园和风景区，郁闭度常为0.7~1.0，阳光很少透入林下。林间常布置曲折的小径，可供游人散步，但一般不供游人进行大规模活动。不少公园和风景区的密林是利用原有的自然植被加以改造形成。

密林又有单纯密林和混交密林之分，在景观效果上各有特点，前者简洁壮阔，后者华丽多彩，两者相互衬托，特点更为突出，因此不能偏废。但从生态学的角度来看，混交密林比单纯密林好，因此在园林中纯林不宜太多。

③疏林　郁闭度一般为0.4~0.6。疏林草地的郁闭度可以更低，通常在0.3以下。疏林常由单纯的乔木构成，一般不布置灌木和草本花卉，留出小片林间隙地。在景观上具有简洁、淳朴之美，常应用于大型公园的休息区，并与大片草坪相结合，形成疏林草地景观。疏林草地是园林中应用最多的一种形式，游人可在林间草地上休息、做游戏、看书、摄影、野餐及观景等。

疏林的树种选择应考虑以下条件：树冠开展，树荫疏朗，生长强健，花和叶色彩丰富，树枝线条曲折多变，树干美观。在植物搭配上，常绿树种与落叶树种搭配要合适，一般以落叶树为多。常用的树种有白桦、水杉、银杏、枫香树、金钱松和毛白杨等。疏林中的树木应三五成群种植，树木间距一般为10~20m，疏密相间，有断有续，使疏林景观错落有致，构图生动活泼。

2. 藤本植物配置方式

藤本植物的攀缘习性和观赏特性各异，在园林造景中有着特殊的用途，是重要的垂直绿化材料，可广泛应用于棚架、花格、篱垣、栏杆、凉廊、墙面、山石、阳台和屋顶等的绿化。充分利用藤本植物进行垂直绿化是增加绿化面积、改善生态环境的重要途径，不仅能够弥补平地绿化的不足，丰富绿化层次，有助于恢复生态平衡，而且可以增加城市景观及园林建筑的艺术效果，使之与环境更加协调统一、生动活泼。

缠绕类藤本植物不具有特殊的攀缘器官，依靠自身的主茎缠绕其他物体向上生长发育。主要有牵牛花、紫藤、猕猴桃、忍冬、铁线莲、三叶木通、南蛇藤、油麻藤、鸡血藤、西番莲、清风藤、五味子、马兜铃、五爪金龙等。

卷须类藤本植物依靠卷须攀缘其他物体向上生长。主要有葡萄、扁担藤、炮仗花、蓬莱葛、龙须藤、珊瑚藤、香豌豆等。

吸附类藤本植物需依靠气生根或吸盘的吸附作用攀缘生长。主要有地锦、五叶地锦、洋常春藤、扶芳藤、钻地风、冠盖藤、络石、球兰、凌霄、美国凌霄、绿萝等。

蔓生类藤本植物没有特殊的攀缘器官，攀缘能力较弱。主要有野蔷薇、木香、雀梅藤、软枝黄蝉、天门冬、叶子花、藤金合欢等。

3. 草本花卉配置方式

草本花卉是园林植物造景的基本素材之一，具有种类繁多、色彩丰富、生产周期短、布置方便、更换容易、花期易于控制等优点，在园林中被广泛应用，在烘托气氛、基础装饰、分隔屏障、组织交通等方面有着独特的景观效果。主要应用形式有花坛、花境、花池、花台、花箱、花钵等。

常用的草本花卉有一串红、鸡冠花、三色堇、美女樱、万寿菊、彩叶草、香雪球、四季海棠、矮牵牛、宿根福禄考、鼠尾草、羽衣甘蓝等。

4. 地被与草坪植物配置方式

（1）地被植物配置

地被植物泛指可将地面覆盖，使泥土不致裸露，具有保护表土及美化作用的低矮植物。植株一般高30~60cm。大部分地被植物的茎叶密布生长，并具有蔓生、匍匐的特性，易将地表遮盖覆满。

地被植物可以增加植物景观层次，丰富园林景色。同时，能增加城市的绿量，具有固定表土、减少细菌的传播、净化空气、降低气温、改善空气湿度等作用，并能减少或抑制杂草生长。在地被植物应用中，要充分了解各种地被植物的生物学特性和生态习性，根据其对环境条件的要求、生长速度及长成后的覆盖效果，与乔木、灌木、草本花卉进行合理搭配。

地被植物的选择应考虑以下条件：一是多年生，植株低矮，如铺地柏；二是植株常绿，植丛能覆盖地面，具有一定的防止水土流失的作用，如沿阶草；三是生长迅速，繁殖容易，管理粗放，适应性强，抗干旱、抗病虫害、抗瘠薄，如红花酢浆草。

（2）草坪植物配置

草坪是指有一定设计、建造结构和使用目的的人工建植的多年生草本植物形成的坪状草地。草坪是由草坪植物的枝条系统、根系和土壤最上层（约10cm）构成的整体，有独特的生态价值和审美价值。常见的草坪植物主要有剪股颖属、早熟禾属和羊茅属等。

🎋 任务实施

一、搜集资料

学生分组，拍摄5处本地园林景观的植物照片。

二、学习园林植物选择与配置相关理论知识

以小组为单位，学习园林植物选择与配置相关理论知识。教师进行园林植物选择与配置案例分析教学。

三、现场调查园林景观中植物的选择与配置

各小组对当地园林景观中具有代表性的植物配置方式进行调查，分析并讨论其植物选择与配置的优缺点。

四、完成调查报告

各小组完成调查报告。报告内容包括：园林植物的种类及生长状况；园林植物的配置方式及景观特点；园林植物选择与配置的优缺点，以及改善的建议。

任务考核

根据表3-2-1进行考核评价。

表 3-2-1   园林植物选择与配置考核评分标准

项　目	考核内容	考核标准	赋分	得分
过程性评价	调查准备工作	准备充分	15	
	调查态度	积极主动，有团队精神，积极参与讨论	30	
	调查水平	植物配置方式分析正确	35	
结果性评价	调查报告完整性	内容完备、具原创性，分析和总结合理	25	
总　　分			100	

巩固练习

1. 给所调查的园林景观替换10种合适的园林植物，并说明理由。
2. 找出校园景观中5处园林植物种类选择或配置方式不恰当的情况，并提出优化方案。

模块 2
木本园林植物识别与应用

　　木本植物主要以园林树木的形式进行园林景观营造，它们构成了园林景观空间的骨架，在景观层次和生态效应方面发挥着主导作用，是园林植物造景的重点。我国作为世界植物资源宝库，有园林树木8000种以上，但是目前在城市绿化中使用的只有几百种，还有许多优良的品种等待我们去发掘和利用。本项目从园林工作实际出发，兼顾植物地域性分布，包括行道树和庭荫树识别与应用，园景树识别与应用，垂直绿化树种、绿篱和造型树种识别与应用，以及竹类和室内装饰树种识别与应用4个项目。

项目 *4*

行道树和庭荫树识别与应用

项目描述

　　行道树指种在道路两旁及分车带，给车辆和行人遮阴并构成街景的树种。庭荫树又称绿荫树、庇荫树，是以遮阴为主要目的的树种。两者都具有遮阴降温、净化空气、美化环境等多种作用，广泛用于街道绿化、庭院绿化、商业广场绿化等，是园林景观中不可或缺的重要组成部分。本项目共包含两个任务：行道树识别与应用和庭荫树识别与应用。

项目目标

>> **知识目标**

　　1.知道行道树和庭荫树的概念和作用。

　　2.理解常见行道树和庭荫树的生态习性和园林用途。

　　3.领会常见行道树和庭荫树的识别要点和观赏特性。

>> **技能目标**

　　1.能够正确识别本地常见行道树和庭荫树。

　　2.能用形态术语正确描述行道树和庭荫树的形态。

　　3.能根据行道树和庭荫树的观赏特性、生态习性和应用形式，选择合适的树种进行配置。

>> **素质目标**

　　1.践行"绿水青山就是金山银山"的理念。

　　2.培养坚定的文化自信，培养爱国情怀和中华民族自豪感。

　　3.树立职业理想信念，热爱园林事业，培养对岗位工作的强烈责任感。

　　4.培养沟通能力和团队合作精神。

数字资源

任务 4-1 行道树识别与应用

任务描述

城市道路绿地作为城市绿地的典型线性空间，是现代城市景观的"窗口"，其景观效果主要取决于行道树的选择与配置。行道树植于道路两侧和分车带中，以美化、遮阴和防护为目的并形成景观，其应用对于完善道路服务体系、提高道路服务质量、改善道路生态环境具有十分重要的意义。本任务是在学习行道树相关理论知识的基础上，调查本地城市街道绿地、居民区绿地等园林绿地中行道树的种类及应用情况（包括行道树名称、主要形态特征、生态习性、观赏特性及配置方式等），完成行道树调查报告。

任务目标

知识目标

1. 知道行道树的作用。
2. 理解常见行道树的生态习性和园林应用。
3. 领会常见行道树的识别要点和观赏特性。
4. 阐述行道树的选择与配置要求。

技能目标

1. 会用专业术语描述行道树的形态特征。
2. 能够正确识别常见行道树。
3. 能根据行道树的形态特征、观赏特性、生态习性以及相关绿化要求合理选用行道树。

素质目标

1. 强化规范意识。
2. 强化安全意识。
3. 提升审美素养。

知识准备

一、行道树作用及选择与配置要求

1. 行道树作用

（1）保护和改善城市生态环境

行道树在城市生态环境中起遮阴降温的作用。行道树的树冠能吸收和反射部分阳光，使阳光不能透过树冠，由此形成了绿荫。绿荫处的辐射热较少，温度自然有所降低。此外，行道树通过蒸腾作用向空气释放大量的水汽，不仅散发了空气中的热量，而且增加了空气湿度。

行道树可以进行光合作用，吸收二氧化碳，放出氧气。行道树的树冠相当于一个大型的空气过滤器，对粉尘有明显的阻挡、过滤和吸附作用。行道树的枝叶表面可以黏着及截留浮尘，并能防止沉积的污染物被风吹扬。据研究，行道树的叶沉积浮游尘的最大量可达$30\sim68t/hm^2$，可减轻空气污染。行道树滞尘作用的大小主要与其枝叶的表面特征有关，如枝叶表面粗糙程度、是否有毛、枝叶浓密程度以及叶片大小等都会影响滞尘量。一般常绿树种比落叶树种滞尘效果明显，其中松柏类因分泌树脂而滞尘能力相当大。

合理种植行道树，能减小道路机动车辆所带来的噪声。行道树的枝叶对声波有减弱和吸收的作用，一般枝叶细密的树种降噪效果优于枝叶稀疏的树种，常绿树种降噪效果优于落叶树种，混合树种降噪效果比单一树种降噪效果明显。

行道树具有一定的防风作用，结合道路两旁的防护林合理建设防风林带，对于城市及周边环境都能产生良好的防护与改善作用。

（2）组织交通，保障行车安全

行道树可以将机动车道、非机动车道及人行道进行分隔，使车辆与行人各行其道。在重要的路口及其他车辆、行人比较集中的区域，可以用行道树来诱导行车方向，这样不但提高了道路的美观度与绿化面积，而且提高了道路的利用率，并能有效地减少甚至防止交通事故的发生。此外，绿色给人以平和、宁静、舒适之感，无论是驾驶员还是行人，在绿色的环境中都会感到舒适和安全，且不易疲劳。

（3）美化市容

行道树的美化作用尤为明显，是展示城市形象的一个"窗口"。合理布局行道树，适当选择非绿色的树种，可把道路映衬得生动而艳丽。尤其对于一些富有地方特色的城市，行道树可以起到突出城市个性或地域特色的作用。

（4）成为珍贵的乡土文化资产

行道树历经漫长岁月的培育才能形成林荫大道，饱经风霜，是历史的见证者，与人类社会的发展密切相关，其种植背景、相关事迹是宝贵的乡土文化的一部分。

2. 行道树选择与配置要求

任何植物的生长，都与周围环境条件有着密切的联系。选择行道树时，一定要考虑本地区及道路的环境特点，避免行道树栽植的盲目性。应当因地制宜，针对不同的路况选择适宜的树种。

行道树的选择一般考虑以下几点：树形整齐，枝叶茂盛，树冠优美，冠幅大，夏季荫浓，发叶早，落叶迟，冬态树形美；树干通直，分枝点1.8m以上，无臭味，无毒，无刺激，叶、花、果可观赏，无污染；繁殖容易，根系发达，生长迅速，寿命长，大苗易于移植，栽植成活率高；抗逆性强，抗强风、抗大雪，深根性，既耐高温，也耐低温，对有害气体的抗性强，病虫害少；能够适应当地环境条件，耐修剪，养护管理容易。

行道树一般采用规则式配置，其中又有对称式和非对称式之分。多数情况下，道路两侧的立地条件相同，宜采用对称式；当道路两侧的立地条件不同时，可采用非对称式。最常见的行道树配置方式为同一树种、同一规格、同一株行距的行列式栽植。

二、常见行道树

1　银杏

Ginkgo biloba L.

别名：白果树、公孙树、鸭掌树
科属：银杏科银杏属

【形态特征】落叶乔木，高达40m。树冠广卵形。叶扇形，顶端常2裂，有细长叶柄，在长枝上互生，在短枝上簇生。种子核果状，具长柄，椭圆形、倒卵形或近球形，成熟时淡黄色或橙黄色；外种皮肉质，被白粉；中种皮骨质，白色，具2~3纵脊；内种皮膜质，淡红褐色；子叶2。花期4~5月，果期9~10月（图4-1-1）。

图 4-1-1　银杏

【产地及分布】北起沈阳，南至广州，东起华东沿海，西南至云贵西部海拔2000m以下地区，以江苏、安徽、浙江为栽培中心。

【生态习性】喜光；较耐寒，不耐湿热；不耐盐碱土或过湿土壤；深根性；生长缓慢，寿命极长。

【园林用途】树姿雄伟壮丽，叶形奇特，春、夏碧绿，秋叶金黄，是著名的秋色叶树种，适宜作行道树。

2　七叶树

Aesculus chinensis Bunge

别名：梭罗树
科属：七叶树科七叶树属

【形态特征】落叶乔木，高达25m。树皮灰褐色。小枝粗壮，有圆形或椭圆形淡黄色皮孔。冬芽大。掌状复叶对生，小叶5~7，长椭圆状披针形，先端渐尖，基部楔形，叶缘具细锯齿。花序圆筒形，由5~10朵小花构成；花杂性，白色，花瓣4。蒴果球形，黄褐色，密生皮孔。花期5~6月，果期9~10月（图4-1-2）。

【产地及分布】黄河流域及东部各省份均有栽培，秦岭也有野生；自然分布在海拔700m以下的山地。

【生态习性】喜光，稍耐阴，忌烈日暴晒；喜温暖气候，也能耐寒；喜深厚、肥沃、湿润而排水良好的土壤；深根性，萌芽力不强；生长速度中等偏慢，寿命长。

图 4-1-2　七叶树

【园林用途】树干耸直，树冠开阔，姿态雄伟，叶大而形美，初夏白花绽放，花序硕大，蔚然可观，果实奇特别致，是世界著名的观叶、观花、观果树种，最宜栽作行道树、庭荫树。

3　假槟榔

Archontophoenix alexandrae（F. Muell.）H. Wendl. et Drude

别名：亚历山大椰子
科属：棕榈科假槟榔属

【形态特征】常绿高大乔木，高可达30m。干茎基部略膨大，幼时绿色，老时灰白色，光滑而有阶梯形环纹。羽状复叶簇生于茎干顶端，长达2~3m，小叶排成两列，条状披针形，背面有灰白色鳞状覆被物，叶脉明显，叶鞘筒状包干，绿色光滑。花单性同株，花序生于叶丛之下。核果卵球形，红色。花期7~8月，果期10~11月（图4-1-3）。

图 4-1-3　假槟榔

【产地及分布】原产于澳大利亚，亚洲热带地区广泛栽培。

【生态习性】喜光；喜高温多湿气候，不耐寒；抗风，抗大气污染。

【园林用途】植株高大雄伟，茎干通直，叶冠如伞，可形成怡人的热带风光，在华南地区可作行道树和庭荫树，列植、丛植、片植、林植均可。

4 蒲葵

Livistona chinensis（Jacq.）R. Br.　　科属：棕榈科蒲葵属

【形态特征】常绿乔木。单干直立，有环状叶痕。树冠近圆球形。叶阔肾状扇形，宽1.5~1.8m，掌状浅裂或深裂，通常部分裂深达叶的2/3，裂片条状披针形，顶端长渐尖，再2深裂，叶柄两侧具骨质的钩刺。肉穗花序腋生，花小，两性，黄绿色。核果椭圆形，熟时紫黑色。花期春、夏，果期11月（图4-1-4）。

图 4-1-4 蒲葵

【产地及分布】分布于我国南部。越南、日本也有分布。

【生态习性】喜光，稍耐阴；喜温暖湿润的气候，较耐寒；适生于土层深厚、湿润、肥沃的黏质土壤；抗污染和抗风能力较强。

【园林用途】四季常绿，树冠伞形，叶大、扇形，叶丛婆娑，为热带地区的重要绿化树种，可列植作行道树或丛植作园景树。

5 加拿利海枣

别名：长叶刺葵
Phoenix canariensis Chabaud　　科属：棕榈科刺葵属

【形态特征】常绿乔木，高可达10~15m。树干有整齐的鱼鳞状叶痕。羽状复叶集生于干顶，小叶基部内折。肉穗花序浅黄色。浆果球形。花期4~5月、10~11月，果期7~8月和翌年春季（图4-1-5）。

【产地及分布】原产于非洲西部加那利群岛，我国华东、华南有栽植。

【生态习性】既喜光，又略耐阴，耐热、耐寒均较强，喜温暖湿润的环境。

【园林用途】树形美丽壮观，有热带风情，在华南可作为行道树或在海滨地段种植。

图 4-1-5　加拿利海枣

6 │ 木棉

Bombax ceiba L.

别名：红棉、攀枝花
科属：木棉科木棉属

图 4-1-6　木棉

【形态特征】落叶大乔木，高达40m。树干通常有圆锥状的粗刺。掌状复叶互生，小叶5~7片，长椭圆形，全缘。花单生于枝顶叶腋，先叶开花，通常红色；花瓣肉质，倒卵状长圆形。蒴果木质，大，内有棉毛。花期3~4月，果期6~8月（图4-1-6）。

【产地及分布】在国外分布于印度、斯里兰卡、中南半岛、马来西亚、印度尼西亚至菲律宾、澳大利亚北部，在中国分布于华南地区。

【生态习性】喜光，喜暖热气候，深根性，速生。

【园林用途】花大而美，树姿巍峨，四季展现不同的风情，主要用作行道树。

7 │ 杜仲

Eucommia ulmoides Oliv.　　科属：杜仲科杜仲属

【形态特征】落叶乔木，高达20m。树冠圆球形。体内有弹性胶丝，枝、叶、果及树皮断裂后均有白色弹性胶丝相连。枝条具片状髓。单叶互生，无托叶，叶椭圆形至椭圆状卵形，先端渐尖，基部圆形或宽楔形，叶缘有锯齿。花单性，雌雄异株，无花被，先叶开放或与叶片同放，黄绿色。翅果扁平，狭长椭圆形，周围有翅，无毛，熟时棕褐色。花期4月，果期9~10月（图4-1-7）。

【产地及分布】中国特产，原产于中国中部及西部，四川、贵州、湖北为集中产区，吉林以南均有栽培。张家界为世界最大的野生杜仲产地，有"杜仲之乡"的美誉。

【生态习性】喜光，不耐庇荫；喜温暖湿润气候及肥沃、湿润、深厚而排水良好的土

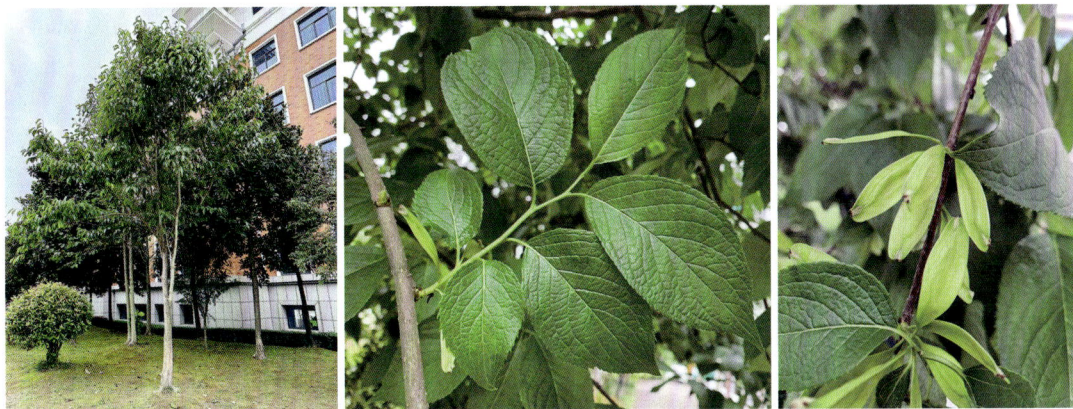

图 4-1-7　杜仲

壤；适应性强，有相当强的耐寒力，在酸性、中性及微碱性土上均能正常生长，并有一定的耐盐碱能力；根系较浅，侧根发达，萌芽力强；生长速度中等。

【园林用途】树干端直，树形整齐优美，枝叶茂密，适合作为行道树种植在城市道路两旁，也可作一般的绿化造林树种。

8　重阳木

Bischofia polycarpa（H. Lév.）Airy shaw　　科属：大戟科秋枫属

【形态特征】落叶乔木，高达10m。树皮褐色，纵裂。三出复叶互生，小叶卵形，秋叶鲜红色。总状花序，花绿色。浆果球形，棕褐色。花期4～5月，果期8～10月（图4-1-8）。

图 4-1-8　重阳木

【产地及分布】原产于中国，分布于秦岭、淮河流域以南至广东和广西的北部，在长江中下游平原常见。

【生态习性】喜光，稍耐阴；喜温暖气候，耐寒力弱；对土壤要求不严，在湿润、肥沃土壤中生长最好，耐水湿；根系发达，抗风力强，生长较快；对二氧化硫有一定抗性。

【园林用途】枝叶茂密，树姿优美，早春嫩叶鲜绿光亮，入秋叶色转红，颇为美观。宜作行道树、庭荫树，也可作堤岸绿化树种，在草坪、湖畔、溪边丛植点缀。

9 / 枫香树

Liquidambar formosana Hance　　　　　科属：金缕梅科枫香树属

【形态特征】落叶乔木，高达40m。树皮灰色，浅纵裂。单叶互生，叶片阔卵形，掌状3裂，基部心形，叶缘有锯齿。雌花序圆球状，悬于细长花梗上，生于雄花序下方叶腋处。果序较大，下垂；蒴果球形，花柱宿存，刺状萼片宿存。花期3~4月，果期10月（图4-1-9）。

图 4-1-9　枫香树

【产地及分布】分布于我国长江流域及其以南地区，西至四川、贵州，南至广东，东至台湾。日本也有分布。

【生态习性】喜光，幼树稍耐阴；喜温暖湿润气候，不耐严寒，在黄河以北不能露地越冬；喜深厚、湿润土壤，耐干旱瘠薄，不耐水湿；萌芽性强，能天然更新；对二氧化硫和氯气抗性较强。

【园林用途】树干通直，树冠宽阔，气势雄伟，深秋叶色鲜红，美丽壮观，是著名的秋色叶树种。在园林中常作行道树、庭荫树。

10 / 樟

别名：樟树、香樟

Cinnamomum camphora（L.）P.　　　　科属：樟科樟属

【形态特征】常绿乔木，高达30m。树皮灰褐色，纵裂。单叶互生，叶卵状椭圆形，叶背有白粉，离基三出脉，脉腋有腺体，早春叶色嫩黄色。圆锥花序腋生于新枝，花黄绿色。核果球形，紫黑色，果托杯状。花期4~5月，果期8~11月（图4-1-10）。

【产地及分布】亚热带地区常见，在中国主要分布于长江以南各省份，以福建、湖南、江西、浙江为最多。日本、朝鲜、越南也有分布。

图 4-1-10 樟

【生态习性】喜光；喜温暖湿润气候，耐寒性不强，绝对最低气温低于-7℃即受冻害；喜肥沃、深厚、湿润的酸性或中性砂壤土，不耐干旱、瘠薄和盐碱；深根性，萌芽力强，耐修剪；生长快，寿命长。

【园林用途】枝叶茂密，冠大荫浓，树形饱满，是优良的行道树、庭荫树、风景林树种及防护林树种，也可作厂矿区绿化树种。

11 / 银荆

Acacia dealbata Link.

别名：银荆树、鱼骨松、鱼骨槐
科属：豆科金合欢属

【形态特征】常绿乔木，高达15m。树皮银灰色，小枝常有棱，被茸毛。二回羽状复叶互生，小叶极小，线形，两面有毛，银灰色，总叶轴上每对羽片间有1个腺体。头状花序球形，黄色，芳香，排成总状。荚果无毛，长带形。花期1~4月，果期7~9月（图4-1-11）。

【产地及分布】原产于澳大利亚，我国云南、贵州、四川、广西、浙江、福建、台湾等地有栽培。

【生态习性】喜光，不耐寒；生长快，萌蘖性强。

【园林用途】羽片雅致，花序如金黄色的绒球，繁茂美丽，可以作行道树，也是荒山造林的优良树种。

图 4-1-11 银荆

别名：绒花树

Albizia julibrissin Durazz.

科属：豆科合欢属

【形态特征】落叶乔木，高15~20m。树冠开展，扁卵形。树皮褐灰色，主枝较低，小枝无毛。二回偶数羽状复叶互生，羽片4~12对，小叶10~30对，小叶镰刀状长圆形，基部截形，中脉明显偏于一侧，全缘。头状花序多数，伞房状排列；萼片、花瓣各5，有浓香；花丝细长，淡红色。荚果扁平带状，熟时黄褐色。花期6~7月，果期9~10月（图4-1-12）。

图 4-1-12　合欢

【产地及分布】分布于我国黄河流域至珠江流域广大地区。朝鲜、日本、越南、泰国、缅甸、印度、伊朗及非洲东部也有分布。

【生态习性】喜光；喜生于较温暖的地区，耐寒性略差；对土壤要求不严，干旱土、贫瘠土、砂质土都可栽植，耐涝性较差。

【园林用途】树姿优美，叶形雅致，冠形洒脱，盛夏满树红色绒花，鲜艳夺目，为优良的园林绿化树种，宜作行道树、庭荫树，植于林缘、房前、草坪、山坡等地。

13 红花羊蹄甲

别名：艳紫荆

Bauhinia blakeana Dunn.

科属：豆科羊蹄甲属

【形态特征】常绿小乔木，高6~10m。树干常弯曲。单叶互生，叶大，先端2裂，裂片深度为叶全长的1/3，裂片端圆钝。总状花序顶生，花大，有香气；花瓣5枚，椭圆形，紫红色。花期11月至翌年3月，不结果实（图4-1-13）。

【产地及分布】最早在广州发现，后在香港、广东、广西普遍栽植。

【生态习性】要求阳光充足；喜温热湿润气候，较不耐寒，在5℃以下就会受冻害。

【园林用途】树冠开展，枝叶繁茂，叶形奇特，整个冬季满树红花，灿烂夺目，十分美丽，是优良的观赏树种。宜作行道树、园景树，是香港的市花，俗称"紫荆花"。

图 4-1-13　红花羊蹄甲

14 / 槐

Sophora japonica L.

别名：槐树、国槐
科属：豆科槐属

【形态特征】落叶乔木，高达25m。树冠卵圆形。树皮黑褐色，小枝绿色，皮孔明显。奇数羽状复叶互生，小叶7~17片，卵状长圆形，先端尖，叶轴有毛，基部膨大。圆锥花序顶生，黄色。荚果串珠状，熟后不开裂，也不脱落。花期7~8月，果期10月（图4-1-14）。

图 4-1-14　槐

【产地及分布】分布于中国北部，北至辽宁，南至广东、台湾，东自山东，西至甘肃、四川、云南均有栽植。

【生态习性】喜光，略耐阴；喜干冷气候；喜深厚、排水良好的砂质壤土，在干燥、贫瘠的山地及低洼积水处生长不良；耐烟尘，能适应城市街道环境，对二氧化硫、氯气、氯化氢均有较强的抗性。

【园林用途】树冠圆整，枝叶繁茂，寿命长，适应城市环境，夏季有花可观，是北方城市重要的行道树和庭荫树。

15 / 鹅掌楸

Liriodendron chinense（Hemsl.）Sarg.

别名：马褂木
科属：木兰科鹅掌楸属

【形态特征】落叶乔木，高可达40m。叶常截形，两侧各具一凹裂，似马褂状，背面有

图 4-1-15　鹅掌楸

白粉状突起，叶具长柄。花生于枝顶，黄绿色，花蕊浅黄色。聚合果由小坚果组成，翅果纺锤形。花期4~5月，果期9~10月（图4-1-15）。

【产地及分布】产于长江流域以南。

【生态习性】喜光；喜温暖湿润气候，耐寒性不强；喜深厚、肥沃、排水良好的土壤，忌低湿水涝；速生；对二氧化硫有中度抗性。

【园林用途】树干挺拔，叶形奇特，花大色奇，秋季叶变为黄色，是优良的园林景观树种。世界五大行道树之一，可作行道树和庭荫树，可孤植、对植、列植、群植。

16	广玉兰	别名：荷花玉兰
Magnolia grandiflora L.		科属：木兰科木兰属

【形态特征】常绿乔木，高达30m。枝、小芽具有锈色柔毛。叶长椭圆形，厚革质，叶正面深绿色、有光泽，叶背有锈色短柔毛。花大，白色，芳香；花被片12枚，厚肉质。聚合果圆柱状卵形，种子红色。花期5~6月，果期10月（图4-1-16）。

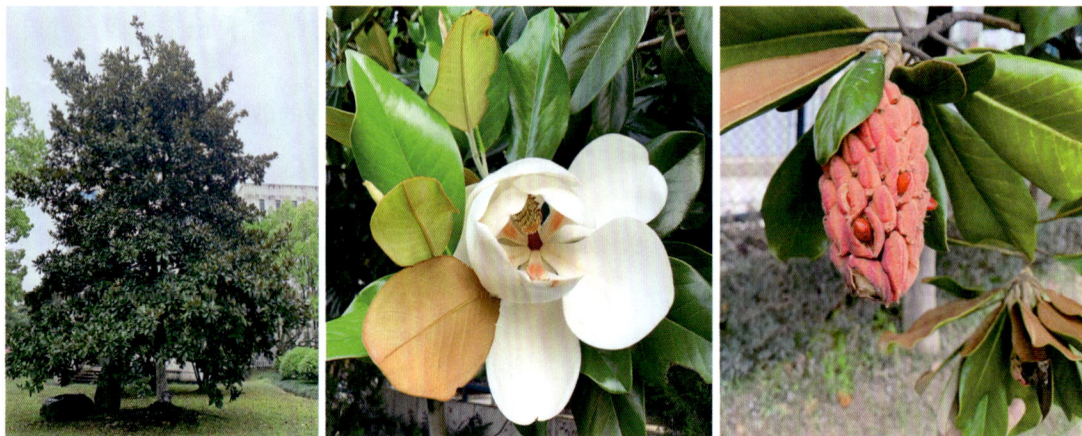

图 4-1-16　广玉兰

【产地及分布】原产于北美洲，在中国主要分布于长江流域及以南地区。

【生态习性】喜光，幼时耐阴；喜温暖湿润气候，也有一定的耐寒性；适生于湿润、肥沃的土壤，在排水不良的黏性土和碱性土中生长不良；抗二氧化硫、氯气及烟尘。

【园林用途】树姿雄伟，树荫浓郁，花大而有幽香，是优良的城市绿化树种。可列植作行道树，孤植于草坪，对植于建筑物门庭两旁，北方地区可盆栽观赏。

17／白蜡

Fraxinus chinensis Roxb.

别名：白蜡树、中国梣
科属：木樨科白蜡属

【形态特征】落叶乔木，高可达15m。树皮黄褐色，小枝节部和节间扁压状，冬芽灰色。奇数羽状复叶对生，小叶5~9片，通常7，卵状椭圆形，叶缘有钝锯齿。圆锥花序生于当年生枝上，花单性，雌雄异株，无花瓣。单翅果倒披针形。花期4~5月，果期7~10月（图4-1-17）。

图 4-1-17　白蜡

【产地及分布】分布于我国东北南部、华北、西北、长江流域至华南北部地区。

【生态习性】喜光，稍耐阴；喜温暖湿润，也耐寒；喜湿，耐涝，也耐干旱，对土壤的适应性强；生长快，耐修剪；对城市环境适应性强，抗污染能力强。

【园林用途】树形整齐，枝叶茂密，叶色鲜绿，秋叶金黄，亮丽美观，是北方地区优良的行道树和庭荫树，也可丛植、片植于草坪、湖边、坡地。

18／女贞

Ligustrum lucidum Ait.

别名：冬青、将军树
科属：木樨科女贞属

【形态特征】常绿乔木，高6~15m。树皮灰褐色，光滑不裂；枝叶无毛。单叶对生，叶卵状披针形，全缘，叶正面深绿色，背面淡绿色。顶生圆锥花序，花小而密集，白色，花冠筒与花冠裂片近等长。核果椭圆形，蓝黑色，被白粉。花期5~7月，果期11~12月（图4-1-18）。

图 4-1-18　女贞

【产地及分布】分布于长江流域及以南各省份，华北、西北多有栽培。朝鲜、日本也有分布。

【生态习性】喜光，稍耐阴；喜温暖湿润，有一定耐寒性；耐水湿，不耐干旱和贫瘠，宜在肥沃、湿润的土壤上生长；萌芽力强，耐修剪；对多种有害气体有较强抗性。

【园林用途】四季常绿，夏季花开满树，适应性强，为长江流域常见的绿化树种，可作行道树、庭院树或修剪成绿篱，也适宜作厂矿区绿化树种。

19 / 二球悬铃木

Platanus acerifolia（Ait.）Willd.

别名：英桐

科属：悬铃木科悬铃木属

【形态特征】落叶大乔木，高达35m。枝条开展，干皮呈片状剥落，幼枝密生褐色茸毛。叶片广卵形至三角状广卵形，宽12~25cm，3~5裂，裂片三角形、卵形或宽三角形，叶裂深度约达全叶的1/3，叶柄长3~10cm。球果通常为2球一串，果径约2.5cm，有由宿存花柱形成的刺毛。花期4~5月，果9~10月成熟（图4-1-19）。

【产地及分布】世界各国多有栽培，我国北部和中部有栽培。

图 4-1-19　二球悬铃木

【生态习性】喜光；喜温暖气候，具有一定抗寒性；对土壤的适应能力极强，能耐干旱、瘠薄，在潮湿的沼泽地等也能生长；抗烟性强，对二氧化硫及氯气等有毒气体有较强的抗性。

【园林用途】本种是三球悬铃木和一球悬铃木的杂交种。树形雄伟端正，叶大荫浓，树冠广阔，干皮光洁，是世界著名的行道树，有"行道树之王"的美称，世界五大行道树之一。

20 / 新疆杨

Populus alba var. *pyramidalis* Bunge　　　科属：杨柳科杨属

【形态特征】落叶乔木，高达30m。树冠窄，圆柱形。树皮灰绿色，老时呈灰白色，光滑，皮孔明显。单叶互生，短枝上的叶近圆形，有粗缺齿，背面绿色，初时被毛，后渐脱落近无毛；长枝及萌芽枝上的叶常掌状3~5深裂，背面被白色茸毛。柔荑花序，下垂。蒴果。花期4~5月，果期5月（图4-1-20）。

【产地及分布】分布于新疆，南疆较多，西北、华北、辽宁南部及西藏等地多有引种。

图 4-1-20　新疆杨

【生态习性】喜光；耐干旱，忌湿热多雨，耐寒性不如银白杨；深根性，生长快；抗风力强。

【园林用途】树冠整齐茂密，树皮灰白，姿态优美，是优美的行道树、庭荫树、风景林树种、四旁绿化树种和防风固沙树种。

21 / 箭杆杨

Populus nigra var. *thevestina*（Dode）Bean　　　科属：杨柳科杨属

【形态特征】落叶乔木，高达30m。树冠狭窄圆柱形。树干通直，干皮灰白、光滑。单叶互生，叶形变化较大，三角状卵形至菱形，长大于宽，先端长渐尖，基部楔形。柔荑花序。蒴果。花期6月，果期6~7月（图4-1-21）。

【产地及分布】我国西北、华北地区广泛栽植，东北也有少量分布。

图 4-1-21　箭杆杨

【生态习性】喜光；耐寒，抗大气干旱；对土壤要求不严，稍耐盐碱；生长快。

【园林用途】直立挺拔，树形紧凑，白色干皮，挺拔俊美，常作行道树、防风林树种、农田防护林树种及四旁绿化树种。

22 / 毛白杨

Populus tomentosa Carr.　　　　科属：杨柳科杨属

图 4-1-22　毛白杨

【形态特征】落叶乔木，高达30m。树干通直，树皮青白色，平滑，有菱形皮孔，老树树皮黑灰色，纵裂。单叶互生，叶三角状卵形，先端短渐尖，叶缘有深波状锯齿或缺刻，叶背密被白色茸毛；叶柄上部侧扁。雌雄花序均为柔荑花序，下垂。蒴果。花期3月，果期4~5月（图4-1-22）。

【产地及分布】中国特有树种。北至辽宁，南达长江下游，以黄河中下游为分布中心。

【生态习性】喜光；喜凉爽湿润气候；对土壤要求不严；深根性，根萌蘖性强；生长较快，寿命较长；抗风、抗烟尘、抗污染能力强。

【园林用途】树干灰白端直，树体高大雄伟，叶大荫浓，孤植、列植、丛植或群植皆宜，可作行道树、庭荫树、四旁绿化树种及厂矿区绿化树种。

23 / 旱柳

Salix matsudana Koidz.　　　　科属：杨柳科柳属

【形态特征】落叶乔木，高达20m。树冠广圆形至倒卵形。树皮灰黑色，纵裂；小枝直立或斜展，淡褐黄色。单叶互生，叶条状披针形，叶缘有细齿。柔荑花序直立，小苞片卵形。蒴果，种子细小，有星状毛。花期3~4月，果期4~5月（图4-1-23）。

【产地及分布】分布于我国东北、西北、华北，南至长江流域，以北方平原地区最为多见。俄罗斯、朝鲜、日本也有分布。

【生态习性】喜光，不耐庇荫；耐寒；耐水湿，也较耐旱，在肥沃、湿润、排水良好的砂壤土上生长最好；根系发达，生长快，易繁殖；抗风力强。

图 4-1-23　旱柳

【园林用途】树姿优美，适应性

强，是园林绿化的优良树种，宜作行道树、庭荫树、风景林树种、防风林树种、护岸林树种等，但柳絮（种子毛）多，对人有害，应用中宜选用雄株。

24　全缘叶栾树

别名：南栾、黄山栾
科属：无患子科栾树属

Koelreuteria bipinnata Franch. var. *integrifoliola*（Merr.）T. Chen

【形态特征】落叶乔木，高达20m。二回羽状复叶互生，羽片5~10对，每羽片具小叶5~15，卵状披针形，先端渐尖，基部圆形，小叶全缘或偶有锯齿。顶生圆锥花序，花黄色。蒴果卵形，成熟时红色，形似小灯笼。花期7~9月，果期9~11月（图4-1-24）。

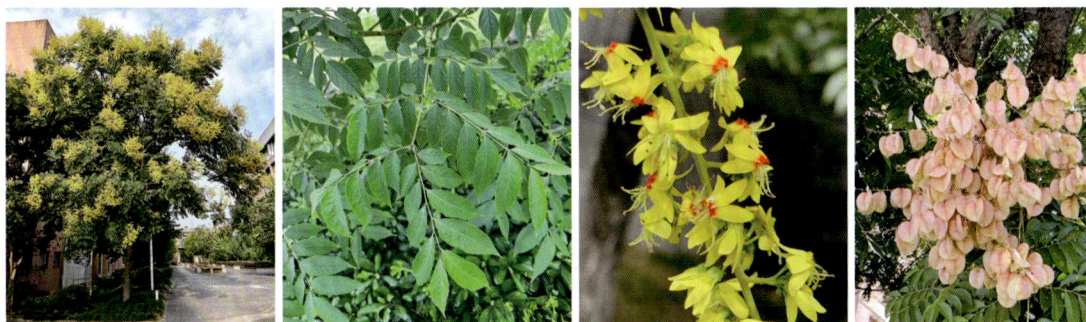

图 4-1-24　全缘叶栾树

【产地及分布】分布于长江以南、河南、陕西中南部等地区。
【生态习性】喜光；适应于石灰地、岩石地等；生长较快。
【园林用途】满树金黄，蒴果淡红色，甚为美观。可作行道树、庭荫树及风景林树种。

25　无患子

别名：皮皂子
科属：无患子科无患子属

Sapindus mukurossi Gaertn.

【形态特征】落叶乔木，高达20m。树皮灰白色；枝开展，小枝无毛。芽2个叠生。偶数羽状复叶互生，小叶8~14，卵状披针形，基部不对称。圆锥花序，花黄白色或带淡紫色。核果，熟时橙黄色。花期5~6月，果期9~10月（图4-1-25）。

图 4-1-25　无患子

【产地及分布】分布于长江流域及其以南各省份，为低山、丘陵及石灰岩山地常见树种。越南、老挝、印度、日本亦产。

【生态习性】喜光，稍耐阴；喜温暖湿润气候，耐寒性不强；对土壤要求不严；萌芽力弱，不耐修剪；生长快，寿命长；深根性，抗风力强；对二氧化硫抗性较强。

【园林用途】树形高大，树冠广展，绿荫稠密，秋叶金黄，颇为美观。宜作行道树及庭荫树，孤植、丛植在草坪、路旁或建筑物附近。

26 / 榆

Ulmus pumila L.

别名：家榆、白榆
科属：榆科榆属

【形态特征】落叶乔木，高达25m。树皮暗灰色，纵裂而粗糙；小枝灰色，细长。单叶互生，叶卵状椭圆形，羽状叶脉，基部稍歪，叶缘具单锯齿。花两性，簇生于上一年生枝上，先叶开放。单翅果近圆形，种子位于翅果中部，熟时黄白色。花期3~4月，果期4~6月（图4-1-26）。

图 4-1-26　榆

【产地及分布】分布于我国东北、华北、西北及华东等地区，尤以东北、华北和西北平原栽培最普遍。俄罗斯、蒙古国及朝鲜也有分布。

【生态习性】喜光；耐寒性强，能适应干凉气候；不耐水湿，但能耐干旱瘠薄和盐碱土；萌芽力强，耐修剪；生长较快，寿命长；主根深，侧根发达，抗风、保土能力强；对烟尘及氟化氢等有毒气体的抗性较强。

【园林用途】树体高大通直，冠大荫浓，秋叶黄色，适应性强，生长快，是城市绿化的重要树种，可作行道树、庭荫树、防护林树种及四旁绿化树种。

任务实施

一、搜集资料

学生分组，通过查阅资料搜集行道树的定义、树种选择要求、当地常见行道树图片及视频等相关信息。

二、行道树相关理论知识学习

各小组学习行道树相关理论知识，教师通过图片、标本等进行典型行道树识别的现场教学。

三、现场调查行道树

各小组对当地常见行道树进行调查，并填写行道树调查记录表（表4-1-1）。

表 4-1-1　行道树调查记录表

班级：_____　　小组成员：_____　　调查时间：_____　　调查地点：_____

树种名称：　科：　属： 树种类型：（落叶乔木或常绿乔木）				植物图片
形态特征	树冠：　　　树皮：　　　枝条：			
	叶形：　　叶序：　　叶脉：　　叶缘：			
	花色：　　花序：　　花期：			
	果实：　　种子：			
生长环境				
生长状况				
配置方式				
观赏特性				
园林用途				
备　注				

四、完成调查报告

各小组根据相关调查数据撰写调查报告。

五、常见行道树识别

教师选择20种当地常见行道树进行识别考核。

🔖 任务考核

根据表4-1-2进行考核评价。

表 4-1-2　行道树识别与应用考核评分标准

项　目	考核内容	考核标准	赋分	得分
过程性评价	调查准备工作	准备充分	10	
	调查态度	积极主动，有团队精神，注重方法及创新	20	
	调查水平	树种名称正确，形态特征描述准确，观赏特性与应用价值分析合理	30	
结果性评价	调查报告	符合要求，内容全面，条理清晰，图文并茂	20	
	行道树树种识别	对20种常见行道树进行识别，每正确识别1种得1分	20	
总　　分			100	

巩固练习

1. 简述行道树在园林绿化中的作用及栽培环境特点。

2. 总结行道树的选择与配置原则。

3. 利用线上、线下资源和调查过程中采集的数据，以图文并茂的形式（PPT）分组完善本地常见行道树的资料库。

任务 4-2　庭荫树识别与应用

任务描述

庭荫树又称遮阳树、庇荫树、绿荫树，是在各类城市绿地中以遮阴纳凉和装饰环境为主要目的而配置的园林树木。"大树底下好乘凉"，庭荫树主要利用高大宽阔的树冠、茂密的枝叶遮蔽烈日的照射，为人们提供良好的休息和娱乐环境。同时，庭荫树枝干苍劲、荫浓冠茂，无论孤植还是丛植，都可形成美丽的园林景观。本任务是在学习庭荫树相关理论知识的基础上，在城市绿地中调查常见庭荫树种类和应用情况（包括树种名称、形态特征、生长状况等），完成庭荫树调查报告。

任务目标

知识目标

1. 知道庭荫树的概念和作用。

2. 理解常见庭荫树的生态习性和园林用途。

3. 领会常见庭荫树的识别要点和观赏特性。

4. 阐述庭荫树的选择与配置要求。

技能目标

1. 能用专业术语描述庭荫树的形态特征。

2.能够正确识别常见庭荫树。

3.能根据庭荫树的形态特征、观赏特性、生态习性以及相关绿化要求合理选用庭荫树。

》 素质目标

1.践行"爱绿、护绿，建设绿色家园"。

2.提升专业责任感、使命感和自豪感。

📖 知识准备

一、庭荫树作用、选择要求、配置要求及构成的植物空间类型

1.庭荫树作用

庭荫树的主要作用为：形成绿荫，为人们提供一个可以纳凉的绿色空间；装饰环境。

2.庭荫树选择要求

庭荫树的选择要求如下：树体高大，树形端正，枝叶茂密，冠大荫浓；分枝点较高，通常在1.8m以上；无毒、少刺、无污染；抗性强，少病虫害，生长较快，寿命长；北方适宜选用落叶树，南方适宜选用常绿树；兼具花果，效果更佳。

3.庭荫树配置要求

庭荫树在园林绿地中占比大，在配置上要综合考虑以下多方面因素：注意与周围建筑、山石、水体、景观小品的搭配，主要从竖向对比、空间组成、色彩搭配、质感对比等方面综合考虑；注意与配套功能设施如座椅、石凳、亭廊、小广场等的匹配；在小空间场地适宜孤植、对植，在相对开阔的场地可以丛植；注意植株生长与周围建筑、管线等构筑物之间的矛盾。

4.庭荫树构成的植物空间类型

（1）开敞空间

庭荫树围合在场地四周，场地中间较为空旷，视线不被遮挡。

（2）半开敞空间

庭荫树栽植在场地内的一侧或多侧，视线被引向较为开敞的方向。

（3）覆盖空间

庭荫树覆盖在场地之上，通过树冠的大小和分枝点的高低来形成顶平面的闭合，而视线则可以在树冠下部的树干间隙透过。这是庭荫树最重要的空间构成形式。

二、常见庭荫树

1	柿树	别名：朱果、猴枣

Diospyros kaki Thunb.　　科属：柿树科柿树属

【形态特征】落叶乔木，高达15m。单叶互生，叶椭圆形，正面深绿色、有光泽，叶背面及叶柄均有柔毛，全缘。雌雄异株或杂性同株，花冠钟状，黄白色，4裂；花萼4深裂，花后增大。浆果扁球形，橙黄色或橙红色，木质花萼宿存。花期5~6月，果期9~10月（图4-2-1）。

【产地及分布】原产于我国长江流域至黄河流域，自东北南部至华南地区广作果树栽

图 4-2-1　柿树

培，以华北栽培最盛。日本也有分布。

【生态习性】喜光；喜温暖，也耐寒；对土壤要求不严，耐干旱瘠薄，不耐水湿及盐碱；根系发达，寿命长。

【园林用途】树形端正，叶色浓绿而有光泽，秋叶橙黄色，入秋果实满树，色泽鲜艳，可作庭荫树。

2　乌桕

别名：柏子树、木子树
Triadica sebifera（L.）Small
科属：大戟科乌桕属

【形态特征】落叶乔木，高15m。具乳汁。树皮暗灰色，有纵裂纹。单叶互生，叶片菱状卵形，顶端骤然紧缩，具长短不等的尖头，全缘。花单性，雌雄同株，聚集成顶生总状花序；雌花通常生于花序轴最下部，雄花生于花序轴上部或有时整个花序全为雄花。蒴果梨状球形，成熟时黑色；种子扁球形，外被白色蜡质的假种皮。花期4~8月，果期9~11月（图4-2-2）。

【产地及分布】分布于我国黄河以南各省份，北达陕西、甘肃；生于旷野、塘边或疏林中。日本、越南、印度也有分布，欧洲、美洲和非洲有栽培。

图 4-2-2　乌桕

【生态习性】喜光；喜温暖气候及深厚、肥沃、水分丰富的土壤，有一定的耐旱、耐水湿能力；主根发达，抗风力强，寿命较长；能抗火烧，对二氧化硫及氯化氢抗性强。

【园林用途】树冠整齐，叶形秀丽，秋叶橙黄色或红色，可作庭荫树。

3　胡桃

别名：核桃

Juglans regia L.　　科属：胡桃科胡桃属

【形态特征】落叶乔木，高25~30m。树皮淡灰色，初时光滑，老时更白，深纵裂；小枝粗壮。奇数羽状复叶互生，小叶5~9，椭圆形，先端钝圆或微尖，基部偏斜，全缘，顶端小叶明显较大，幼树及萌芽枝上叶有锯齿。花单性同株，淡黄绿色，雄花序为柔荑花序，雌花序穗状。果球形，老则无毛，果核先端钝，有不规则浅刻纹及2纵脊。花期4~5月，果期9~11月（图4-2-3）。

图 4-2-3　胡桃

【产地及分布】原产于我国新疆，全国各地广泛栽培，从东北南部到华北、西北、华中、华南及西南均有，以西北、华北最多。阿富汗、伊朗一带也有分布。

【生态习性】喜光；喜温凉气候，耐干冷，不耐湿热；在深厚、疏松、肥沃、湿润且排水良好的微酸性至微碱性砂壤土和壤土上生长良好；深根性，主根发达，寿命长。

【园林用途】树冠庞大雄伟，枝叶茂密，绿荫覆地，果实圆润，是良好的庭荫树。

4　枫杨

别名：元宝树

Pterocarya stenoptera C. DC.　　科属：胡桃科枫杨属

【形态特征】落叶乔木，高达30m。树皮灰褐色，深纵裂。裸芽，密被锈褐色腺鳞。偶数羽状复叶互生，叶轴具窄翅，小叶10~28，长圆状披针形，先端钝，基部偏斜，叶缘具细锯齿。雄花序生于叶腋处；雌花序顶生，且密被星状毛。果序下垂，坚果具2斜上伸展的翅。花期4~5月，果期8~9月（图4-2-4）。

【产地及分布】广泛分布于我国华北、华中、华南和西南各省份，在长江流域和淮河流域最为常见。朝鲜也有分布。

【生态习性】喜光；喜温暖湿润气候，也较耐寒（辽宁可栽培）；耐水湿，但不宜长期积水；对土壤要求不严，以深厚、肥沃、湿润的土壤生长最好；深根性，主根明显，侧根发达；萌芽力强。

【园林用途】树冠宽广，枝叶茂密，秋季果实似串串元宝，十分生动，可作庭荫树。

图 4-2-4　枫杨

5 / 皂荚

Gleditsia sinensis Lam.

别名：皂角
科属：豆科皂荚属

【形态特征】落叶乔木，高达30m。树冠扁球形；树皮暗灰色，粗糙不裂；刺粗壮，具分枝，自基部至顶端渐细，横切面近圆形。偶数羽状复叶互生，小叶6~14，长圆状卵形，先端有短尖头，叶缘有钝锯齿。总状花序腋生或顶生，花瓣4，乳黄色。荚果稍肥厚，木质，直或略弯曲，成熟时紫褐色。花期5~6月，果期8~12月（图4-2-5）。

图 4-2-5　皂荚

【产地及分布】分布于我国华北、华东、华中、华南及甘肃。

【生态习性】喜光、稍偏中性树种；喜温暖湿润气候；对土壤要求不严，钙质土、轻度盐碱土、黏土和砂质土均能正常生长，在微酸性、深厚、肥沃、湿润且排水良好的土壤中生长最好；生长速度中等偏慢，寿命较长；深根性，抗风能力较强。

【园林用途】树体高大，树冠广宽，叶密荫浓，枝刺奇特，别有情趣，宜作庭荫树。

6　花榈木

别名：毛叶红豆树

Ormosia henryi Prain　　科属：豆科红豆树属

【形态特征】常绿乔木，高13~15m。树皮青绿色，平滑；小枝、芽及叶背均密生褐色茸毛。裸芽叠生。奇数羽状复叶互生，小叶5~7，倒卵状长椭圆形，革质。圆锥或总状花序密被褐色茸毛，蝶形花黄白色。荚果扁平，种子成熟后鲜红色。花期7~8月，果期10~11月（图4-2-6）。

图4-2-6　花榈木

【产地及分布】产于我国长江以南各省份。越南也有分布。

【生态习性】喜光；喜温暖湿润气候；萌芽力强。

【园林用途】树体高大通直，端庄美观，枝繁叶茂，宜作庭荫树。

7　红豆树

别名：鄂西红豆树

Ormosia hosiei Hemsl. et Wils.　　科属：豆科红豆树属

【形态特征】常绿或落叶乔木，高20m以上。幼树树皮灰绿色，具灰白色皮孔，老树树皮暗灰褐色；小枝绿色。奇数羽状复叶，小叶5~7，近革质，椭圆状卵形、长圆形或长椭圆形，无毛，背面黄绿色。圆锥花序顶生或腋生，花序轴被毛；花两性，花冠白色或淡红色。荚果革质或木质，近圆形，内含种子1~2；种子鲜红色，光亮，近圆形（图4-2-7）。

【产地及分布】我国特有树种，主产于长江流域；多分布于丘陵低山、河边等低海拔地带的阔叶林中。

图 4-2-7　红豆树

【生态习性】中等喜光树种；喜温暖湿润、雨量充沛、夏季凉爽多雨雾、空气湿度大的气候环境；对土壤肥力要求中等，但对水分要求较高，在干燥山坡与丘陵顶部生长不良；主根明显，根系发达；具萌芽力，寿命较长。

【园林用途】树体高大通直，端庄美观，枝繁叶茂，为良好的庭荫树。

8　刺槐

Robinia pseudoacacia L.

别名：洋槐
科属：豆科刺槐属

【形态特征】落叶乔木，高达25m。树皮黑褐色，深纵裂；枝具2枚托叶刺。奇数羽状复叶互生，小叶7~19，椭圆形，先端圆钝，有小尖头。总状花序，花白色，芳香。荚果赤褐色，扁平条形。花期4~5月，果期7~8月（图4-2-8）。

图 4-2-8　刺槐

【产地及分布】原产于北美洲，欧洲、亚洲各国广泛栽培。我国从吉林至华南各省份普遍栽培。

【生态习性】喜强光；喜较干燥而凉爽的气候，雨量过大、气温过高易使树干弯曲和植株矮化；对土壤要求不严，但以肥沃、深厚、湿润且排水良好的砂质壤土生长最佳；速生，萌蘖力强；浅根性，侧根发达，抗风能力较弱。

【园林用途】树冠高大、整齐，叶色鲜绿，花白叶翠，芳香宜人，为优良的庭荫树。

9 / 楝

别名：苦楝、楝树
Melia azedarach L.　　科属：楝科楝属

【形态特征】落叶乔木，高15~20m。树皮灰褐色，纵裂。2~3回奇数羽状复叶互生，小叶对生，披针形，叶缘有深浅不一的齿裂。圆锥花序腋生，花瓣淡紫色。核果球形，黄色。花期5~6月，果期10~12月（图4-2-9）。

图 4-2-9　楝

【产地及分布】分布于我国黄河以南各省份；生于低海拔旷野、路旁或疏林中。广布于亚洲热带和亚热带地区，温带地区也有栽培。

【生态习性】喜光，不耐庇荫；喜温暖湿润气候，耐寒力不强；在湿润的沃土上生长迅速，对土壤要求不严，酸性土、中性土与石灰岩地区均能生长；萌芽力强，生长快，寿命短，30~40年即衰老；抗风；对二氧化硫抗性较强，但对氯气抗性较弱。

【园林用途】树形优美，叶形秀丽，花紫色且有淡香，是良好的城市及工矿区绿化树种，宜作庭荫树及行道树，适宜在草坪孤植、丛植，或植于池边、路旁、坡地。

10 / 构

别名：楮桃、构树
Broussonetia papyrifera（L.）L'Hér. ex Vent.　　科属：桑科构树属

【形态特征】落叶乔木，高达16m。树皮暗灰色，小枝密被灰色粗毛。单叶互生，叶矩圆状卵形，叶基部心形，叶缘具粗锯齿，不裂或有不规则3~5深裂，两面密被粗毛。花单性异株，柔荑花序。聚花果球形，熟时橙红色。花期4~5月，果期8~9月（图4-2-10）。

【产地及分布】北至我国华北、西北，南到华南、西南，各省份均有分布。日本、越南、印度等也有分布。

【生态习性】喜光；适应性强，能耐北方干冷和南方湿热气候，耐干旱瘠薄，也能生长在水边，喜钙质土，也可在酸性、中性土上生长；生长较快，萌芽力强；根系较浅，但侧根分布很广；对烟尘及有毒气体抗性很强，病虫害少。

【园林用途】枝叶茂密，冠大荫浓，是城乡绿化的重要树种，可作庭荫树。

图 4-2-10　构

11 / 枳椇

Hovenia acerba Lindl.

别名：拐枣、鸡爪梨
科属：鼠李科枳椇属

【形态特征】落叶大乔木，高10~25m。树皮灰黑色，幼枝红褐色。单叶互生，叶广卵形，基出三主脉，叶脉及主脉常带红晕，叶缘有锯齿；叶柄红褐色。复聚伞花序腋生或顶生，花小，淡黄绿色。浆果状核果近球形，果梗弯曲，肥大肉质，成熟后味甜可食。花期6月，果期9~10月（图4-2-11）。

图 4-2-11　枳椇

【产地及分布】我国华北南部及其以南地区普遍分布，西至陕西、四川、云南。日本也有分布。

【生态习性】喜光；耐寒；对土壤要求不严，在土壤肥沃、湿润处生长迅速。

【园林用途】树姿优美，树冠圆形或倒卵形，枝叶茂密，适宜作庭荫树。

12 珊瑚朴

Celtis julianae C. K. Schneid.

别名：大果朴、棠壳子树
科属：榆科朴属

【形态特征】落叶乔木，高达30m。树皮灰色；小枝、叶背、叶柄均密被黄褐色茸毛。单叶互生，叶厚，较宽大，广卵形，基出三主脉，正面稍粗糙，背面黄绿色，中部以上有钝齿，叶背叶脉隆起显著。花杂性同株，花序红褐色，状如珊瑚。核果大，果柄长于叶柄2~3倍，果熟时橙红色，味甜可食。花期4月，果期10月（图4-2-12）。

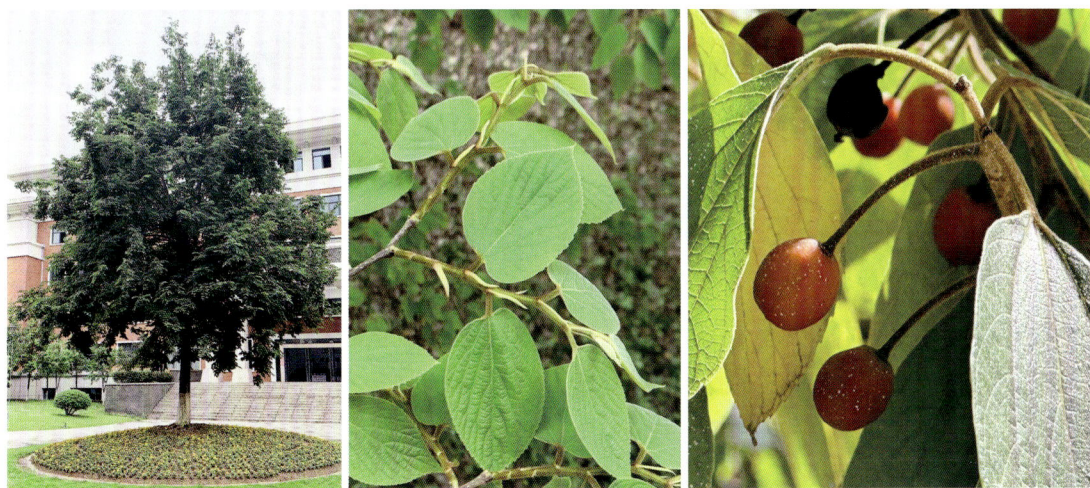

图 4-2-12　珊瑚朴

【产地及分布】主产于长江流域及河南、陕西等地。

【生态习性】喜光，稍耐阴；喜温暖气候及湿润、肥沃土壤，但也能耐干旱和瘠薄，在微酸性、中性及石灰性土壤上都能生长；生长较快，寿命较长；较能适应城市环境；深根性，抗烟尘及有毒气体；病虫害少。

【园林用途】树高干直，冠大荫浓，姿态优美，入秋红果，颇为美观，可作庭荫树。

13 朴树

Celtis sinensis Pers.

别名：沙朴
科属：榆科朴属

【形态特征】落叶乔木，高达20m。干皮平滑，灰色，1年生枝密生毛。单叶互生，叶宽卵形，三出脉，基部不对称，中上部具锯齿，下部全缘。花1~3朵生于当年生枝叶腋。核果熟时橙红色或暗红色，果柄与叶柄近等长。花期4~5月，果期9~10月（图4-2-13）。

【产地及分布】分布于华南、西南、长江流域中下游各地。

【生态习性】喜光，稍耐阴；喜温暖气候及肥沃、湿润、深厚的中性黏质壤土，能耐轻盐碱土；生长快，寿命较长；深根性，抗风力强；抗烟尘及有毒气体。

【园林用途】树形端正，树冠宽广，绿荫浓郁，是城乡绿化的重要树种，宜作庭荫树。

图 4-2-13　朴树

14 / 榔榆

Ulmus parvifolia Jacq.

别名：小叶榆

科属：榆科榆属

【形态特征】落叶乔木，高达25m。树皮不规则剥裂。单叶互生，披针状卵形，羽状叶脉，叶缘单锯齿，基部偏斜。花小，黄绿色。单翅果椭圆形。花果期6~10月（图4-2-14）。

图 4-2-14　榔榆

【产地及分布】分布于中国大部分省份。日本、朝鲜也有分布。

【生态习性】喜光；耐干旱，对土壤要求不严；对有毒气体和烟尘抗性较强。

【园林用途】树形优美，姿态潇洒，枝叶细密，树皮斑驳，是良好的庭荫树，适宜在庭院中孤植、丛植，或与亭榭、山石配置。

15 / 榉树

Zelkova serrata（Thunb.）Makino

别名：大叶榉

科属：榆科榉属

【形态特征】落叶乔木，高达25m。树皮深灰色，老树基部呈小块状薄片剥落；小枝纤细，常红褐色。单叶互生，叶厚纸质，长椭圆状卵形，先端尖，基部近圆形，叶缘锯齿整齐，近桃形，羽状叶脉，正面粗糙，背面密生淡灰色柔毛，秋色叶红褐色。花杂性同株，雄花数朵簇生，雌花通常单生于幼枝叶腋处。坚果小，偏斜，有皱纹，近无梗。花期3~4月，果期10~11月（图4-2-15）。

图 4-2-15　榉树

【产地及分布】分布于华中、华南、西南各省份。

【生态习性】喜光；喜温暖气候及肥沃、湿润土壤，在酸性、中性及石灰性土壤上均能生长，忌积水地，也不耐干旱瘠薄；生长速度中等；深根性，侧根广展，抗风能力强；耐烟尘，抗有毒气体；抗病虫害能力较强。

【园林用途】树姿高大雄伟，叶片细致美观，夏日荫浓如盖，秋日可观彩叶，适宜作庭荫树。

任务实施

一、搜集资料

学生分组，通过查阅资料搜集庭荫树的定义、树种选择要求、当地常见庭荫树图片及视频等相关信息。

二、庭荫树相关理论知识学习

各小组学习庭荫树相关理论知识。教师通过图片、标本进行典型庭荫树识别的现场教学。

三、庭荫树现场调查

各小组对当地常见庭荫树进行调查，并填写庭荫树调查记录表（表4-2-1）。

表 4-2-1　庭荫树调查记录表

班级：_____　　小组成员：_____　　调查时间：_____　　调查地点：_____

树种名称：　　科：　　属： 树种类型：（落叶乔木或常绿乔木）		植物图片
形态特征	树冠：　　树皮：　　枝条：	
	叶形：　　叶序：　　叶脉：　　叶缘：	
	花色：　　花序：　　花期：	
	果实：　　种子：	
生长环境		
生长状况		
配置方式		
观赏特性		
园林用途		
备　注		

四、完成调查报告

各小组根据相关调查数据撰写调查报告。

五、常见庭荫树识别

教师选择20种当地常见庭荫树进行识别考核。

任务考核

根据表4-2-2进行考核评价。

表 4-2-2　庭荫树识别与应用考核评分标准

项　目	考核内容	考核标准	赋分	得分
过程性评价	调查准备工作	准备充分	10	
	调查态度	积极主动，有团队精神，注重方法及创新	20	
	调查水平	树种名称正确，形态特征描述准确，观赏特性与应用价值分析合理	30	
结果性评价	调查报告	符合要求，内容全面，条理清晰，图文并茂	20	
	庭荫树识别	对20种常见庭荫树进行识别，每正确识别1种得1分	20	
总　　分			100	

巩固练习

1. 简述庭荫树在园林绿化中的作用及景观特点。

2. 总结庭荫树的选择与配置原则。

3. 利用线上、线下资源和调查过程中采集的数据资料，以图文并茂的形式（PPT）分组完善本地常见庭荫树的资料库。

项目 5

园景树识别与应用

项目描述

　　园景树是指个体形态较为美观、具有多种多样的应用方式、可以呈现出丰富多彩的景观效果的观赏树种。"三时有花，四时有景"，园景树以其卓越的风姿、丰富的色彩、动人的韵味装点人们的生活空间，通过给人们带来视觉、听觉、味觉的综合感受来愉悦人们的身心、陶冶人们的情操。依据主要观赏器官，可将园景树划分为观形园景树、观花园景树、观叶园景树、观果园景树等。园景树种类繁多、形态丰富、景观作用显著，既可观形、赏叶，又可观花、赏果，是园林绿化中的骨干树种。在园林绿化过程中，园景树的选择与应用既能反映城市绿地的建设水平，又能体现设计师与施工者的景观布局品位。本项目共包含4个任务：观形园景树识别与应用、观花园景树识别与应用、观叶园景树识别与应用、观果园景树识别与应用。

项目目标

》 知识目标

　　1.知道园景树的概念和类型。

　　2.理解常见园景树的生长习性、园林用途和文化内涵。

　　3.领会常见园景树的识别要点和观赏特性。

》 技能目标

　　1.能够归纳总结园景树的类型和用途。

　　2.能够识别本地常见园景树。

　　3.能够根据园林绿地的不同要求和园景树的生长习性合理选择、应用园景树。

》 素质目标

　　1.树立生态文明理念。

　　2.培养植物文化素养。

　　3.提升艺术审美品位。

数字资源

任务 5-1 观形园景树识别与应用

任务描述

观形园景树的树冠形状和姿态有较高观赏价值，或高耸入云，或波涛起伏，或平和悠然，或苍虬飞舞。不同树形的观形园景树经过科学合理配置，可以产生韵律感、层次感，与不同的地形、建筑、溪石相配，景色万千。本任务在学习观形园景树相关理念知识的基础上，进行本地常见观形园景树调查（包括树种名称、识别要点、观赏特性、生境特点、配置方式等内容），完成观形园景树调查报告。

任务目标

知识目标

1. 知道观形园景树的概念和作用。
2. 理解观形园景树的生态习性和园林用途。
3. 掌握常见观形园景树的识别要点和观赏特性。
4. 掌握观形园景树的选择与配置要求。

技能目标

1. 能够识别常见观形园景树，并用专业术语描述其形态特征。
2. 能够根据配置原则合理配置观形园景树。

素质目标

1. 强化观察比较、空间想象、逻辑思辨的认知能力。
2. 提升艺术审美素养。

知识准备

一、观形园景树概念、作用、常见树形与选择要求

1. 观形园景树概念

观形园景树指树冠的形状和树木的整体姿态有较高观赏价值的树种。

2. 观形园景树作用

树形是重要的植物景观要素，观形园景树常作为园林植物景观的骨架植物，在水平方向和竖直方向起到支撑景观空间的作用，常用作主景、背景或者配景。

3. 观形园景树常见树形与选择要求

在正常的生长状况下，成年树木的树形主要有：圆柱形、尖塔形、圆锥形、卵形、倒卵形、广卵形、球形、扁球形、钟形、伞形、垂枝形、拱形、匍匐形、丛生形、棕榈形、芭蕉形、悬崖形、扯旗形等。

在园林应用中，除了要充分考虑各树种的形态特征外，还需考虑其生长习性、经济价值、景观效果及周围环境特点。在具体的植物配置中，应注意与周围环境（如地形、建筑物的轮廓和线条等）相协调，还要从造景手法的角度结合观形园景树的形态选择观形园景树和应用形式。

二、常见观形园景树

1 / 侧柏

Platycladus orientalis（L.）Franco

别名：扁柏、香柏
科属：柏科侧柏属

【形态特征】常绿乔木，高达20m。幼树树冠尖塔形，老树树冠广圆形。树皮淡灰褐色，细条状纵裂。叶枝扁平，排成一平面；鳞形叶，交互对生，有香味。雌雄同株。球果卵圆形，有棱角，蓝绿色，被白粉，熟时开裂；种子无翅。花期3~4月，球果9~10月成熟（图5-1-1）。

图 5-1-1　侧柏

【类型及品种】常见品种有：

①'千头'柏（'子孙'柏、'扫帚'柏）'Sieboldii'　丛生灌木，无明显主干，高3~5m。枝密生，直伸，树冠呈紧密的卵圆形或球形。叶绿色（图5-1-2）。

②'洒金千头'柏（'金枝千头'柏）'Aurea'　矮生密丛，高1.5m。树冠圆形至卵形，叶淡黄绿色，入冬略转褐绿色（图5-1-3）。

③'金黄球'柏（'金叶千头'柏）'Semperaurescens'　矮生紧密灌木，高达3m。树冠近球形，叶全年金黄色。

【产地及分布】原产于东北、华北，全国各地均有栽培。

图 5-1-2 '千头'柏

图 5-1-3 '洒金千头'柏

【生态习性】喜光；喜温暖湿润气候，也能耐旱和较耐寒；喜深厚、肥沃、湿润、排水良好的钙质土壤；浅根性，侧根发达；萌芽性强，耐修剪；对二氧化硫、氯化氢等有害气体有一定的抗性。

【园林用途】四季常绿，外形挺拔秀丽，树冠优美，宜作观形树种，多栽于寺庙、陵园和庭园。

2 | 圆柏

别名：桧柏、刺柏

Sabina chinensis（L.）Ant.　　科属：柏科圆柏属

【形态特征】常绿乔木，高达20m。树冠尖塔形或圆锥形，老树树冠广圆形、圆柱形或钟形。树皮灰褐色，裂成长条片。叶二型，幼树全为刺形叶，3枚轮生；老树多为鳞形叶，交叉对生；壮龄树则刺形叶与鳞形叶并存。雌雄异株。球果肉质浆果状，近球形，蓝绿色，被白粉，不开裂；种子无翅。花期4月，球果翌年10～11月成熟（图5-1-4）。

【类型及品种】常见品种有：

① '龙柏''Kaizuca'　树冠柱状塔形，侧枝短而环抱主干，端梢扭曲斜上展，似龙

图 5-1-4　圆柏

图 5-1-5　'龙柏'

图 5-1-6　'金叶'桧

图 5-1-7　'匍地'龙柏

抱柱。小枝密，全为鳞形叶，密生，幼叶淡黄绿色，后呈翠绿色。球果蓝黑色，微被白粉（图5-1-5）。

②'金叶'桧'Aurea'　乔木或灌木。树冠新枝常出现金黄色的枝叶，似撒了一层金子在上面，2年后变绿色。叶有鳞形叶和刺形叶两种（图5-1-6）。

③'匍地'龙柏'Kaizuca procumbens'　形似'龙柏'，与'龙柏'的主要区别：无直立主干，植株就地平展，枝匍匐生长，多为鳞形叶（图5-1-7）。

【产地及分布】原产于我国东北南部及华北等地，北至内蒙古及辽宁，南达华南北部，东起沿海，西至四川、云南、陕西、甘肃等均有分布。

【生态习性】喜光；喜温凉气候，耐寒；耐干旱瘠薄，在酸性、中性及钙质土上均能生长；深根性；耐修剪，易整形，寿命长；对二氧化硫、氯气和氟化氢等多种有毒气体抗性强。

【园林用途】树冠亭亭玉立，呈圆头青松状，枝繁叶密，形态美观，多作观形树种，植于庙宇、陵园等。

3　苏铁

Cycas revolute Thunb.

别名：铁树、凤尾蕉
科属：苏铁科苏铁属

【形态特征】常绿乔木，高可达2m。树冠棕榈状。茎不分枝，有明显螺旋状排列的菱形叶柄残痕。叶羽状，从树干顶部生出，厚革质，坚硬，羽状裂片条形，边缘显著反卷。雄球花圆柱形，小孢子叶木质，密被黄褐色茸毛，背面着生多数药囊；雌球花略呈扁球形，大孢子叶宽卵形，羽状分裂，裂片12~18对，下部柄状，两侧着生2~6个裸露的直生胚珠。种子倒卵形或近球形，微扁，熟时橘红色，密生灰黄色短茸毛，后渐脱落。花期6~8月，种子10月成熟（图5-1-8）。

【产地及分布】分布于福建、台湾、广东。华南、西南各省份多露地栽植于庭园，长江流域各地和北方多盆栽，须在温室越冬。

【生态习性】喜光，有一定耐阴性；喜温暖湿润气候，不耐严寒；喜肥沃、湿润的砂壤土，不耐积水；生长速度缓慢，寿命可达200年。

【园林用途】树形古朴雅致，为优良的观形树种。常布置于花坛中心，孤植或丛植于草坪一角，或对植于门口两侧。

图 5-1-8　苏铁

4 | 雪松

Cedrus deodara（Roxb.）G. Don　　　　科属：松科雪松属

【形态特征】常绿高大乔木，高可达75m。树冠塔形。树皮灰褐色，裂成不规则的鳞状块片；分枝较低，大枝斜展或平展，小枝细长、微下垂。叶在长枝上螺旋状着生，在短枝上簇生；针状，常三棱形，坚硬，灰绿色，各面有数条气孔线。球花单性异株。球果卵圆形，直立，熟时红褐色。花期10~11月，球果翌年9~10月成熟（图5-1-9）。

【产地及分布】原产于印度至阿富汗喜马拉雅山地区，我国长江流域各大城市以及青岛、大连、西安、昆明、北京、郑州、上海、南京等地多有栽植。

【生态习性】喜光，稍耐阴；喜温暖湿润气候，较耐寒；适宜于深厚、肥沃、疏松、排水良好的微酸性土壤上生长，在盐碱土上生长不良；浅根性，抗风性弱；不耐烟尘，对氟化氢、二氧化硫极为敏感，受害后叶迅速枯萎脱落，严重时整株死亡。

【园林用途】树形优美，枝叶繁茂，四季常绿，宜作观形树种，可孤植于草坪、花坛、建筑前庭和广场的中央，丛植于草坪边缘，或植于建筑物两侧及园门入口处。

图 5-1-9　雪松

5 | 白杆

Picea meyeri Rehd. et Wils.

别名：麦氏云杉
科属：松科云杉属

【形态特征】常绿高大乔木，高达30m。树皮灰褐色，裂成不规则的薄块片脱落；1年生枝黄褐色，上有木钉状叶枕。冬芽圆锥形，基部宿存芽鳞向外反曲，螺旋状疏散排列，形如刷子。叶四棱状条形，微弯曲，先端钝，四面有白色气孔线，蓝绿色。球果矩圆状圆柱形，熟时褐黄色；种鳞倒卵形，先端圆或钝三角形，背面有条纹；种子倒卵形，上端有膜质长翅。花期4~5月，球果9~10月成熟（图5-1-10）。

【产地及分布】中国特产，分布于河北、山西、陕西及内蒙古等地海拔1600~2700m的高山地带。

图 5-1-10　白杆

【生态习性】耐阴；耐寒，喜湿润气候；适生于中性及微酸性土壤，也可生于微碱性土壤；生长慢。

【园林用途】树形端正，枝叶茂密，叶色灰蓝别致，可栽培作观形树种。

6 / 青杆

别名：细叶云杉、华北云杉
Picea wilsonii Mast.　　科属：松科云杉属

【形态特征】常绿高大乔木，高可达50m。树冠尖塔形。树皮灰色或暗灰色，裂成不规则鳞片状脱落；小枝上有凸起的木钉状叶枕，1年生枝较细，淡黄绿色至淡黄灰色，稀有疏生短毛；冬芽卵圆形，基部宿存芽鳞紧贴小枝。叶针状四棱形，较细密，螺旋状着生，常排成两列，形如梳子，叶片先端尖，较直，气孔线不明显，四面均为绿色。球果卵状圆柱形或圆柱状长卵形，成熟时黄褐色至淡褐色；种鳞革质，倒卵形，先端圆或有急尖头，或呈钝三角形；种子倒卵形，上端有膜质长翅。花期4月，球果10月成熟（图5-1-11）。

图5-1-11　青杆

【产地及分布】我国特有树种，分布于河北、山西、陕西、青海、甘肃、四川、湖北、内蒙古等地海拔1400~2800m的高山地带。

【生态习性】适应性较强，耐阴、耐寒；喜气候温凉，在湿润、深厚、排水良好的中性或微酸性土壤上生长良好；生长慢。

【园林用途】树形整齐，叶较细密。可孤植于花坛中心，丛植于草地，对植于门前，也可列植、群植于公园绿地。

7 / 华山松

别名：青松、五须松
Pinus armandii Franch.　　科属：松科松属

【形态特征】常绿乔木，高25~35m。树冠广圆锥形。大枝平展，幼树树皮灰绿色、光滑，老则呈灰黑色、不规则片状剥裂；小枝灰绿色，光滑无毛，常有白粉。叶针形，5针一束，质柔软，较长。球果圆锥状长卵形，熟时黄褐色或黄色；种鳞先端不反曲或微反曲，鳞脐小；种子倒卵形，无翅或两侧及顶端具棱脊。花期4~5月，球果翌年9~10月成熟（图5-1-12）。

【产地及分布】分布于山西、陕西、甘肃、青海、河南、西藏、四川、湖北、云南、贵州、台湾等。

【生态习性】较喜光；喜温凉湿润的气候和深厚、湿润、排水良好的酸性土壤，不耐水涝及盐碱；浅根性；抗有毒有害气体。

图5-1-12　华山松

【园林用途】树体高大挺拔，冠形优美，针叶丰盈苍翠，是优良的观形树种。

8 ／ 黑松

Pinus thunbergii Parl.

别名：日本黑松

科属：松科松属

【形态特征】常绿乔木，高达30~40m。幼树树冠狭圆锥形，老时呈伞形。树皮黑灰色，鳞片状剥裂；冬芽银白色。叶针形，2针一束，粗硬，稍弯曲。球果圆锥状卵形至圆卵形，有短柄，熟时褐色；种鳞的鳞盾微肥厚，横脊显著，鳞脐凹下，有短尖刺；种子倒卵形，有长翅。花期4~5月，球果翌年9~10月成熟（图5-1-13）。

图5-1-13　黑松

【产地及分布】原产于日本及朝鲜，多生于沿海地区。我国山东、辽东半岛、江苏、浙江、安徽、福建、台湾等地均有栽培。

【生态习性】喜强光；喜温暖湿润的海洋性气候；对土壤适应性较广，耐干旱瘠薄及盐碱，不耐积水，以排水良好的适当湿润、富含腐殖质的中性土壤生长最好；深根性，极耐海潮风、海雾。

【园林用途】姿态古雅，易盘扎造型，为优良的观形树种。

9 / 金钱松

Pseudolarix amabilis（J. Nelson）Rehder　　　　科属：松科金钱松属

【形态特征】落叶乔木，高达40m。枝有长枝和短枝，大枝较平展。叶条形，柔软，在长枝上螺旋状排列，在短枝上15～30枚簇生，呈辐射状平展。雌雄同株。球果卵形；种鳞木质，卵状披针形，基部两侧耳状；苞鳞小，不露出；种子卵圆形，白色，上部有宽大的种翅，种翅连同种子与种鳞近等长。花期4～5月，球果10～11月成熟（图5-1-14）。

图 5-1-14　金钱松

【产地及分布】中国特产，分布于安徽、江苏、浙江、江西、福建、湖南、湖北、四川等。

【生态习性】喜光；喜温凉湿润气候，耐寒；喜深厚、肥沃、排水良好的中性或酸性土壤，不耐干旱瘠薄，不适应盐碱地和长期积水地；深根性，抗风能力强。

【园林用途】树姿优美，雅致悦目，新叶翠绿，秋叶金黄，可作观形树种。

10 / 竹柏

别名：罗汉柴、大果竹柏

Nageia nagi（Thunb.）Kuntze　　科属：罗汉松科竹柏属

【形态特征】常绿乔木，高达20m。树冠圆锥形，树皮呈小块薄片状脱落。叶对生或近对生，长卵形、卵状披针形或针状椭圆形，革质，长3.5～9cm，宽1.5～2.5cm，具多数平行细脉，无中脉。雄球花腋生，常呈分枝状。种子球形，熟时暗紫色，有白粉，外种皮骨质。花期3～4月，种子10～11月成熟（图5-1-15）。

【产地及分布】产于南岭山群及以南地区海拔1000m以下的常绿阔叶林中。日本也有分布。

【生态习性】中性偏耐阴树种；喜温热、潮湿、多雨气候；对土壤要求严格，适于在排水良好、肥厚、湿润、呈酸性的砂壤土或轻黏壤土上生长。

【园林用途】树形秀丽，树冠浓郁，枝叶青翠有光泽，是南方园林中良好的观形树种。

图 5-1-15　竹柏

11 / 罗汉松

Podocarpus macrophyllus（Thunb.）Sweet

别名：雀舌松
科属：罗汉松科罗汉松属

【形态特征】常绿乔木，高达20m。树冠广卵形。叶条状披针形，螺旋状排列，先端尖，基部楔形，两面中脉明显。雌雄异株。种子卵圆形，熟时紫色，被白粉，着生于膨大肉质的种托上；种托短柱状，红色或紫红色，有柄。花期4~5月，种子8~10月成熟（图5-1-16）。

图 5-1-16　罗汉松

【产地及分布】分布于江苏、浙江、福建、安徽、江西、湖南、四川、云南、贵州、广西、广东等，在长江以南各省份均有栽培。

【生态习性】耐阴；喜温暖湿润气候，耐寒性较差；喜肥沃、湿润、排水良好的砂质壤土；萌芽力强，耐修剪；对有毒气体及病虫害均有较强的抗性。

【园林用途】树姿丰盈，叶色浓绿，为优良的观形树种，可孤植于庭园或对植、列植于建筑物前，也可作盆景观赏。

12 / 水杉

Metasequoia glyptostroboides Hu et Cheng

别名：水桫
科属：杉科水杉属

【形态特征】落叶乔木，高达50m。干基膨大，大枝近轮生，小枝对生；树皮灰色或灰褐色，浅裂成窄长条片脱落。叶条形，扁平，柔软，在枝上交互对生，基部扭转排成羽状，冬季与无芽小枝同时脱落。雌雄同株。球果近球形；种鳞木质，盾形，中央有一条横槽，交互对生，发育种鳞内有种子5~9粒；种子倒卵形，周围有翅，先端有凹缺。花期2~3月，球果10~11月成熟（图5-1-17）。

图5-1-17　水杉

【产地及分布】为我国特有的古老稀有珍贵树种，天然分布于四川石柱县、湖北利川市及湖南的龙山县和桑植县等地。

【生态习性】喜光；喜温暖湿润气候；对环境条件适应性较强，在深厚、肥沃的酸性土壤上生长最好，喜湿，但又怕涝；浅根性，生长速度快。

【园林用途】树姿优美挺拔，叶色秀丽，秋叶转棕褐色，为优良的观形树种，宜在园林中丛植、列植或孤植，也可成片栽植，适宜栽植于湖畔、江河两岸、池边、滩边等滨水区域。

13 / 池杉

Taxodium ascendens Brongn.

别名：池柏
科属：杉科落羽杉属

【形态特征】落叶乔木，高达25m。树皮褐色，纵裂成长条片脱落；树干基部膨大，通常有屈膝状的呼吸根；当年生小枝绿色，2年生小枝呈褐红色。叶多钻形，紧贴小枝，仅上部稍分离。雄球花卵圆形，在枝端排成圆锥花序状；雌球花单生于枝顶。球果圆球形，发育种鳞具2粒种子；种子呈不规则三角形。花期3~4月，球果10~11月成熟（图5-1-18）。

【产地及分布】原产于北美洲东南部地区。我国江苏、浙江、湖北、河南、安徽、江西、湖南、广东、广西等地普遍引种栽培。

图 5-1-18　池杉

【生态习性】喜强光；喜温暖湿润气候，耐寒性差；喜深厚、肥沃、湿润的酸性或微酸性土壤，耐水湿，不耐盐碱土；抗风力强，生长快。

【园林用途】树形优美，枝叶秀丽婆娑，秋叶棕褐色，是观赏价值较高的观形树种，特别适于水滨湿地成片栽植、孤植或丛植。

14　落羽杉

Taxodium distichum（L.）Rich.

别名：落羽松
科属：杉科落羽杉属

【形态特征】落叶高大乔木，高可达50m。树皮赤褐色，呈长条状剥落；树干基部常膨大，有屈膝状的呼吸根；大枝平展，小枝略下垂。叶条形，排成羽状2列，正面中脉凹下，淡绿色，秋季落叶前变红褐色。球果熟时淡褐黄色，被白粉；种子褐色。花期3~4月，球果10月成熟（图5-1-19）。

图 5-1-19　落羽杉

【产地及分布】原产于美国东南部，生于亚热带排水不良的沼泽地区。

【生态习性】喜强光；喜温热湿润气候；极耐水湿，既能生长于浅沼泽中，也能生长于排水良好的陆地上，土壤以湿润而富含腐殖质者为最佳。

【园林用途】树形整齐美观，叶丛秀丽，秋叶变为红褐色，是良好的观形树种，适宜水旁配置，也有防风护岸的作用。

15 / 江边刺葵

别名：美丽针葵、软叶刺葵

Phoenix roebelenii O' Brien　　科属：棕榈科刺葵属

【形态特征】常绿灌木，高1~3m。茎单生或丛生。叶长1~1.5（2）m，羽片线形，下部羽片变成细长软刺；具宿存的三角状叶柄基部。雄花序与佛焰苞近等长，雌花序短于佛焰苞。果实长圆形，顶端具短尖头，成熟时枣红色。花期4~5月，果期6~9月（图5-1-20）。

图 5-1-20　江边刺葵

【产地及分布】分布于印度、缅甸、泰国以及中国云南西双版纳等地。中国华南、东南及西南各地有栽培。

【生态习性】耐阴；抗冻性不强；耐旱，耐瘠，喜排水良好、肥沃的砂质土壤。

【园林用途】叶片美丽，株形优美，常被用作园景树，也可以盆栽观赏。

16 / 棕榈

别名：唐棕、中国扇棕

Trachycarpus fortunei（Hook.）H. Wendl.　　科属：棕榈科棕榈属

【形态特征】常绿乔木，高7~8m。树干圆柱形，不分枝。叶簇生于顶，近圆扇形，掌状深裂至中下部，裂片直伸，仅先端有时下垂；叶柄很长，两侧无刺而有细齿。肉穗花序腋生，花小，鲜黄色。核果肾状球形，蓝褐色，被白粉。花期4~5月，果期10~12月（图5-1-21）。

【产地及分布】分布于我国秦岭、长江流域以南地区。日本、印度、缅甸也有分布。

图 5-1-21　棕榈

【生态习性】喜光，稍耐阴；喜温暖湿润气候，较耐寒；适生于排水良好、湿润、肥沃的中性、石灰性或微酸性土壤；浅根性，易风倒，生长慢；抗大气污染能力强。

【园林用途】树形雄壮，叶片大而秀美，极富南国风光特色，为优良的观形树种。

17　龙爪槐

Sophora japonica var. *pendula* L.

别名：垂槐、盘槐
科属：豆科槐属

【形态特征】落叶乔木，高达25m。树冠伞形。小枝绿色，皮孔明显，枝条扭曲下垂。奇数羽状复叶互生，小叶7～17片，卵形至披针形，先端尖，全缘。圆锥花序鼎盛，黄绿色，小花旗瓣近圆形，翼瓣长卵形。荚果串珠状。花期6～8月，果期9～10月（图5-1-22）。

图 5-1-22　龙爪槐

【产地及分布】原产于中国，南北普遍栽植，华北和黄土高原地区尤为多见。

【生态习性】喜光，稍耐阴；能适应干冷气候；喜生于土层深厚、湿润、肥沃、排水良好的砂质壤土；萌芽力强，寿命长；根系发达，深根性，抗风力强；对有毒有害气体抗性较强。

【园林用途】伞状树形优美别致，为常见观形园景树，孤植、对植、列植均可。

18 / 垂柳

Salix babylonica L.　　科属：杨柳科柳属

【形态特征】落叶乔木，高达18m。树皮灰黑色，不规则纵裂；小枝细长，下垂。单叶互生，叶片狭披针形，长9~16cm，叶缘有细锯齿，叶柄长6~12mm，秋叶黄褐色。柔荑花序直立，雄花具雄蕊2，雌花仅腹面具腺体1枚。花期3~4月，果期4~5月（图5-1-23）。

图5-1-23　垂柳

【产地及分布】分布于我国长江流域与黄河流域，其他各地均有栽培。亚洲、欧洲、美洲均有引种栽培。

【生态习性】喜光；耐寒性不如旱柳；特耐水湿，短期水淹不致影响生长，也可生于土层深厚的干燥地区；生长速度快。

【园林用途】小枝条柔软下垂，树姿飘逸潇洒，最适宜配置在水边，如桥头、池畔及河流、湖泊等水系沿岸，也是行道树、庭荫树的理想树种，可与桃配置营造"桃红柳绿"的景观。

任务实施

一、搜集资料

学生分组，通过查阅资料搜集观形园景树的定义、树种选择要求、当地常见观形园景树图片及视频等相关信息。

二、观形园景树相关理论知识学习

各小组学习观形园景树相关理论知识。教师通过图片、标本进行典型观形园景树识别的现场教学。

三、观形园景树现场调查

各小组对当地常见观形园景树进行调查，并填写观形园景树调查记录表（表5-1-1）。

表 5-1-1　观形园景树调查记录表

班级：＿＿＿＿＿　　小组成员：＿＿＿＿＿　　调查时间：＿＿＿＿＿　　调查地点：＿＿＿＿＿

树种名称：　　　科：　　　属： 树种类型：（落叶乔木或常绿乔木）				植物图片
形态特征	树冠：　　　　树皮：　　　　枝条：			
	叶形：　　　叶序：　　　叶脉：　　　叶缘：			
	花色：　　　花序：　　　花期：			
	果实：　　　种子：			
生长环境				
生长状况				
配置方式				
观赏特性				
园林用途				
备　注				

四、完成调查报告

各小组根据相关调查数据撰写调查报告。

五、常见观形园景树识别

教师选择20种当地常见观形园景树进行识别考核。

任务考核

根据表5-1-2进行考核评价。

表 5-1-2　观形园景树识别与应用考核评分标准

项　目	考核内容	考核标准	赋分	得分
过程性评价	调查准备工作	准备充分	10	
	调查态度	积极主动，有团队精神，注重方法及创新	20	
	调查水平	树种名称正确，形态特征描述准确，观赏特性与应用价值分析合理	30	
结果性评价	调查报告	符合要求，内容全面，条理清晰，图文并茂	20	
	观形园景树识别	对20种常见观形园景树进行识别，每正确识别1种得1分	20	
总　　分			100	

巩固练习

1. 举例说明观形园景树的观赏特性。

2. 以图文并茂的形式归纳总结本地常见观形园景树的种类、观赏特性和园林应用形式。

任务 5-2 观花园景树识别与应用

任务描述

花是园林树木最吸引人眼球的观赏部位，是植物造景的重要元素。园林树木的花朵有着不同的色彩、花形以及香气，从而形成不同的观赏效果。本任务是在学习观花园景树相关理论知识的基础上，调查本地城市绿地中常见观花园景树的应用情况（主要包括树种名称、形态特征、配置方式、生长状况等），完成观花园景树调查报告。

任务目标

》知识目标

1. 知道观花园景树的概念。
2. 理解常见观花园景树的生长习性和园林用途。
3. 掌握常见观花园景树的识别要点和观赏特性。
4. 掌握观花园景树的选择与配置原则。

》技能目标

1. 能够识别常见观花园景树，并用专业术语描述其形态特征。
2. 能够根据配置原则合理配置观花园景树。

》素质目标

1. 提升艺术审美素养。
2. 培养花文化内涵中的精神和品格。

知识准备

一、观花园景树概念及观赏特性

（一）观花园景树概念

观花园景树指具有美丽的花或花序，在花色、花型、花香等方面呈现出显著观赏价值的树种。

（二）观花园景树观赏特性

观花园景树在园林景观中的应用形式多种多样，既可以作为主景，也可布置花坛、花境或盆栽观赏；既可以集中花期，观赏同花期不同植物的花色之美，也可以利用不同植物花期的交替变化，营造出整体连续的色彩变化。观花园景树的观赏特性主要表现在花色、花型、花相、花香和花期等方面。

1. 花色

花色指花冠、花被或苞片的颜色。园林树木常见花色见表5-2-1所列。

表 5-2-1　园林树木常见花色

花色色系	关键词	树种举例
红色系	热情、温暖、喜庆、奔放、浓烈、感性	紫荆、月季、木槿、合欢、海棠、凤凰木、杜鹃花、樱花、桃、梅、郁李、榆叶梅、石榴、紫薇、扶桑、凌霄等
白色系	宁静、素雅、高洁、祥和、质朴、清凉	梨、刺槐、火棘、山楂、白玉兰、溲疏、雪柳、广玉兰、太平花、珍珠梅、银薇、栀子、白千层等
黄色系	明亮、安全、甜美、幸福、喜悦、满足	迎春花、连翘、马褂木、黄刺玫、棣棠、野迎春、梓树、桂花、栾树、含笑、结香、阔叶十大功劳等
蓝色系	浪漫、幽静、华贵、谨慎、理性、忧郁	紫丁香、毛泡桐、紫穗槐、紫藤、八仙花、蓝花楹、荆条、胡枝子、紫珠、'金叶'莸、洋紫荆等

2. 花型

（1）单花

花单独一朵着生在茎枝顶端或叶腋处，如牡丹、白玉兰、蜡梅、马褂木、杏、棣棠、山茶等。

（2）花序

单朵的花按照一定的规律聚集排列在一起组成花序。常见的花序类型有总状花序、穗状花序、伞形花序、伞房花序、肉穗花序、头状花序、圆锥花序等（表5-2-2）。

表 5-2-2　园林树木花序类型

花序类型	树种举例	花序类型	树种举例
圆锥花序	紫丁香、栾树、七叶树、樟、南天竹、火炬树、紫薇等	隐头花序	无花果、薜荔、榕树等
总状花序	刺槐、皂荚、紫藤、沙棘、黄槐、凤凰木、重阳木等	聚伞花序	香椿、天目琼花、冬青卫矛、紫椴、叶子花、油桐、南蛇藤等
穗状花序	紫穗槐、乌桕等	伞房花序	山楂、苹果、樱花、元宝枫等
肉穗花序	棕榈、蒲葵、鱼尾葵、椰子等	伞形花序	常春藤等
头状花序	合欢、结香、珙桐、悬铃木、枫香等	柔荑花序	毛白杨、垂柳、桑、胡桃等

3. 花相

花相是指花或花序着生在树冠上表现出的整体状貌，园林树木的花相可以分为以下几种类型。

（1）依据开花时叶片是否展开分类

园林树木的花相可以分为纯式花相和衬式花相两种。

①纯式花相　在开花时叶片尚未展开，全树只见花不见叶。

②衬式花相　展叶后开花，全树花叶相衬。

（2）依据花朵或花序在树冠上的着生位置、分布方式、数量和形态等特征分类

①干生花相　花生于茎干之上，也称为"老茎生花"。干生花相的园林树木种类不多，

主产于热带湿润地区，如槟榔、木菠萝、可可、鱼尾葵、紫荆（也能生于较老的茎干上，但无法与其他几种能在粗大干上开花相比）。

②线条花相　花排列于小枝上，形成长条形的花枝。由于枝条的生长习性不同，花枝表现的形式各异，有的呈拱状，有的呈直立剑状。如连翘、金钟花的花相为纯式线条花相，珍珠绣球、三桠绣球的花相为衬式线条花相等。

③星散花相　花朵或花序数量较少，且散布于全树冠各部位。衬式星散花相是在绿色树冠的底色上，零星散布着一些花朵，有丽而不艳、秀而不媚的效果，如鹅掌楸、白兰花等的花相。纯式星散花相的园林树木种类较多，花数少而分布稀疏，花感不强烈，若在其后种植绿叶树作背景，则可形成与衬式星散花相相同的观赏效果。

④团簇花相　花朵或花序形大而多，花感较强烈，每朵花或每个花序的花簇能充分表现其特色。如玉兰、木兰的花相为纯式团簇花相，木绣球的花相为衬式团簇花相。

⑤覆被花相　花或花序着生于树冠的表层，形成覆伞状。如泡桐的花相为纯式覆被花相，广玉兰、七叶树、合欢、珍珠梅、接骨木等的花相为衬式覆被花相。

⑥密满花相　花或花序密生于全树各小枝上，使树冠整体形成一个大花团，花感最为强烈。本类中只有纯式密满花相，如樱花、榆叶梅、毛樱桃的花相。

4. 花香

许多园林树木的花可以散发出刺激人嗅觉的香味，愉悦人的身心。不同的树种具有不同的香型，给人多样的感受。如清香的梅花、茉莉花、玉兰，浓香的含笑、丁香、香水月季，甜香的桂花等。在园林造景中，可以点缀芳香树种，或营造丁香园、蔷薇园、牡丹园、桂花园等专类园。通过嗅觉的延伸，结合视觉、听觉、触觉等多重感官，达到多层次的景观审美体验。

5. 花期

在园林造景中，只有熟悉观花园景树的花期，才能做到"三时有花，四时有景"。按照开花季节的不同，观花园景树可以分为春季观花园景树、夏季观花园景树、秋季观花园景树和冬季观花园景树；按照开花与展叶的先后顺序，观花园景树又可以分为先花后叶型（如迎春花、连翘、白玉兰、榆叶梅等）、先叶后花型（如合欢、紫薇、木槿等）和花叶同放型（如苹果、海棠、桃等）。

二、常见观花园景树

1 夹竹桃　　别名：柳叶桃树

Nerium indicum Mill.　　科属：夹竹桃科夹竹桃属

【形态特征】常绿灌木，高达5m。体内有白浆。3叶轮生，叶窄披针形，中脉显著，叶缘略反卷。聚伞花序顶生，花冠深红色、粉红色或白色。蓇葖果细长。花期6~10月（图5-2-1）。

【产地及分布】原产于伊朗、印度、尼泊尔，广植于世界热带地区。我国长江以南各地广为栽植。

【生态习性】喜光；喜温暖湿润气候，不耐寒；耐旱力强，对土壤适应性强；萌蘖性强，耐修剪；病虫害少；抗烟尘及有毒气体能力强。

图 5-2-1 夹竹桃

【园林用途】枝叶繁茂，四季常青，花朵密集，色彩艳丽，花期极长，适应性强，是城市绿化的极好树种，常丛植于各类绿地作背景树、隔离带，适于厂矿区绿化。

2 蔓长春花

别名：长春蔓

Vinca maior L.

科属：夹竹桃科蔓长春花属

【形态特征】常绿蔓性灌木。营养枝偃卧地面，开花枝直立，体内具白浆。单叶对生，卵形，全缘。花单生于叶腋，花萼及花冠喉部有毛，花冠高脚碟状，蓝紫色，裂片左旋。膏葖果双生直立。花期4~5月，果期7~8月（图5-2-2）。

图 5-2-2 蔓长春花

【类型及品种】常见品种有：

'花叶'蔓长春花 'Variegata'

叶边缘近白色，叶片具淡黄白色斑点。

【产地及分布】分布丁地中海沿岸、印度、美洲热带地区。

【生态习性】对光照要求不严，以半阴环境生长最佳；喜温暖湿润，不耐寒，在北方需温室栽培；适应性强，生长迅速。

【园林用途】花叶秀美，是极好的地被植物材料，花叶品种也非常适合盆栽观赏。

3 '金叶'大花六道木

Abelia × *grandiflora* 'Francis Mason'

科属：忍冬科六道木属

【形态特征】常绿灌木，高达2m。幼枝红褐色，有短柔毛。叶卵形至卵状椭圆形，春季叶呈金黄色，夏季转为绿色。顶生圆锥状聚伞花序，花色白中带粉，花形优美，似漏斗。花期6~11月（图5-2-3）。

图 5-2-3　'金叶'大花六道木

【产地及分布】原产于法国等。主要在中国中部、西南部及长江流域引种栽培。

【生态习性】喜光，也耐阴；喜温暖湿润气候；适宜中性偏酸性肥沃土壤，也耐干旱、贫瘠；根系发达，萌芽力、萌蘖力均强，生长极快。

【园林用途】叶色金黄，花繁缀枝，是既可观花又可赏叶的优良彩叶花灌木，适宜丛植、片植于林缘、路缘、空旷地块、水边、建筑物旁或作花篱。

4　琼花

别名：扬州琼花、蝴蝶木、八仙花

Viburnum keteleeri Carrière　　科属：忍冬科荚迷属

【形态特征】落叶或半常绿灌木，高达4m。叶卵形至椭圆形或卵状矩圆形，边缘有小齿。聚伞花序仅周围具大型的不孕花，花冠直径3~4.2cm，裂片倒卵形或近圆形，顶端常凹缺；可孕花的萼齿卵形，长约1mm，花冠白色，辐状。果实红色而后变黑色，椭圆形。花期4月，果熟期9~10月（图5-2-4）。

【产地及分布】主要分布于中国、日本及朝鲜等。

【生态习性】喜光，稍耐阴；颇耐寒；不耐水渍和干旱，对土壤要求不严，常生于山地林间的微酸性土壤，也能适应平原向阳面排水良好的中性土。

图 5-2-4　琼花

【园林用途】树姿优美，花形奇特，秋季累累圆果红艳夺目，为传统名贵花木，适宜孤植于草坪及空旷地段，使其四面开展，也可配置于堂前、亭际、墙下和窗外等处。

5 锦带花

Weigela florida（Bunge）A. DC.

别名：海仙花
科属：忍冬科锦带花属

【形态特征】落叶灌木，高3m。干皮灰色。单叶对生，叶片窄椭圆形至倒卵状椭圆形，顶端渐尖，边缘有锯齿，叶背密生柔毛，叶柄短或近无柄。聚伞花序，花冠5裂，大红色至玫红色，萼片下半部连合，花柱后期木质化成刺状。蒴果柱形。花期4~6月，果期9~10月（图5-2-5）。

图 5-2-5 锦带花

【产地及分布】主要分布于我国东北、华北、陕西，以及江苏北部地区。

【生态习性】喜光，耐半阴；耐寒；耐干旱瘠薄；萌芽力强；对有毒有害气体抗性强。

【园林用途】株形紧凑，开花时如一束束缀花锦带密满枝条，适宜在庭院角隅、草坪丛植，也可作花篱材料丛植于路旁。

6 蜡梅

Chimonanthus praecox（L.）Link.

别名：黄梅花
科属：蜡梅科蜡梅属

【形态特征】落叶灌木，高达4m。小枝近方形。单叶对生，叶卵状披针形，半革质，全缘，叶表有粗糙倒硬毛。花先于叶开放，有浓香，外轮花被片蜡黄色，内轮花被片有紫色条纹。果托坛状；小瘦果种子状，紫褐色。花期12月至翌年2月，果期翌年6~7月（图5-2-6）。

【产地及分布】原产于湖北、陕西等省份，各地均有栽培。

图 5-2-6　蜡梅

【生态习性】喜光，也能耐阴；较耐寒；耐旱，忌水湿；喜疏松、深厚、排水良好的中性或微酸性砂质土，忌黏土和盐碱土；怕风，宜种植在向阳避风处；发枝力强，耐修剪。

【园林用途】花朵金黄似蜡，晶莹剔透，香气浓郁而不腻，可配置于园林或建筑物入口处两侧、窗前屋后、墙隅、斜坡、草坪等，也可制作盆景供室内观赏。

7　紫荆

Cercis chinensis Bunge

别名：满条红

科属：豆科紫荆属

【形态特征】落叶小乔木，高2~5m，常生长成灌木状。枝干灰褐色，具明显皮孔，小枝"之"字形。单叶互生，叶片心形，全缘，掌状脉。花密集簇生于老枝上，花梗极短；花紫红色，花冠假蝶形，先于叶开放。荚果扁条形，褐色。花期3~4月，果期9~10月（图5-2-7）。

【产地及分布】原产于我国河北、山西等地，我国中部、东南部广泛栽植。

图 5-2-7　紫荆

【生态习性】喜光，稍耐阴；较耐寒；对土壤适应性强；深根性，耐修剪；抗有毒有害气体能力强。

【园林用途】叶大圆润，花开密集，蔓条嫣红，绮丽可爱。丛植、孤植均可，适宜与常绿树配置作前景或植于浅色建筑物前，常与连翘、贴梗海棠搭配。

8 ／ 凤凰木

别名：金凤花

Delonix regia（Bojer）Raf.　　科属：豆科凤凰木属

【形态特征】落叶乔木，高达20m。二回偶数羽状复叶互生，具羽片10~24对，羽片对生；羽片具小叶20~40对，小叶对生，近长圆形，先端钝圆，基部偏斜，两面被柔毛；托叶羽状分裂。总状花序伞房状，花瓣5枚，鲜红色，具长爪。荚果木质，较长。花期5~6月，果期10月（图5-2-8）。

图 5-2-8　凤凰木

【产地及分布】原产于马达加斯加岛及非洲热带地区，广植于热带各地。我国台湾、福建南部、广东、广西、云南均有栽培。

【生态习性】喜光；不耐寒；对土壤要求不严；根系发达，生长迅速；耐尘烟性差。

【园林用途】树冠广伞形，树姿优雅秀美，花大艳丽，遥望如烽火当空，故又名"火树"，具热带特色，宜作园景树、庭荫树或行道树，也可于低丘群植作为背景林。

9 ／ 毛刺槐

别名：江南槐

Robinia hispida L.　　科属：豆科刺槐属

【形态特征】落叶灌木，高1~3m。茎、小枝、花梗均有红色刺毛，托叶不变为刺状。奇数羽状复叶互生，小叶7~13片，广卵形至近圆形。花粉红色或紫红色，2~7朵组成稀疏的总状花序，有微香。花期6~7月（图5-2-9）。

图 5-2-9　毛刺槐

【产地及分布】原产于北美洲，广泛分布于中国东北南部、华北、华东、华中、西南等地区。

【生态习性】喜光，避免长时间荫蔽；耐旱，耐轻度盐碱，栽植于砂土地为好。

【园林用途】树形端正，花繁色艳，是庭院、街道、坡地、水岸绿化的优良树种，还是重要的蜜源植物和用材树种。

10　金丝桃

Hypericum monogynum L.

别名：金丝海棠
科属：金丝桃科金丝桃属

【形态特征】半常绿小灌木。小枝圆柱形，红褐色，光滑无毛。叶长椭圆形，长4~8cm，先端钝，基部渐狭而稍抱茎，正面绿色，背面粉绿色，无叶柄。花鲜黄色，单生或3~7朵组成聚伞花序；萼片5，卵状矩圆形；花瓣5，宽倒卵形；雄蕊多数，5束，较花瓣长；花柱细长，顶端5裂。花似桃花，花丝金黄色，故而得名。蒴果卵圆形。花期5~8月，果期8~9月（图5-2-10）。

图 5-2-10　金丝桃

【产地及分布】分布于河北、陕西、山东、江苏、安徽、江西、福建、河南、湖北、湖南、广东、广西、四川、贵州、云南等。

【生态习性】喜光，略耐阴；耐寒性不强，喜生于湿润的河谷或半阴坡砂壤土中。

【园林用途】花叶秀丽，是南方庭园中常见的观赏花木，可植于林荫下或者庭院角隅等。

11　凤尾兰

Yucca gloriosa L.

别名：菠萝花
科属：百合科丝兰属

【形态特征】常绿木本，高可达2.5m。叶密集丛生，螺旋排列至茎端，质坚硬，直伸，剑形。圆锥花序高达1m，花大而下垂；花被片宽卵形，乳白色，端部常带紫晕。蒴果椭圆状卵形，不开裂。夏季（5~6月）和秋季（9~10月）两次开花（图5-2-11）。

图 5-2-11　凤尾兰

【产地及分布】原产于北美洲东部及东南部，我国长江流域以南广泛栽培观赏。

【生态习性】喜光；有一定耐寒性，在北京可露地栽培；适应性强，既耐干旱，也较耐水湿，喜排水良好的砂质壤土。

【园林用途】树形及花、叶优美，四季常青，是良好的庭园观赏树木。常植于花坛中央、建筑物周围、草坪及岩石园，适宜作隔离带，北方多盆栽。

12　紫薇

Lagerstroemia indica L.

别名：痒痒树、百日红
科属：千屈菜科紫薇属

【形态特征】落叶灌木或小乔木，高5~7m。树皮淡褐色，薄片状剥落后树干特别光滑；小枝四棱形。单叶对生，叶矩圆形，全缘。圆锥花序顶生，花瓣6枚，鲜淡红色，具长爪。蒴果近球形，6瓣裂，基部有宿存花萼。花期6~9月，果期10~11月（图5-2-12）。

【产地及分布】原产于亚洲南部及澳大利亚北部，我国华东、华中、华南地区均有分布。

图 5-2-12　紫薇

【生态习性】喜光，稍耐阴；喜温暖气候，耐寒性不强，在北京必须小气候条件下才能露地越冬；耐旱，怕涝，喜肥沃、湿润而排水良好的石灰性土壤；萌蘖性强，生长较慢，寿命长。

【园林用途】树姿优美，树干光滑洁净，花色艳丽，花期特长。适宜栽植于庭院及建筑物前，也可栽在池畔、路边及草坪，还可用作盆景材料。

13　杜鹃花

别名：映山红

Rhododendron simsii Planch.

科属：杜鹃花科杜鹃属

图 5-2-13　杜鹃花

【形态特征】半常绿或落叶灌木，高2~3m。分枝多，枝细而直，枝叶及花梗均密被亮棕色扁平糙伏毛。叶长椭圆状卵形、倒卵形，或倒卵形至披针形，被毛较密。花2~6朵簇生于枝端，花瓣深红色、有紫斑。花期4~5月，果期6~8月（图5-2-13）。

【产地及分布】广泛分布于欧洲、亚洲、北美洲，主产于东亚和东南亚，在中国集中产于西南、华南地区。

【生态习性】中性树种，喜半阴，忌烈日暴晒；喜凉爽湿润气候，忌干燥，有一定耐寒性；喜土质疏松、肥沃的酸性土壤，为中南或西南地区典型的酸性土指示植物，对二氧化硫、二氧化氮和一氧化氮的抗性强。

【园林用途】枝叶茂密，花团锦簇，为我国传统十大名花之一。在绿化中常作基础种植，布置于花坛和花境中，或修剪成花篱；也常配置在疏林下，或傍依假山、石缝构成图景；还可盆栽观赏。

14　白玉兰

Magnolia denudata Desr.

别名：玉兰、望春花
科属：木兰科木兰属

【形态特征】落叶乔木，高15～17m。树冠宽卵形。树干灰白色；顶芽大，密被灰黄色长毛。单叶互生，叶片倒卵状长椭圆形，先端钝，全缘。花白色，大型，先于叶开放；3枚花萼与6枚花被片相似，肉质，有清香。聚合蓇葖果圆柱形，种子有红色假种皮。花期3～4月，果期8～10月（图5-2-14）。

图 5-2-14　白玉兰

【产地及分布】原产于我国中部，国内外庭院普遍栽植。

【生态习性】喜光，稍耐阴；有一定耐寒性，在北京及以南地区露地均可正常生长；根肉质，忌积水；喜肥沃、湿润而排水良好的弱酸性土壤，但在中性及弱碱性土壤中也能生长；生长速度较慢；抗二氧化硫。

【园林用途】花大、洁白而有芳香，为早春名贵花木。中国庭院植物配置有"玉堂春富贵"的传统，园林中常植于草坪、路边、亭台前方、洞窗及洞门内外。上海市市花。

15　紫玉兰

Magnolia liliflora D.

别名：木兰、木笔、辛夷
科属：木兰科木兰属

【形态特征】落叶人灌木或小乔木，高3～5m。树皮及老枝灰白色；小枝紫褐色，具白色皮孔。芽大如笔头，外被黄色绢毛。叶椭圆形，先端渐尖，叶背沿叶脉有毛。花外面紫色，里面白色或粉红色。聚合果，长圆形；种子外被红色假种皮。早春花先于叶开放，果期10～11月（图5-2-15）。

【产地及分布】原产于我国中部，除严寒地区外均有栽培。

【生态习性】喜光；喜温暖湿润气候，较耐寒；肉质根，忌积水；喜肥沃、排水良好的土壤，不耐盐碱土、黏土和过干的土壤；不耐修剪。

图 5-2-15　紫玉兰

【园林用途】花形优雅，亭亭玉立，花大色紫，味香色美，花蕾如笔头，故有"木笔"之称。栽培历史悠久，为我国人民所喜爱的传统花木。宜配置于建筑前庭、园路两侧，也可与其他木兰类树种配置成专类园。

16　二乔玉兰

Yulania × soulangeana（Soul.-Bod.）D. L. Fu

别名：朱砂玉兰
科属：木兰科木兰属

【形态特征】紫玉兰与木兰的杂交种。落叶小乔木或灌木，高达8m。叶倒卵状椭圆形。花大，有芳香气味，呈钟状；花被片6~9枚，外表面淡紫色，内表面白色，外轮3枚仅达内轮的1/2，或有时小而绿色。花先于叶开放，花期3~4月（图5-2-16）。

【产地及分布】原产于中国，分布地北起北京，南达广东，东起沿海各地，西至甘肃兰州、云南昆明等。

图 5-2-16　二乔玉兰

【生态习性】喜光，稍耐阴；耐寒；耐旱，忌积水；不宜在石灰质土壤生长。

【园林用途】花大艳丽，颜色渐变，适宜丛植于草坪、林缘、水畔、庭院，或者对植于门厅之前。

17 含笑

别名：香蕉花、山节子

Michelia figo（Lour.）Spreng.　　科属：木兰科含笑属

【形态特征】常绿灌木，高2～5m。树皮灰褐色，分枝密。芽、小枝、叶柄、花梗均密被锈色茸毛。单叶互生，叶倒卵状椭圆形，短钝尖，表面亮绿色，革质；托叶痕达叶柄顶端。花单生于叶腋，花被片6，肉质，淡黄色，边缘常紫红色，浓郁香气犹如香蕉味。聚合蓇葖果。花期4～5月，果期8～9月（图5-2-17）。

图 5-2-17　含笑

【产地及分布】原产于我国亚热带地区，长江流域及以南地区普遍露地栽培，长江以北多盆栽观赏。

【生态习性】喜半阴，不耐烈日；喜温暖湿润的环境，不耐寒；喜肥沃、疏松的酸性或微酸性土壤，不耐干旱瘠薄，不耐石灰质土壤，忌积水；对氯气有较强抗性。

【园林用途】树冠浑圆，绿叶葱茏，开花时浓香扑鼻，是著名的香花树种。常配置于庭院、街坊绿地、小游园、公园。

18 木芙蓉

别名：芙蓉花

Hibiscus mutabilis L.　　科属：锦葵科木槿属

【形态特征】落叶灌木，高2～5m。小枝、叶、花萼、花梗、小苞片上均密被星状毛和柔毛。单叶互生，叶宽卵形，掌状5～7裂，叶缘有浅钝齿。花大，单生于叶腋；花瓣初开时白色或粉红色，后变为深红色，单瓣或重瓣。蒴果扁球形，裂为5瓣，密生淡黄色刚毛及绵毛。花期8～10月，果期11月（图5-2-18）。

图 5-2-18　木芙蓉

【产地及分布】原产于中国西南部，黄河流域至华南均有栽培，尤以四川成都一带为盛。

【生态习性】喜光，稍耐阴；喜温暖湿润，不耐寒；不耐旱，耐水湿；喜肥沃、湿润、排水良好的微酸性至中性砂质壤土；生长速度快，萌蘖性强；对二氧化硫抗性特强，对氯气、氯化氢也有一定抗性。

【园林用途】晚秋开花，花色艳丽，花色、花形丰富，为著名的观赏花木。宜植于池旁水畔，或丛植于庭院、坡地、路旁及建筑物前等向阳处，也可栽作花篱；也适宜用于厂矿区绿化、美化。

19	木槿	别名：千日红、无穷花
Hibiscus syriacus L.		科属：锦葵科木槿属

【形态特征】落叶灌木，高3~4m。树冠较紧凑，倒卵形至窄卵形。单叶互生，叶片菱状卵形，掌状3裂，裂片具粗锯齿，三出脉。花单生，大型，单瓣或重瓣，花瓣5枚，粉红色至紫红色。蒴果卵圆形，密生花色毛，成熟时开裂。花期6~9月，果期9~11月（图5-2-19）。

【产地及分布】原产于东亚，中国自东北南部至华南各地均有栽培。

【生态习性】喜光；较耐寒；适应性强，耐干旱瘠薄，忌水涝；萌蘖性强；耐修剪，对有毒有害气体和烟尘抗性较强。

图 5-2-19　木槿

【园林用途】枝繁叶茂，夏季开花，花大，美艳夺目，花期长。适宜栽植于庭院、林缘，可作花篱；也可用于城市道路分车带和厂矿区绿化。

20 / 红千层

Callistemon rigidus R. Br.

别名：刷子树
科属：桃金娘科红千层属

【形态特征】常绿灌木。嫩枝和幼叶初被长丝毛，后无毛。单叶互生，线形，革质，中脉和边脉明显，全缘。穗状花序紧密，生于枝条的外端；花瓣绿色，雄蕊鲜红色，由花轴向周围伸出，整个花序似试管刷。蒴果半球形。花期6~8月（图5-2-20）。

图 5-2-20 红千层

【产地及分布】原产于大洋洲，我国华南及长江流域有栽培。

【生态习性】喜光；喜温暖湿润气候；萌发力强，耐修剪；不易移植成活。

【园林用途】树形优雅，繁花似锦，花形奇特，适应性强，观赏价值高，广泛应用于各类园林绿地中，既可以孤植展示其个体之美，也适宜成片栽植观赏其群体美。

21 / 叶子花

Bougainvillea spectabilis Willd.

别名：三角铁、三角梅、贺春红
科属：紫茉莉科叶子花属

【形态特征】常绿灌木，攀缘或蔓性生长。有枝刺，下弯，枝叶具柔毛。单叶互生，叶片卵形，全缘。花顶生，细小，黄绿色，无明显花瓣，漏斗状，常3朵簇生于3枚较大苞片内；苞片卵圆形，为主要观赏部位，颜色有鲜红色、玫红色、橙黄色、乳白色等。瘦果，有棱。在华南地区多于冬春间开花，在长江流域常于6~12月开花（图5-2-21）。

【产地及分布】原产于巴西，在我国主要分布于福建、广东、广西、海南和云南等地。

【生态习性】喜光；喜温暖，不耐寒；耐干旱，不择土壤；抗逆性强。

【园林用途】苞片色艳，可植于庭园、宅旁，构筑棚架或攀缘于山石、廊柱、院墙，也可植于坡地、水畔，或盆栽观赏。

图 5-2-21　叶子花

22 / 雪柳

Fontanesia fortunei Carr.

别名：五谷树、挂梁青
科属：木樨科雪柳属

【形态特征】落叶小乔木，高达8m。枝条较柔软，小枝四棱形。单叶对生，叶片披针形至卵状披针形，全缘；叶柄极短。圆锥花序，白色。翅果倒卵圆形。花期5～6月，果期6～10月（图5-2-22）。

图 5-2-22　雪柳

【产地及分布】分布于我国中原地带及江浙东北部地区。

【生态习性】喜光，稍耐阴；较耐寒；耐湿，对土壤适应性强，耐干旱瘠薄；萌蘗性强，耐修剪，生长快；抗风，抗有毒有害气体能力强。

【园林用途】枝条稠密柔软，叶细如柳叶，花繁似雪，适合丛植于草坪、林缘、水边、假山旁，为园林绿化的优良树种。

23 **连翘**

别名：黄花杆

Forsythia suspensa（Thunb.）Vahl

科属：木樨科连翘属

【形态特征】落叶灌木，高达3m。枝条拱形斜伸或下垂，黄色，圆柱形，枝髓中空。单叶对生，叶片卵状椭圆形，有时3裂，边缘细锯齿。花单生于枝条，黄色，4瓣。先花后叶，花期3~4月（图5-2-23）。

图 5-2-23　连翘

【产地及分布】在我国主要分布于长江以北的广大地区。

【生态习性】喜光，稍耐阴；极为耐寒；对土壤适应性强，耐干旱瘠薄，忌水涝。

【园林用途】早春开花，黄花密生于枝条上，像一条条金黄色的带子，熠熠生辉。适宜丛植于路边、空地、草坪，也可用于水土保持。

24 **金钟花**

别名：细叶连翘、狭叶连翘、黄金条

Forsythia viridissima Lindl.

科属：木樨科连翘属

【形态特征】落叶灌木，高达3m。单叶对生，叶片长椭圆形至披针形，中部以上有锯齿，中下部全缘。花1~3（4）朵生于叶腋，先于叶开放；花萼裂片椭圆形，黄绿色；花冠黄色，裂片狭长，椭圆形。蒴果卵圆形，先端喙状。花期3~4月，果期7~8月（图5-2-24）。

【产地及分布】分布于我国长江流域及西南地区，南北各省份均有栽植。

图 5-2-24　金钟花

【生态习性】喜光，也可耐半阴；既耐热，又耐寒；既耐旱，又耐湿，对土壤要求不严。

【园林用途】早春良好的观花树木，金花灿烂，可丛植或片植于草坪、墙隅、路边、林缘、院内庭前等处。

25 / 野迎春

别名：云南黄馨

Jasminum mesnyi Hance

科属：木樨科素馨属

【形态特征】半常绿灌木，高达5m。枝细长拱形，四棱。三出复叶，对生，叶近革质，无毛。叶缘反卷，具有睫毛，侧脉不明显。花与叶同时开放，花朵单生于叶腋，苞片叶状；花萼裂片5~8；花冠黄色，直径2~4.5cm。花期3~4月，通常不结果（图5-2-25）。

图 5-2-25　野迎春

【产地及分布】原产于云南，南方庭园中颇常见。

【生态习性】喜光，稍耐阴；较耐寒；喜湿润，也耐干旱，怕涝；对土壤要求不严，耐碱，除洼地外均可栽植；根部萌发力强，枝端着地部分也极易生根，耐修剪。

【园林用途】枝条长而柔弱下垂，碧叶黄花，可植于堤岸、台地，特别适用于宾馆、大厦等的绿化，观赏价值较高。

26 / 迎春花

别名：金腰带

Jasminum nudiflorum Lindl.

科属：木樨科素馨属

【形态特征】落叶灌木，高1~3m。枝条细长，拱形下垂，常呈披散状；绿色，四棱形，髓实心。三出复叶对生，小叶卵形，全缘。花单生，黄色，6瓣。先花后叶，花期3~4月（图5-2-26）。

【产地及分布】产于我国北部、西北、西南各地。

【生态习性】喜光，稍耐阴；有一定耐寒性；对土壤适应性强，耐干旱瘠薄，忌水涝。

【园林用途】早春开花，枝条翠绿下垂，金花披散，灿烂夺目，适宜丛植于路边、假山石旁、水畔。

图 5-2-26　迎春花

27 / 桂花

Osmanthus fragrans（Thunb.）Lour.

别名：木樨

科属：木樨科木樨属

【形态特征】常绿灌木至小乔木，高3~12m。树皮灰色，不裂；侧芽2~4个叠生。单叶对生，叶长椭圆形，先端尖，全缘或上半部有细锯齿，硬革质。花簇生于叶腋或组成短小花序，花小，黄白色，具浓香。核果卵圆形，蓝紫色。花期9~10月，果期翌年4~5月（图5-2-27）。

【类型及品种】常见品种群有：

①丹桂　花橘红色或橙黄色，香味较淡（图5-2-28）。

②金桂　花黄色至深黄色，香味最浓（图5-2-29）。

③银桂　花近白色或黄白色，香味浓（图5-2-30）。

④四季桂　花黄白色，5~9月可连续开花数次，以秋季开花最多，香味较淡（图5-2-31）。

图 5-2-27　桂花

图 5-2-28　丹桂　　　　图 5-2-29　金桂　　　　图 5-2-30　银桂　　　　图 5-2-31　四季桂

【产地及分布】原产于我国西南部，长江流域广泛栽培，淮河以北多盆栽。

【生态习性】喜光，稍耐阴；喜温暖，不耐寒；宜在肥沃、湿润而排水良好的砂质壤土上生长，忌积水和黏重土壤。

【园林用途】树冠圆整，四季常青，花香浓郁，花期正值中秋，是我国著名的园林花木，南方庭园多有种植，可孤植、对植、丛植或成片栽植。

28 / 紫丁香

Syringa oblata Lindl.

别名：丁香
科属：木樨科丁香属

【形态特征】落叶灌木或小乔木，高1.5~4m。小枝假二叉分枝。单叶对生，叶广卵形，通常宽大于长，先端锐尖，基部近心形，全缘。圆锥花序，花萼钟状，有4齿；花冠堇紫色，先端4裂开展，浓香。蒴果长卵形，顶端尖。花期4~5月，果期9月（图5-2-32）。

【产地及分布】以秦岭为分布中心，北到黑龙江，南到云南和西藏均有分布。广泛栽培于世界温带地区。

【生态习性】喜光，稍耐阴；耐瘠薄，极耐旱，忌积水洼地。

【园林用途】枝叶茂密，树冠圆润饱满，春季花香四溢，叶形可爱，秋叶橙黄带紫。适宜栽植在建筑物旁，丛植于草坪、路边，或植于专类园，是重要的香花树种。

图 5-2-32　紫丁香

29 / 石榴

Punica granatum L.

别名：长安花、安石榴、沃丹
科属：石榴科石榴属

【形态特征】落叶小乔木，高5~7m。树干黄褐色，常有瘤状突起，树皮剥裂；小枝四棱形，具枝刺。单叶对生或簇生状，叶片倒卵状长椭圆形，全缘，有光泽。花单生或数朵簇生，单瓣或重瓣，有褶皱，花色自橙红色到大红色。浆果近球形，熟时橙黄色至橙红色，具宿存的萼。花期6~8月，果期9~10月（图5-2-33）。

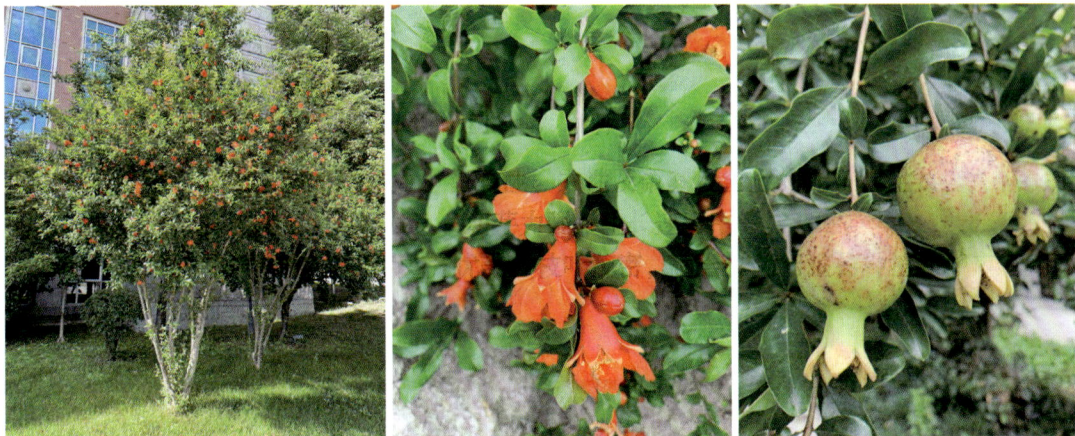

图 5-2-33　石榴

【产地及分布】原产于伊朗和阿富汗，汉代张骞出使西域时引入我国，现东北以南各地均有栽培。

【生态习性】喜光；喜温暖气候，有一定耐寒能力；喜肥沃、湿润而排水良好的石灰质土壤，适于pH 4.5~8.2，有一定耐旱和耐瘠薄的能力，在平地和山坡均可生长。

【园林用途】树姿优美，叶碧绿而有光泽，花色艳丽。适宜成丛配置于庭园及各类公园、风景区、休（疗）养地，也是优良的盆景材料。

30 / 牡丹

Paeonia × *suffruticosa* Andrews

别名：木芍药、富贵花
科属：毛茛科芍药属

【形态特征】落叶灌木，高可达2m。分枝多而粗短，木质化程度较低。二回三出羽状复叶互生，小叶阔卵形，先端3~5浅裂。花大，单生于枝顶，单瓣或重瓣，有紫、深红、粉红、黄、白、豆绿等色；萼片5枚，绿色，宽卵形，宿存。蓇葖果长圆形，密生黄褐色硬毛；种子亮黑。花期4~5月，果期9月（图5-2-34）。

【产地及分布】原产于我国北部及中部，秦岭有野生，各地有栽培。

【生态习性】喜光，忌夏季暴晒，花期弱阴可延长开花时间；喜温暖而不耐湿热，较耐寒；喜深厚、肥沃、排水良好的砂质壤土，耐旱，最忌黏土和积水。

【园林用途】花形、花色极为丰富，雍容华贵，被誉为"国色天香"。园林中多植于花台、花池观赏，或植于专类园，可孤植、丛植、片植，也可盆栽或作切花材料。

图 5-2-34　牡丹

31 / 日本晚樱　　　　　别名：重瓣樱花
Cerasus serrulata（Lindl.）G. Don ex London var. *lannesiana*（Carr.）Makino　　　科属：蔷薇科樱属

【形态特征】落叶乔木，高3～8m。树皮灰褐色，较光滑，有横生皮孔。单叶互生，叶片卵形至倒卵形，先端有长尖，单锯齿或重锯齿，具有较长的刺芒。伞房花序下垂，粉红色至粉白色，多为重瓣。核果近球形，紫黑色。花期4月，果期6～7月（图5-2-35）。

图 5-2-35　日本晚樱

【产地及分布】引自日本，我国各地有栽培。

【生态习性】喜光；喜温暖湿润气候，较耐寒；不耐盐碱；根系浅，抗风和烟尘的能力较弱，不耐修剪和移栽。

【园林用途】花繁、重瓣、芳香，花感强烈，以丛植或群植效果最佳。

32 / 大叶早樱　　　　　别名：日本早樱
Cerasus subhirtella（Miq.）Sok.　　　科属：蔷薇科樱属

【形态特征】落叶乔木，高3～10m。树皮灰褐色；小枝灰色，嫩枝绿色，密被白色短柔

图 5-2-36　大叶早樱

毛；冬芽卵形，鳞片先端有疏毛。叶片卵形至卵状长圆形。花序伞形，花与叶同放，花瓣淡红色，倒卵状长圆形。核果卵球形，黑色。花期3~4月，果期6月（图5-2-36）。

【产地及分布】原产于日本，现广泛分布于北半球的温带地区。

【生态习性】喜阳光；喜温暖湿润气候，有一定的耐寒力和耐旱力；对土壤要求不严，以疏松、肥沃、排水良好的砂质土壤为好，不耐盐碱土；抗烟及抗风能力弱。

【园林用途】花繁美丽，满树烂漫，如云似霞，极为壮观。可大片栽植营造花海景观，也可三五成丛点缀于绿地形成"锦团"，还可孤植形成"万绿丛中一点红"的意境。

33 / 贴梗海棠

Chaenomeles speciosa（Sweet）Nakai

别名：皱皮木瓜、宣木瓜
科属：蔷薇科木瓜属

【形态特征】落叶灌木，高2m。枝干丛生状，小枝无毛，有枝刺。单叶互生，叶卵形，先端急尖，具尖锐锯齿；托叶大，肾形，似抱茎。花先于叶开放，贴枝而生，常3~5朵簇生于2年生枝上，红色、粉红色、白色或间色。果球形或卵形，黄色或黄绿色，紧贴枝条生长，有香味。花期3~4月，果期9~10月（图5-2-37）。

图 5-2-37　贴梗海棠

【产地及分布】我国华北、西北至西南地区广泛栽培。缅甸、日本、朝鲜也有分布。

【生态习性】喜光，也耐半阴；有一定的耐寒能力，在华北地区能露地越冬；对土壤要求不严，但忌排水不良和积水。

【园林用途】早春先花后叶或近花叶同放，繁花似锦，紧贴枝干，红艳动人。在草坪、路旁、庭院和花坛中栽植均可，也可作造型树种。

34 / 棣棠

Kerria japonica（L.）DC.

别名：黄度梅、黄榆梅、蜂棠花
科属：蔷薇科棣棠属

【形态特征】落叶灌木，高1～2m。小枝绿色，柔软下垂，有棱。单叶互生，叶卵形，先端尖、较长，边缘重锯齿，叶片略显皱。花金黄色，单瓣或重瓣。瘦果扁球形，熟时黑褐色。花期4～5月，果期6～8月（图5-2-38）。

图 5-2-38　棣棠

【产地及分布】原产于我国及日本，我国长江流域及秦岭地区均有分布。

【生态习性】喜光，稍耐阴；喜温暖湿润气候，耐寒性不强，华北露地栽培冬季需培土。

【园林用途】枝密丛生，花叶艳丽，可栽于花径，丛植于林缘、草地、坡地，也可作花篱和建筑物基础栽植材料。

35 / 垂丝海棠

Malus halliana（Voss.）Koehne

科属：蔷薇科苹果属

【形态特征】落叶小乔木，高5～7m。树冠疏散、开展。单叶互生，叶长卵形，锯齿细钝或近全缘，叶柄及中脉常带紫红色。花4～7朵簇生于小枝顶端，鲜玫瑰红色；花梗细长下垂，紫色。梨果倒卵形，紫色。花期4月，果期9～10月（图5-2-39）。

【产地及分布】长江流域及西南各省均有栽培。

【生态习性】喜光，也耐阴；喜温暖湿润气候，耐寒、耐旱能力较差，在北京背风向阳处勉强能露地栽培；耐修剪；对有害气体抗性较强。

【园林用途】春日繁花满树，娇艳美丽，是点缀春景的主要花木，常作主景树种，也可丛植于草坪、池畔或列植于园路、林缘，孤植于窗前、墙边、院隅。

图 5-2-39　垂丝海棠

36 | 海棠花

Malus spectabilis（Ait.）Borkh.

别名：海棠
科属：蔷薇科苹果属

【形态特征】落叶乔木，高达8m。小枝粗，幼时被短柔毛，渐脱落。单叶互生，椭圆形，纸质。伞形花序，花瓣白色，在蕾时呈粉红色。梨果近球形，黄色。花期4~5月，果期8~9月（图5-2-40）。

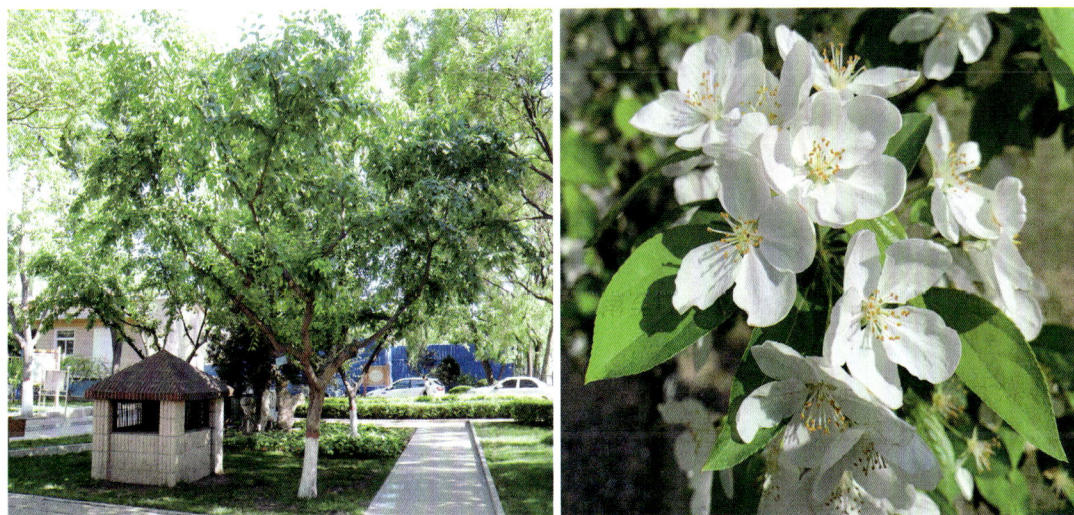

图 5-2-40　海棠花

【产地及分布】原产于中国，分布于河北、山东、陕西、江苏、浙江、云南等。

【生态习性】喜光；耐寒；耐旱，耐盐碱，忌水涝，喜肥沃、排水良好的砂壤土。

【园林用途】花姿潇洒，花开似锦，是中国北方著名的观花树种。在皇家园林中常与玉兰、牡丹、桂花相配置，取"玉棠富贵"的寓意。

37 / 杏

Prunus armeniaca L.

别名：杏花
科属：蔷薇科李属

【形态特征】落叶乔木，高8~12m。小枝红褐色。单叶互生，叶广卵形，先端急尖，基部圆形，叶缘有钝锯齿；叶柄常带红色。花单生，先于叶开放，白色至淡粉红色，近无梗。核果球形，具纵沟，黄红色，表面有细柔毛，果核两侧扁，平滑。花期3~5月，果期6~7月（图5-2-41）。

图 5-2-41　杏

【产地及分布】分布于华北、东北、西北、西南及长江中下游各省份。

【生态习性】喜光；耐旱与耐寒力强，不耐涝，不喜空气湿度过高，有一定的抗盐抗碱能力；对土壤要求不严，最适在土层深厚、排水良好的砂壤土中生长；根系发达，深根；寿命长。

【园林用途】早春开粉白色花，宛若烟霞，妩媚多姿，有"北梅"之称。适宜在山坡、草地、水畔栽植，孤植、丛植均可，还可用于沙荒造林。

38 / 梅

Prunus mume Sieb. et Zucc.

别名：梅花
科属：蔷薇科李属

【形态特征】落叶小乔木，高4~10m。树皮灰褐色，1年生小枝绿色。单叶互生，叶卵形，先端长渐尖，锯齿细尖。花单生，具短梗，淡粉色或白色，有芳香，叶前开放。核果近球形，黄绿色，密被短柔毛。花期1~3月，果期6月（图5-2-42）。

【产地及分布】原产于我国西南部，现主产于长江流域，向南延至珠江流域，向北达黄淮一带，以北京为最北界。

【生态习性】喜光；喜温暖湿润气候，耐寒性不强；对土壤要求不严，耐瘠薄；萌蘖力强，耐修剪；寿命长，可达1300年。

【园林用途】形态独特，花色丰富，香气迷人，可配置于林缘、路旁、屋前，布置成梅岭、梅峰、梅园、梅径、梅坞等，也可盆栽制成树桩盆景或瓶插用于室内装饰。

图 5-2-42　梅

39 / 桃

别名：桃花、桃树

Prunus persica（L.）Batsch　　科属：蔷薇科李属

【形态特征】落叶小乔木，高3~8m。树皮灰褐色，老时粗糙，呈鳞片状；小枝褐绿色；芽密被灰色茸毛。单叶互生，叶椭圆状披针形，叶缘有细锯齿。花芽与叶芽3芽并生，花叶同放，花粉红色。核果卵球形，表面密生茸毛，果肉多汁。花期3~4月，果期6~8月（图5-2-43）。

图 5-2-43　桃

【类型及品种】常见变种、变型及品种有：

①碧桃var. *persica* f. *duplex* Rehd.　花较小，粉红色，重瓣或复瓣。

②白碧桃f. *alba-plena* Schneid.　花大，白色，复瓣或重瓣。

③红碧桃f. *rubro-plena* Schneid.　花红色，复瓣。

④'紫叶'桃 'Atropurpurea'　叶为紫红色，花单瓣或重瓣，粉红色或大红色。

⑤洒金碧桃f. *versicolor* Voss.　花重瓣或复瓣，同一枝上花有粉、白二色，或同一花上有粉、白二色，或同一花瓣上有粉、白二色。

⑥寿星桃f. *densa* Mak.　植株矮小，节间特短，花重瓣，并有红、白、桃红等不同花色品种。

【产地及分布】原产于我国，世界各地均有栽植。

【生态习性】喜光，不耐阴；有一定耐寒力，开花时怕晚霜；耐旱，不耐水湿，喜排水良好的砂质土，在碱性土及黏重土中生长不良；根系较浅，忌大风；寿命不长。

【园林用途】花、果的观赏价值俱高，丛植、孤植、列植均可，与柳搭配，可构成"桃红柳绿"的活泼春景。

---

40 / 榆叶梅

Prunus triloba Lindl.

别名：小桃红、榆叶鸾枝
科属：蔷薇科李属

【形态特征】落叶灌木，高2~3m。树冠卵球形。小枝细长，紫红色。单叶互生，叶片卵形，有柔毛，有时先端3浅裂，叶缘较粗，重锯齿。花密集单生或簇生于枝条，粉红色，先花后叶。核果近球形，红色，有柔毛。花期3~4月，果期5~7月（图5-2-44）。

【产地及分布】主产于我国东北、华北，各地普遍栽培。

【生态习性】喜光；极耐寒；耐旱，忌水涝，对土壤适应性强；根系发达；抗病能力强。

【园林用途】花形似梅，叶似榆，粉红色的花密集于枝条，适宜丛植于路旁、庭院、建筑物旁。

图 5-2-44　榆叶梅

---

41 / 白梨

Pyrus bretschneideri Rehd.

别名：梨、梨树
科属：蔷薇科梨属

【形态特征】落叶乔木，高5~8m。树干黑褐色，小枝较粗壮。单叶互生，叶片椭圆状卵形，先端尖、较长，边缘有刺芒状锯齿。伞形总状花序，白色，花药红色。梨果卵球形，表面黄色，有细密斑点。花期4月，果期8~9月（图5-2-45）。

【产地及分布】原产于我国中部，东北南部、华北、西北及江苏北部、四川等地均有栽培。

【生态习性】喜光；耐寒，花期忌寒冷和阴雨；耐旱，耐涝，耐盐碱；深根性。

【园林用途】树形端正，4月初白花似雪，入秋则硕果累累，橙黄可人。适宜孤植、丛植于草坪、空地、山坡、建筑物旁，也可列植于园路两侧。

图 5-2-45　白梨

42 / 月季

Rosa chinensis Jacq.

别名：月月红、月季花

科属：蔷薇科蔷薇属

【**形态特征**】落叶或半常绿灌木，高达2m。枝干棕绿色，密生钩状皮刺。奇数羽状复叶互生，小叶3~5片，卵圆形，较大，表面有光泽，边缘细锯齿。花单生，颜色丰富，有粉色、红色、白色、黄色等，花期长，4~10月均可开放，具甜香。果球形，橙红色，4~9月成熟（图5-2-46）。

图 5-2-46　月季

【**产地及分布**】中国是月季的原产地之一，全国各地常见栽植。山东莱州出产的月季驰名中外，被称为"月季之乡"。

【**生态习性**】喜光；耐寒，耐干旱瘠薄，对土壤适应性强；抗有毒有害气体能力强。

【**园林用途**】我国传统十大名花之一，有"花中皇后"的美誉。其花大色艳，适宜用作花坛、花境、花篱和造型植物材料，还可作切花材料或盆栽观赏。

43 / 黄刺玫

Rosa xanthina Lindl.

别名：刺玫花、黄刺莓

科属：蔷薇科蔷薇属

【**形态特征**】落叶灌木，高2~3m。小枝紫褐色，具有基部渐宽的皮刺。奇数羽状复叶互

图 5-2-47　黄刺玫

生，小叶7~13片，宽卵形至近圆形，先端钝或微凹，锯齿钝。花单生于叶腋，无苞片，黄色，重瓣或单瓣，萼片披针形。果近球形，深红色。花期4~5月，果期7~9月（图5-2-47）。

【产地及分布】主要分布于吉林、辽宁、内蒙古、河北、山西、陕西、甘肃、青海等地。

【生态习性】喜光，稍耐阴；耐寒力强；对土壤要求不严，耐干旱瘠薄，耐盐碱，忌水涝；病虫害少。

【园林用途】花金黄色，花开时金黄一片，光彩耀人，花期长，适宜丛植于草坪、林缘、园路旁，或作为花篱、刺篱或荒山绿化植物。

44 / 珍珠梅

别名：华北珍珠梅

Sorbaria sorbifolia（L.）A. Braun　　科属：蔷薇科珍珠梅属

【形态特征】落叶灌木，高2~3m。枝条开展，冬芽紫褐色。奇数羽状复叶互生，小叶13~21片，卵状披针形，边缘尖锐重锯齿。大型圆锥花序，白色，花蕾似珍珠。蓇葖果矩圆形。花6~8月开放，果9月成熟（图5-2-48）。

图 5-2-48　珍珠梅

【产地及分布】我国华北、东北和西北地区均有分布。朝鲜、日本、蒙古国也有分布。

【生态习性】喜光，也耐阴；耐寒；适应性强，不择土壤；生长快，萌芽能力强，耐修剪。

【园林用途】枝繁叶茂，洒脱秀美，夏季白花如雪，花蕾玲珑可爱，适宜栽植于草坪、路旁、墙边、林缘，也可植为花篱，还可作林下地被及用于建筑物阴面基础栽植。

45 / 粉花绣线菊

Spiraea japonica L.

别名：日本绣线菊

科属：蔷薇科绣线菊属

【形态特征】落叶直立灌木，高达1.5m。小枝细弱，开展。单叶互生，叶卵状披针形，先端急尖，叶缘有锯齿，叶背色浅、灰白色。复伞房花序，小花瓣5枚，粉红色。蓇葖果。花期6~7月，果期8~9月（图5-2-49）。

图 5-2-49　粉花绣线菊

【产地及分布】原产于日本，我国华东、华北等地有栽培。

【生态习性】喜光，阳光充足则开花量大，耐半阴；耐寒性强，喜四季分明的温带气候；耐瘠薄，在湿润、肥沃、富含有机质的土壤中生长茂盛，生长季节需水分较多，但不耐积水，也有一定的耐干旱能力；抗病虫害能力强。

【园林用途】树体娇小，粉花繁茂，是优良的春末夏初观花树种，可丛植或片植丁草坪、路旁、花境，也可作花篱材料或在庭院孤植。

46 / 栀子

Gardenia jasminoides J. Ellis

别名：黄果子、山黄枝、黄栀

科属：茜草科栀子属

【形态特征】常绿灌木，高1~1.5m。小枝绿色，有毛。单叶对生或3叶轮生，叶倒卵状长椭圆形，全缘，叶脉下陷。花单生于枝顶，花冠高脚碟形，白色，常6裂，浓香。浆果具5~8条纵棱，顶端有宿存萼片。花期6~8月，果期9~10月（图5-2-50）。

【产地及分布】分布于我国中部及东南部地区。

【生态习性】喜光，也耐阴；喜温暖湿润气候，不耐寒；喜肥沃、排水良好的酸性土壤，较耐干旱瘠薄；萌芽力强，耐修剪；抗有害气体能力强。

图 5-2-50　栀子

【园林用途】叶色亮绿，四季常青，花大洁白，芳香馥郁，为良好的绿化、美化、香化的植物材料，可丛植或片植于各类绿地中，也常植为花篱或盆栽观赏。

47 / 文冠果

Xanthoceras sorbifolium Bunge

别名：文冠木、文官果

科属：无患子科文冠果属

【形态特征】落叶小乔木，高5~8m。小枝红褐色，较粗壮。奇数羽状复叶互生，叶轴长达30cm，小叶9~19，椭圆形至披针形，边缘细密齿。总状花序，白色，常有黄色或红色的晕。蒴果椭球形，深褐色，有光泽，木质3瓣裂。花期4~5月，果期9月（图5-2-51）。

【产地及分布】我国北方地区均有分布，主产于黄土高原。

【生态习性】喜光，耐半阴；极耐寒；耐干旱、盐碱，不择土壤，通常怕水湿；深根性，生长快。

【园林用途】树形秀丽潇洒，花密雅致，花期较长。适宜配置于建筑物、假山旁，或丛植于路旁和草坪边缘，也可用于大面积风景林。

图 5-2-51　文冠果

48 / 绣球

Hydrangea macrophylla (Thunb.) Seringe.

别名：八仙花

科属：虎耳草科绣球属

【形态特征】落叶灌木，高3~4m。小枝粗壮，皮孔明显。单叶对生，叶大而有光泽，宽卵形，先端短尖，基部宽楔形，叶缘有粗锯齿。顶生伞房花序近球形，大多为不孕花，花白色、蓝色或粉红色。不结实。花期6~7月（图5-2-52）。

图 5-2-52　绣球

图 5-2-53　银边绣球

【类型及品种】常见变种：

银边绣球var. *maculata*　叶缘为白色，具可孕花和不孕花两种花（图5-2-53）。

【产地及分布】分布于我国长江流域及华南各地。日本、朝鲜也有分布。

【生态习性】喜阴；喜温暖湿润气候，不耐寒；喜腐殖质丰富、排水良好的酸性土壤，土壤酸碱度对花色影响很大，在酸性土中花色多为蓝色，在碱性土中花色为红色。

【园林用途】碧叶葱葱，花色丰富，艳丽可爱，是极好的观赏花木。宜配置于池畔、林荫道旁、棚架边及建筑物北面，或列植为花篱、花镜，还可盆栽用于布置厅堂、会场。

49 | 太平花

Philadelphus pekinensis Rupr.

别名：京山梅花

科属：虎耳草科八仙花属

【形态特征】落叶灌木，高1~2m。树皮灰褐色，薄片状剥落；树干分枝多。单叶对生，叶片卵状椭圆形，三出脉，先端尖、较长，叶缘锯齿稀疏；叶柄有时带紫色。总状花序，小花4瓣，白色，有淡香。蒴果倒圆锥状。花期5~6月，果期8~10月（图5-2-54）。

【产地及分布】在我国主要分布于内蒙古、辽宁、河北、河南、山西、陕西、湖北。朝鲜也有少量分布。

图 5-2-54　太平花

【生态习性】喜光，较耐阴；耐干旱瘠薄和轻度盐碱；萌芽能力强，耐修剪。

【园林用途】枝叶茂密，春末至夏初开花，白花秀丽雅致，清香扑鼻，花期长。在中国古典园林中常于庭院、建筑物旁栽植。在现代园林也植于林缘、花坛、花境或作花篱材料。

50 / 柽柳

Tamarix chinensis Lour.

别名：三春柳
科属：柽柳科柽柳属

图 5-2-55　柽柳

【形态特征】落叶灌木或乔木，高3~8m。树皮红褐色，小枝细长下垂。鳞叶互生，细小。春、夏、秋三季都可开花，春季总状花序生于上一年生枝上，夏、秋总状花序组成圆锥复花序生于当年生枝条上；花小，粉红色。花期4~9月，果期10月（图5-2-55）。

【产地及分布】原产于我国吉林、辽宁、华北至西北地区，各地广泛栽植。

【生态习性】喜光；耐高温和严寒；具有抗涝、抗旱、抗盐碱及治理荒地的能力；深根性，生长快，萌芽力强。

【园林用途】枝叶纤秀，花相细密，花色清丽，花期长，可在草坪、坡地、水边孤植或丛植，也可作盆景和绿篱植物材料。

51 / 山茶

Camellia japonica L.

别名：茶花、曼陀罗树、红山茶
科属：山茶科山茶属

【形态特征】常绿灌木或小乔木，高9m。单叶互生，叶片革质，长椭圆形，先端短渐尖，基部楔形，表面深绿而有光泽，叶缘有细齿，厚革质。芽鳞大而圆；花大，近无柄，1~2朵生于小枝近顶端，原种红色，花瓣5~7枚，雄蕊易发生瓣化。花期2~4月（图5-2-56）。

图 5-2-56　山茶

【**产地及分布**】原产于中国和日本。我国秦岭、淮河以南多露地栽培，北方温室栽培。

【**生态习性**】喜半阴；喜温暖湿润气候，酷热及严寒均不适宜；需空气湿度大，不耐干燥；宜肥沃、湿润、排水良好的酸性土壤，pH以5~6.5为宜，黏重土壤或排水不良易烂根死亡。

【**园林用途**】中国传统名花，树形端正，叶色翠绿有光泽，四季常青，花大色艳，品种繁多，观赏期长。常用于庭院绿化和营造专类园，也可盆栽或作切花材料。

52　茶梅

别名：小海红

Camellia sasanqua Thunb.　科属：山茶科山茶属

【**形态特征**】常绿灌木，高3~6m。幼枝有长柔毛。单叶互生，叶长卵形，先端短锐尖，叶缘有锯齿。花顶生，较小，无花梗，花瓣5~8枚（栽培品种为重瓣），白色至粉红色，略有芳香。蒴果近球形。花期因品种而异，从9月至翌年3月（图5-2-57）。

图 5-2-57　茶梅

【**产地及分布**】分布于我国长江以南及西南地区。日本也有分布。

【**生态习性**】喜光，也稍耐阴，以光照充足开花更为繁茂；喜温暖气候及富含腐殖质、排水良好的酸性土壤，有一定抗旱性；性强健，栽培管理较山茶容易。

【**园林用途**】花繁叶茂，开花时为花篱，落花后为常绿绿篱，多作基础种植及绿篱材料，也可盆栽观赏。

53　结香

别名：三叉、三桠皮

Edgeworthia chrysantha Lindl.　科属：瑞香科结香属

【**形态特征**】落叶灌木，高0.7~1.5m。枝通常三叉状，棕红色，非常柔软，可以弯转打结。单叶互生，叶长椭圆形，先端急尖，基部楔形并下延。头状花序，花先于叶开放，黄色，芳香，花被筒长瓶状，外被绢状长柔毛。核果卵形。花期3~4月，果期7~8月（图5-2-58）。

图 5-2-58　结香

【产地及分布】分布于河南、陕西，南至长江流域以南各省份。

【生态习性】喜半阴，也耐日晒；喜温暖湿润气候，耐寒性不强；喜肥沃、排水良好的砂质壤土，过于干旱或积水时生长不良。

【园林用途】树姿清雅，花姿秀丽，浓香。适宜孤植、丛植于道旁、墙隅或点缀于假山岩石之间，也可盆栽。

54 / 马缨丹

Lantana camara L.

别名：五色梅

科属：马鞭草科马缨丹属

【形态特征】常绿半藤状灌木，高1～2m。植株有毛，小枝有倒钩状皮刺。单叶对生，叶卵状长圆形，揉碎有强烈气味。头状花序腋生，花冠初为黄色或粉红色，渐变为橙黄色或橘红色，最后转为深红色，花序上同时有多种花色。果实球形，熟时紫黑色。在华南全年开花，在北京盆栽花期7～8月（图5-2-59）。

图 5-2-59　马缨丹

【产地及分布】原产于美洲热带地区，我国华南地区有栽培并已呈野生状态。

【生态习性】喜温暖湿润、向阳，在南方各省份均可露地栽植，在长江流域和华北常盆栽，于温室越冬。

【园林用途】花色丰富，适宜在庭院中栽培观赏或作开花地被，也可盆栽观赏。

任务实施

一、搜集资料

学生分组，通过查阅资料搜集观花园景树的定义、树种选择要求、当地常见观花园景树图片及视频等相关信息。

二、观花园景树相关理论知识学习

各小组学习观花园景树相关理论知识。教师通过图片、标本等进行典型观花园景树识别的现场教学。

三、观花园景树现场调查

各小组对当地常见观花园景树进行调查，并填写观花园景树调查记录表（表5-2-3）。

表 5-2-3　观花园景树调查记录表

班级：_____　　小组成员：_____　　调查时间：_____　　调查地点：_____

树种名称：　　科：　　属： 树种类型：（落叶乔木或常绿乔木）				植物图片
形态特征	树冠：　　树皮：　　枝条：			
	叶形：　　叶序：　　叶脉：　　叶缘：			
	花色：　　花序：　　花期：			
	果实：　　种子：			
生长环境				
生长状况				
配置方式				
观赏特性				
园林用途				
备　注				

四、完成调查报告

各小组根据相关调查数据撰写调查报告。

五、常见观花园景树识别

教师选择20种当地常见观花园景树进行识别考核。

任务考核

根据表5-2-4进行考核评价。

表 5-2-4　观花园景树识别与应用考核评分标准

项　目	考核内容	考核标准	赋分	得分
过程性评价	调查准备工作	准备充分	10	
	调查态度	积极主动，有团队精神，注重方法及创新	20	
	调查水平	树种名称正确，形态特征描述准确，观赏特性与应用价值分析合理	30	
结果性评价	调查报告	符合要求，内容全面，条理清晰，图文并茂	20	
	观花园景树识别	对20种常见观花园景树进行识别，每正确识别1种得1分	20	
总　　分			100	

巩固练习

1. 简述观花园景树的观赏特性。
2. 简述观花园景树的色彩表现及给人的心理感受。
3. 以图文并茂的形式归纳总结本地常见观花园景树的种类、观赏特性和园林应用形式。
4. 分组搜集并整理关于观花园景树的民间习俗、诗词佳句、寓意品格等文化背景资料。

任务 5-3　观叶园景树识别与应用

任务描述

　　观叶园景树种类丰富，其丰富的叶片形态、色彩、质地，为城市园林景观增添魅力，给人带来美的享受。本任务是在学习观叶园景树相关理论知识的基础上，现场调查本地城市绿地中常见观叶园景树的应用情况（主要包括树种名称、形态特征、配置方式、生长状况等），完成观叶园景树调查报告。

任务目标

知识目标

1. 知道观叶园景树的概念。
2. 理解常见观叶园景树的生长习性和园林用途。
3. 掌握常见观叶园景树的识别要点和观赏特性。

4.掌握观叶园景树的选择与配置原则。

>> **技能目标**

1.能够识别常见观叶园景树，并用专业术语描述其形态特征。

2.能够根据配置要求配置观叶园景树。

>> **素质目标**

1.培养耐心细致、一丝不苟的工作作风。

2.提升艺术审美素养。

📖 **知识准备**

一、观叶园景树概念及观赏特性

1. 观叶园景树概念

观叶园景树是指叶片在某个季节或者全年呈现出绿色以外的彩色或者叶片形状奇特美观的树种。

2. 观叶园景树观赏特性

在园林中，有的树木叶片色彩丰富，有的树木叶形奇特，它们都可以作为观叶园景树来应用，以增加园林情趣。

（1）叶色

树种不同，叶片颜色不尽相同，且有的会随季节变化而变化；园林树木所处环境条件不同，叶片颜色也会发生变化。根据叶片颜色及其变化情况，可将园林树木分为以下类型（表5-3-1）。

表 5-3-1　园林树木根据叶色划分的类型

类　型		特　点	举　例
常色叶树种	绿色叶类	叶色有浓绿、鲜绿、翠绿多种，株形饱满，枝繁叶茂	八角金盘、丝棉木、冬青卫矛等
	紫红色叶类		紫叶李、'紫叶'小檗、紫叶矮樱、'紫叶'桃等
	金黄色叶类	整个生长期叶色均为异色	黄金串钱柳、金叶女贞、'金叶'榆、'金叶'槐、'金叶'白蜡等
	蓝灰色叶类		白杆、'蓝冰'柏、珍珠相思等
	双色叶类	叶正面与背面颜色明显不同	沙枣、胡颓子、银白杨等
	斑色叶类	绿叶上有其他叶色的斑点或纹理	'洒金千头'柏、'金边'冬青卫矛、花叶青木、变叶木等
变色叶树种	春色叶类	春季新叶具有不同于常见绿色的特殊颜色	石楠、五角枫、茶条槭、臭椿、黄连木、山麻杆、樟、'钻石'海棠等
	秋色叶类	秋季叶色有显著变化	枫香、银杏、火炬树、黄栌、元宝枫、落叶松、白桦、栾树、水杉等

（2）叶形

园林树木的叶片形态千变万化，如银杏的叶片折扇形，马褂木的叶片马褂形，羊蹄甲的叶片羊蹄形，变叶木的叶片戟形，蒲葵的叶片蒲扇形，松、柏的叶片针形等。不同叶形，在园林中可给人不同的审美感受，如棕榈的大型羽状叶片，使人感觉轻松洒脱，容易让人联想到热带风情；羽叶槭、合欢等的叶片则可给人轻盈婆娑的感觉。

二、常见观叶园景树

1 | 三角槭

Acer buergerianum Miq.

别名：三角枫

科属：槭树科槭树属

【形态特征】落叶乔木，高达20m。树皮长片状剥落。单叶对生，叶常浅3裂，似"鸭掌"三出脉，背面有白粉。伞房花序顶生。果核两面凸起，果翅张开呈锐角或近于平行。花期4月，果期9月（图5-3-1）。

图 5-3-1　三角槭

【产地及分布】分布于我国长江中下游各省份，北至山东，南至广东、台湾均有分布。日本也有分布。

【生态习性】弱喜光，稍耐阴；喜温暖湿润气候，有一定耐寒性，较耐水湿；萌芽力强，耐修剪，寿命约100年。

【园林用途】枝叶浓密，夏季浓荫覆地，秋叶变暗红色，颇为美观，是重要的秋季观叶树种。

2 | 鸡爪槭

Acer palmatum Thunb.

别名：鸡爪枫、青枫

科属：槭树科槭树属

【形态特征】落叶小乔木，高6~15m。单叶对生，5~9掌裂，7裂最多，裂片披针形，正面深绿色，背面淡绿色，叶脉掌状，叶缘重齿尖。伞房花序，紫色。双翅果紫红色至棕黄色，果翅开张呈180°或钝角。花期5~6月，果期9~10月（图5-3-2）。

图 5-3-2　鸡爪槭

【产地及分布】在我国主要分布于华东、华中至西南等地区。朝鲜和日本也有分布。

【生态习性】喜半阴，忌暴晒；喜温暖湿润，较耐寒干旱；抗毒烟能力较强。

【园林用途】树形端正，姿态洒脱，树冠丰满端厚，叶形独特秀美，宜孤植、丛植于建筑物和假山旁、水畔。

3　茶条槭

别名：华北茶条槭、茶条、茶条槭
Acer tataricum subsp. *ginnala*（Maxim.）Wesmael　科属：槭树科槭树属

【形态特征】落叶小乔木，高5～6m。树皮灰色，粗糙，浅纵裂；小枝常带紫红色。单叶对生，椭圆状卵形，具3裂，基部三出脉，重锯齿。伞房花序黄绿色。双翅果紫红，果翅开张呈锐角或平行。花期5～6月，果期9～10月（图5-3-3）。

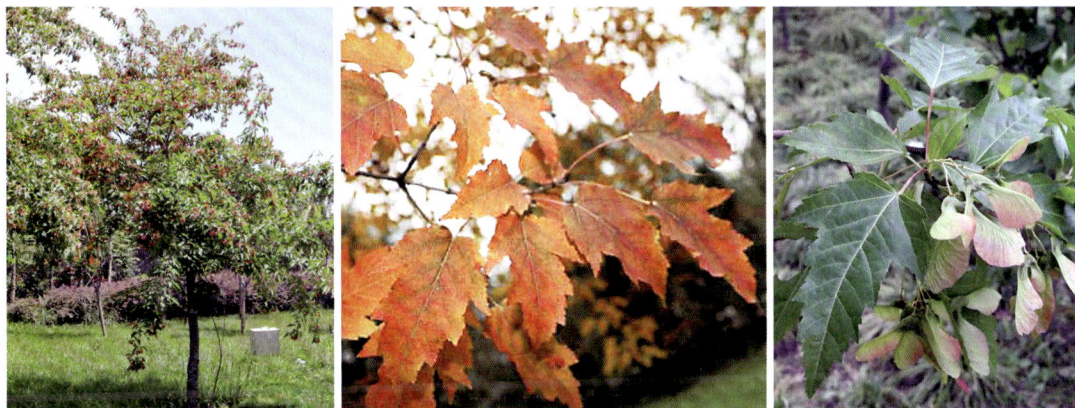

图 5-3-3　茶条槭

【产地及分布】在我国主要分布于北方地区，从东北的黑龙江、辽宁，至华北的河北、山西、内蒙古，西北的陕西、甘肃。蒙古国、朝鲜和日本也有分布。

【生态习性】喜光，也耐半阴；耐寒；深根性，萌芽能力强；耐烟尘，适应城市环境能力强。

【园林用途】树干端直，花香果丽，秋叶橙黄色或红色，是重要的秋色叶树种。

4 | 黄栌

别名：烟树

Cotinus coggygria var. *cinereus* Engl.

科属：漆树科黄栌属

【形态特征】落叶灌木或小乔木，高3~5m。小枝红褐色，被蜡粉。单叶互生，卵圆形，顶端微凹，基部圆形或宽楔形，两面被灰色柔毛；叶柄较长。顶生聚伞圆锥花序，被柔毛，花序中有多数不孕花，花落后花梗伸长为淡紫色羽毛状。核果扁肾形，红色。花期4~5月，果期6~7月（图5-3-4）。

图 5-3-4　黄栌

【产地及分布】分布于我国西南、华北和浙江。南欧、叙利亚、伊朗、巴基斯坦及印度北部也有栽培。

【生态习性】喜光；喜温暖，较耐寒；对土壤要求不严；侧根发达，萌蘖性强，生长快；对二氧化硫有抗性，对氯化物较敏感。

【园林用途】秋季日温差大于10℃时叶色变红，鲜艳夺目，为优良的观叶树种。

5 | 火炬树

别名：鹿角漆

Rhus typhina L.

科属：漆树科盐肤木属

【形态特征】落叶小乔木，高达12m。分枝少，小枝密生茸毛。奇数羽状复叶互生，小叶9~17，长椭圆状披针形，叶缘有锯齿。圆锥花序顶生，花小，淡绿色。核果深红色，果序形似火炬。花期8~9月，果期10~11月（图5-3-5）。

图 5-3-5　火炬树

【产地及分布】原产于北美洲，欧洲、亚洲及大洋洲许多国家都有栽培。我国东北、华北、西北均有栽培。

【生态习性】喜光；耐寒；根系发达，根萌蘖性强，自然根蘖更新非常容易；速生，寿命短；性强健，是耐盐碱的先锋树种。

【园林用途】秋叶红艳，红色果序奇特，大而醒目，是世界著名红叶树种之一。

6 ‘黄金’枸骨

Ilex × *attenuata* Steyerm. ‘Sunny Foster’

别名：狭叶冬青、狭冠冬青
科属：冬青科冬青属

【形态特征】常绿灌木或小乔木。株形狭窄，呈金字塔形。树皮棕红色至灰色，平滑。单叶互生，叶革质，有光泽，椭圆形至长椭圆形，两侧各有坚硬刺齿1~4（图5-3-6）。

图 5-3-6　‘黄金’枸骨

【产地及分布】主要分布在亚洲、美洲的热带、亚热带及温带地区，温度适应范围较广。

【生态习性】喜光，也适应半阴环境；喜肥沃、排水良好的土壤，种植土为酸性、偏酸性到中性的黏土、砂土或富含有机质十；生长速度缓慢。

【园林用途】新叶金黄色，随着生长，叶色逐渐变为深绿色至暗红色，一年叶色有3次变化，金黄、深绿、暗红相间，颇为美观。适宜植于公园色带、道路及河流两岸、高速公路中央隔离带等。

7 八角金盘

Fatsia japonica（Thunb.）Decne. et Planch.

科属：五加科八角金盘属

【形态特征】常绿灌木，高1.5~5m，丛生。叶掌状7~9裂，基部心形或截形，裂片卵状长椭圆形，有光泽，叶缘有齿；叶柄长。花小，夏秋间开，黄白色。核果，翌年5月成熟（图5-3-7）。

【产地及分布】原产于日本，中国南方城市广泛栽培。

图 5-3-7　八角金盘

【生态习性】耐阴；喜温暖湿润气候，耐寒性不强，在上海须选小气候良好处方能露地越冬；不耐干旱。

【园林用途】叶大、光亮而常绿，是江南暖地公园、庭院、街道绿地、高架桥及工厂绿地的合适种植材料。

8　阔叶十大功劳

Mahonia bealei（Fort.）Carr.

别名：八角刺

科属：小檗科十大功劳属

【形态特征】常绿灌木，高0.5~2.5m。奇数羽状复叶互生，小叶卵形，每边有2~5枚大刺齿，边缘反卷，正面灰绿色，背面有白粉，坚硬革质，顶生小叶较大。总状花序，黄绿色，有芳香。果实卵圆形，蓝黑色，被白粉。花期3~5月，果期5~8月（图5-3-8）。

【产地及分布】分布于我国中部及南部，多生于山坡及灌丛中，现城市绿地中常见。

【生态习性】喜光，也耐阴；喜温暖湿润气候，不耐寒；喜深厚、肥沃土壤，在酸性、

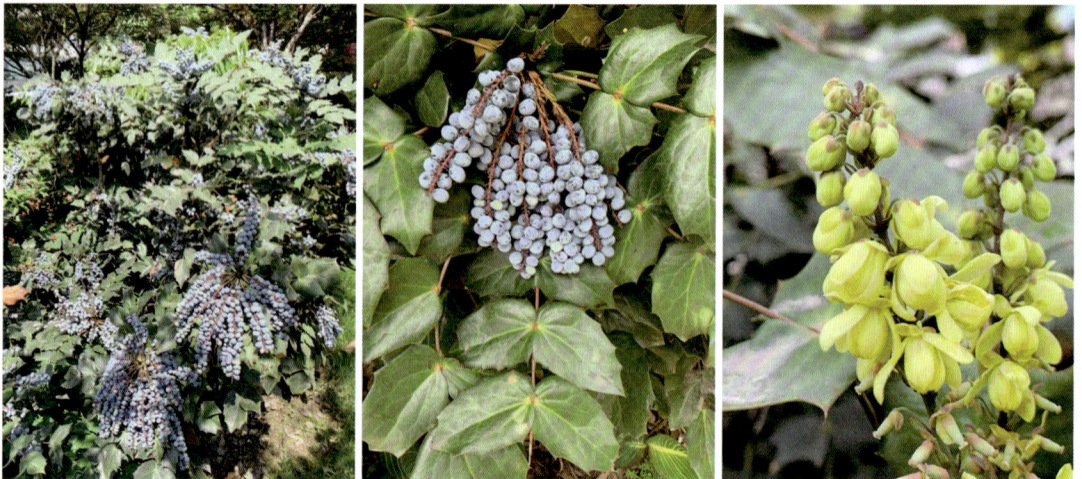

图 5-3-8　阔叶十大功劳

中性及微碱性土中均能生长；萌蘖性强。

【园林用途】株形整齐，叶形独特，常与山石相间，或修剪后应用于建筑物旁、花园外围及路缘、水畔。

9　十大功劳

Mahonia fortunei（Lindl.）Fedde

别名：细叶十大功劳

科属：小檗科十大功劳属

【形态特征】常绿灌木，高0.5~2m。奇数羽状复叶互生，小叶5~11，狭披针形，叶缘有刺齿6~13对，硬革质，有光泽。总状花序，花黄色，4~8朵簇生。果实卵形，成熟时蓝黑色，外被白粉。花期7~8月，果期10~11月（图5-3-9）。

图 5-3-9　十大功劳

【产地及分布】分布于我国长江流域及西南地区。

【生态习性】喜温暖湿润气候，耐寒性不强；对土壤要求不严，在酸性土、中性土均能生长；萌蘖力强。

【园林用途】枝干挺直，叶形独特，典雅美观，为优良的观叶树种。

10　南天竹

Nandina domestica Thunb.

别名：南天竺

科属：小檗科南天竹属

【形态特征】常绿丛生灌木，高1~3m。2~3回羽状复叶互生，小叶椭圆状披针形，全缘，深绿色，秋、冬季常变红色。圆锥花序顶生，花小，白色。浆果球形，熟时红色，经冬不落。花期5~7月，果期9~10月（图5-3-10）。

【产地及分布】产于我国长江流域及陕西，各地广为栽培。日本和印度也有分布。

【生态习性】喜半阴；喜温暖湿润气候，耐寒性一般；为石灰岩钙质土指示植物，在强光和土壤贫瘠处生长不良。

【园林用途】茎干丛生，枝叶蓬散洒脱，秋、冬叶色红艳，果实累累，是观叶赏果的佳品。

图 5-3-10　南天竹

11　沙枣

别名：银柳、桂香柳

Elaeagnus angustifolia L.　　科属：胡颓子科胡颓子属

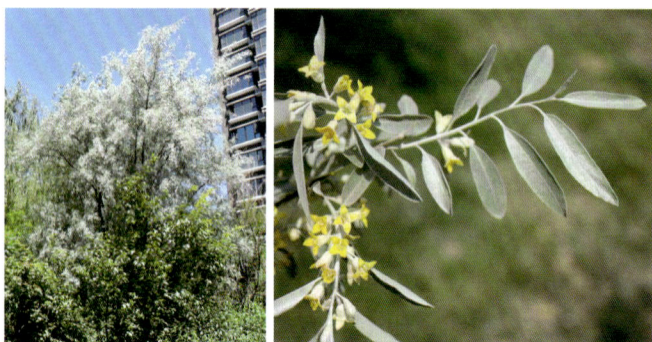

图 5-3-11　沙枣

【形态特征】落叶小乔木，高5~10m。具枝刺，小枝、花、果、叶背、叶柄密被银白色或黄褐色鳞片。单叶互生，叶片椭圆状披针形，全缘，正面灰绿色，背面银白色。花较小，1~3朵生于叶腋，花冠外面银白色，内部黄色，芳香。核果状坚果椭球形，熟时黄色。花期5~6月，果期9~10月（图5-3-11）。

【产地及分布】分布于我国东北、华北及西北。地中海沿岸地区、俄罗斯、印度也有分布。

【生态习性】喜光；喜干冷气候，耐寒；对土壤适应性强，较耐水湿和盐碱；根系发达，萌蘖性强，具根瘤。

【园林用途】叶形似柳叶，秀丽潇洒，密被白色鳞片，有光泽，是重要的观叶树种。在园林绿化中可作为配色树种或用于点缀。

12　'金边'胡颓子

Elaeagnus pungens 'Aurea'　　科属：胡颓子科胡颓子属

【形态特征】常绿灌木，高1~2m。具棘刺，小枝被锈褐色鳞片。单叶互生，椭圆形；正面初时有鳞片，后变绿色而有光泽，叶背银白色，被褐色鳞片；叶缘微波状，镶嵌金黄色条状斑。花银白色，下垂，芳香。核果椭圆形，被锈色鳞片，熟时红色。花期10~11月，果期翌年5月（图5-3-12）。

【产地及分布】中国和日本均有分布。

【生态习性】喜光，耐半阴；喜温暖气候，不耐寒；对土壤适应性强，既耐干旱，又耐水湿。

【园林用途】枝叶扶疏，叶背银白色，叶边缘镶嵌金黄色斑，异常美观，为优良的观叶树种。

图 5-3-12　'金边'胡颓子

13　花叶青木

别名：洒金珊瑚、洒金东瀛珊瑚
Aucuba japonica var. *variegata*（Dombrain）Rehd.　　科属：丝缨花科桃叶珊瑚属

【形态特征】常绿灌木，高可达3m。小枝绿色，粗壮。单叶对生，叶椭圆状披针形，具黄色斑点，叶缘疏生粗齿；叶柄紫色。圆锥花序密生刚毛，花小，紫色。核果卵圆形，熟时鲜红色。花期3~4月，果期11月至翌年4月（图5-3-13）。

【产地及分布】分布于我国浙江、台湾，常生于阴湿、土层深厚的山谷、溪边林下或岩石下及灌丛中。日本也有分布。世界各地广为栽培。

图 5-3-13　花叶青木

【生态习性】耐阴性强，夏季畏日灼；喜温暖湿润气候，不甚耐寒，北方地区多盆栽；耐修剪；对大气污染抗性较强。

【园林用途】枝繁叶茂，四季常青，斑叶清奇可爱，鲜艳悦目，为观叶的佳品。

14　水果蓝

别名：银香、水果兰
Teucrium fruticans L.　　科属：唇形科香科科属

【形态特征】常绿半灌木，高1~2m。单叶对生，长卵圆形，全缘，叶背被白色茸毛。轮伞花序于茎及短分枝上部排列成假穗状花序，花唇形，蓝紫色。坚果小，倒卵形。花期3~4月，果期6月（图5-3-14）。

【产地及分布】原产于地中海地区及西班牙，世界各地多有栽培。

【生态习性】喜光，可适应大部分地区的气候环境；耐干旱贫瘠，对土壤和水分要求不严，但以排水良好的砂壤土为好；耐修剪。

图 5-3-14　水果蓝

【园林用途】叶片奇特，全年呈现出淡淡的蓝灰色，远远望去与其他植物形成鲜明的对照，极具观赏价值，适合布置在自然式园林中，种植于林缘或花境。

15　黄金串钱柳

别名：千层金、黄金宝树

Melaleuca bracteata F. Muell.　科属：桃金娘科白千层属

【形态特征】常绿小乔木，高6~8m。主干直立，树冠塔形。枝条细长柔软且韧性好，嫩枝微红。叶互生，披针形或狭长圆形，革质。穗状花序生于枝顶，花白色，萼卵形，先端5小圆齿裂，花瓣5枚，雄蕊5束，花柱略长于雄蕊。蒴果近球形，3裂（图5-3-15）。

图 5-3-15　黄金串钱柳

【产地及分布】原产于新西兰、荷兰等，我国华南地区有栽培。

【生态习性】喜光；较耐寒；耐旱，耐涝，耐盐碱，对土质要求不严，可适应酸性或石灰岩土质，甚至盐碱地也能生长；深根性。

【园林用途】树形优美，叶色全年金黄色至鹅黄色，适宜在庭园、道路绿地种植，也可用于海岸绿化、防风固沙等。

16　石楠

别名：水红树、山官木

Photinia serratifolia（Desf.）Kalkman　科属：蔷薇科石楠属

【形态特征】常绿小乔木，高6~12m。小枝无毛，灰褐色。单叶互生，革质，倒卵状椭

图 5-3-16　石楠

圆形，先端渐尖，基部圆形或宽楔形，叶缘具刺状锯齿。复伞房花序，花白色。梨果近球形，红色。花期5月，果期10月（图5-3-16）。

【产地及分布】主产于长江流域及秦岭以南地区，华北地区有少量栽培。

【生态习性】耐阴；要求温暖湿润气候；在深厚、肥沃土壤中生长良好，耐干旱瘠薄，不耐水湿。

【园林用途】春、秋叶片色彩艳丽，嫩叶鲜红，为优美的观叶树种。

17　紫叶李

别名：红叶李

Prunus cerasiera Ehrh. f. *atropurpurea*（Jacq.）Rehd.　　科属：蔷薇科李属

【形态特征】落叶乔木，高达8m。树干灰褐色；小枝细长，紫红色。单叶互生，叶片卵形，紫红色，边缘重锯齿。花单生，淡粉色，花梗、萼、雄蕊均为红色。核果球形，熟时暗红色。花期4~5月，果期8月（图5-3-17）。

图 5-3-17　紫叶李

【产地及分布】原产于亚洲西部，我国各地都有栽培。

【生态习性】喜光；喜湿润气候，较耐寒；喜微酸性土壤，较耐水湿，不耐盐碱；根系浅，萌蘖能力强。

【园林用途】城市绿化中重要的紫红色常色叶树种。

18 '小丑'火棘

Pyracantha fortuneana 'Harlequin'　　　科属：蔷薇科火棘属

【形态特征】常绿灌木。叶卵形、倒卵形或卵状长圆形。春、秋两季嫩叶为白、黄、绿相间的花白色，如同京剧中的小丑，故而得名；春季老叶逐渐转绿，渐变为花白色；夏季叶色以绿色为主，叶缘略带嫩黄；冬季叶片变成粉红色。花白色。花期3～5月（图5-3-18）。

图 5-3-18　'小丑'火棘

【产地及分布】产于日本。分布于中国长江流域以南地区、华北地区等。

【生态习性】喜温暖向阳，稍耐阴；有较强的耐寒性；喜湿润、疏松、肥沃的壤土，耐盐碱土，耐干旱；萌芽力强，耐修剪。

【园林用途】叶色呈现出春季和秋季花白、夏季绿带嫩黄、冬季粉红等色泽变化，极具观赏价值，可以作地被、绿篱材料。

19 '金叶'榆

别名：中华金叶榆

Ulmus pumila 'Jinye'　　　科属：榆科榆属

【形态特征】落叶乔木，高可达10m。树冠圆球形。小枝金黄色，细长，排成二列状。单叶互生，叶卵状长椭圆形，金黄色，叶尖渐尖，基部稍歪，边缘有不规则单锯齿。花两性，簇生；花被钟状，花为紫色。翅果近圆形。花期3～4月，果期4～6月（图5-3-19）。

【产地及分布】分布于东北、华北、西北地区。

【生态习性】喜光，稍耐阴；对气候适应性强；耐旱，不耐水湿；对土要求不严，但以深厚、肥沃、湿润、排水良好的砂壤土、轻壤土生长最好。

【园林用途】枝条密集，叶片金黄，为优良的观叶树种，可应用于公园广场、街头绿地、庭院、荒山复绿等。

图 5-3-19　'金叶'榆

20　'花叶'假连翘
Duranta erecta 'Variegata'

别名：斑叶金露花
科属：马鞭草科假连翘属

【形态特征】常绿灌木，株高4m。多分枝；叶腋间有长刺，一般不明显。单叶对生，卵形，叶面边缘有乳白色斑纹，中部为浓绿色，叶缘有锯齿。花为高脚碟状，花冠蓝紫色，4~12月陆续开放。核果球形，橘红色（图5-3-20）。

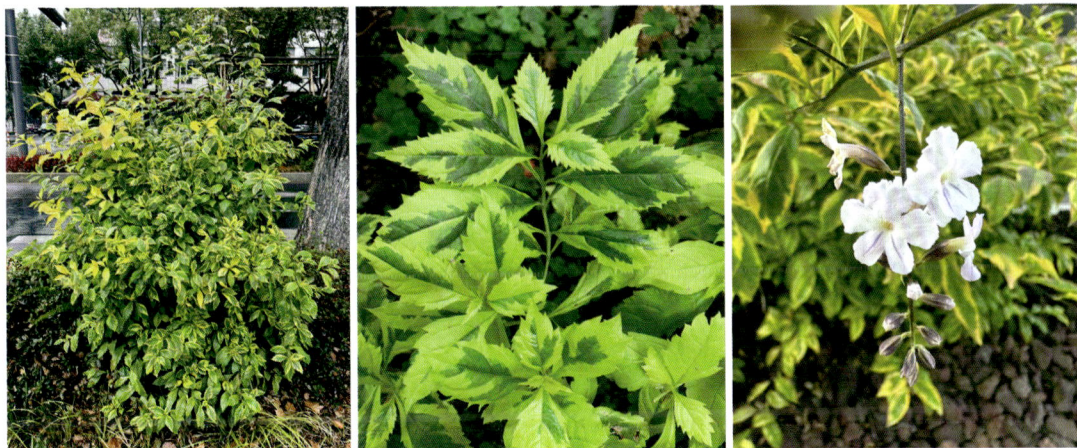

图 5-3-20　'花叶'假连翘

【产地及分布】原产于美洲热带地区，在中国南方有大量栽培。

【生态习性】对光的适应范围较广；喜高温湿润环境，不耐寒；不耐旱；性强健，萌芽力强。

【园林用途】优良的观叶树种，可植于庭院、建筑物前、园林小品中，也可布置花境或植为绿篱。

任务实施

一、搜集资料

学生分组，通过查阅资料搜集观叶园景树的定义、树种选择要求、当地常见观叶园景树图片及视频等相关信息。

二、学习观叶园景树相关理论知识

各小组学习观叶园景树相关理论知识。教师通过图片、标本等进行典型观叶园景树识别的现场教学。

三、观叶园景树现场调查

各小组对当地常见观叶园景树进行调查，并填写观叶园景树调查记录表（表5-3-2）。

表 5-3-2　观叶园景树调查记录表

班级：_____　　小组成员：_____　　调查时间：_____　　调查地点：_____

树种名称：　　科：　　属： 树种类型：（落叶乔木或常绿乔木）				植物图片
形态特征	树冠：	树皮：	枝条：	
	叶形：	叶序：	叶脉：　　叶缘：	
	花色：	花序：	花期：	
	果实：	种子：		
生长环境				
生长状况				
配置方式				
观赏特性				
园林用途				
备　注				

四、完成调查报告

各小组根据相关调查数据撰写调查报告。

五、常见观叶园景树识别

教师选择20种当地常见观叶园景树进行识别考核。

任务考核

根据表5-3-3进行考核评价。

表 5-3-3　观叶园景树识别与应用考核评分标准

项　目	考核内容	考核标准	赋分	得分
过程性评价	调查准备工作	准备充分	10	
	调查态度	积极主动，有团队精神，注重方法及创新	20	
	调查水平	树种名称正确，形态特征描述准确，观赏特性与应用价值分析合理	30	
结果性评价	调查报告	符合要求，内容全面，条理清晰，图文并茂	20	
	观叶园景树识别	对20种常见观叶园景树进行识别，每正确识别1种得1分	20	
总　　分			100	

巩固练习

1. 简述观叶园景树的类型和观赏特性。
2. 以图文并茂的形式归纳总结本地常见观叶园景树的种类、观赏特性和园林应用形式。

任务 5-4　观果园景树识别与应用

任务描述

　　观果园景树种类丰富，通过不同果色、果形、果香、果期，呈现不同的景观效果。如有的果实色彩鲜艳，有的果实形状奇特，有的果实香气浓郁，有的着果丰硕，有的则兼具多种观赏性能。观果园景树常用于点缀，可以丰富四季园林景观。本任务在学习观果园景树相关理论知识的基础上，进行本地常见观果园景树的调查（主要包括树种名称、形态特征、配置方式、生长状况等），完成观果园景树调查报告。

任务目标

知识目标

1. 知道观果园景树的概念。
2. 理解常见观果园景树的生长习性和园林用途。
3. 掌握常见观果园景树的识别要点和观赏特性。
4. 掌握观果园景树的选择与配置原则。

技能目标

1. 能够识别常见观果园景树，并用专业术语描述其形态特征。
2. 能够根据配置要求配置观果园景树。

》 素质目标

1. 体会收获的喜悦，强化劳动意识。
2. 提升艺术审美素养。

📖 知识准备

一、观果园景树概念及观赏特性

1. 观果园景树概念

观果园景树指以果实为主要观赏对象的树种。广义的观果园景树，观赏对象除了单果与果序，还包括种子，如裸子植物中的罗汉松、红豆杉等。

2. 观果园景树观赏特性

（1）果实颜色

"一年好景君须记，最是橙黄橘绿时"，正是果实色彩美的真实写照。园林树木常见的果实颜色见表5-4-1所列。

表 5-4-1　园林树木果实颜色

果实颜色	树种举例
红色系	多花栒子、樱桃、火炬树、天目琼花、金银木、枣、火棘、山楂、红豆杉等
橙黄色系	杏、贴梗海棠、栾树、柿树、南蛇藤等
蓝紫色系	葡萄、十大功劳、侧柏、圆柏等
黑色系	金银花、小叶朴、君迁子、女贞、毛梾等
白色系	红瑞木、北京花楸等

（2）果实形状

无论是单果还是果序，其形状均以奇、巨、丰为美。奇指果实或果序形状奇特有趣，如猬实、铜钱树、腊肠树、秤锤树、佛手、元宝枫、火炬树等的果实或果序；巨指单体果实体量较大或由小果形成较大的果序，如柚、椰子、葡萄、接骨木等的果实或果序；丰指全树的单果或果序数量丰盛。

二、常见观果园景树

1	枸骨	别名：枸骨冬青、鸟不宿、猫儿刺
	Ilex cornuta Lindl. et Paxt.	科属：冬青科冬青属

【形态特征】常绿灌木，高3~4m。树皮灰白色。单叶互生，叶硬革质，长圆状方形，顶端扩大并有3枚大而尖的刺齿，基部平截，两侧各有坚硬刺齿1~2枚。花单性异株，黄绿色。核果球形，鲜红色，经冬不落。花期4~5月，果期9~10（11）月（图5-4-1）。

【产地及分布】分布于我国长江中下游各省份，多生于山坡谷地灌木丛中；各地庭园常有栽培。朝鲜也有分布。

图 5-4-1　枸骨

【生态习性】喜光，稍耐阴；喜温暖气候，耐寒性不强；喜肥沃、湿润、排水良好的微酸性土壤；生长缓慢，萌蘖力强，耐修剪；对有害气体有较强抗性。

【园林用途】枝叶稠密，叶形奇特，入秋红果累累，经冬不凋，是良好的观果树种，也可作绿篱、盆栽。

2　大叶冬青

Ilex latifolia Thunb.

别名：苦丁茶
科属：冬青科冬青属

【形态特征】常绿乔木，高15~20m。小枝粗壮。单叶互生，厚革质，有光泽，长圆形，疏生锯齿。花小，黄绿色，生于2年生枝条叶腋。核果球形，熟时红色。花期4月，果期9~10月（图5-4-2）。

【产地及分布】产于日本及我国长江下游至华南地区。

【生态习性】耐阴，不耐寒；喜欢湿润的环境；在深厚、肥沃的酸性至中性土壤上生长良好；对二氧化硫抗性强。

【园林用途】绿叶红果，颇为美观，可以作园林观果树种。

图 5-4-2　大叶冬青

3 金银忍冬

Lonicera maackii（Rupr.）Maxim.

别名：金银木、空心柳
科属：忍冬科忍冬属

【形态特征】落叶灌木，高4~6m。成年小枝髓中空。单叶对生，叶卵状披针形，全缘，两面疏生柔毛，先端渐尖。花成对腋生，总花梗短于叶柄，苞片线形；花冠2唇形，先白色，后黄色，芳香。浆果球形，成对生长，红色。花期5~6月，果期9~10月（图5-4-3）。

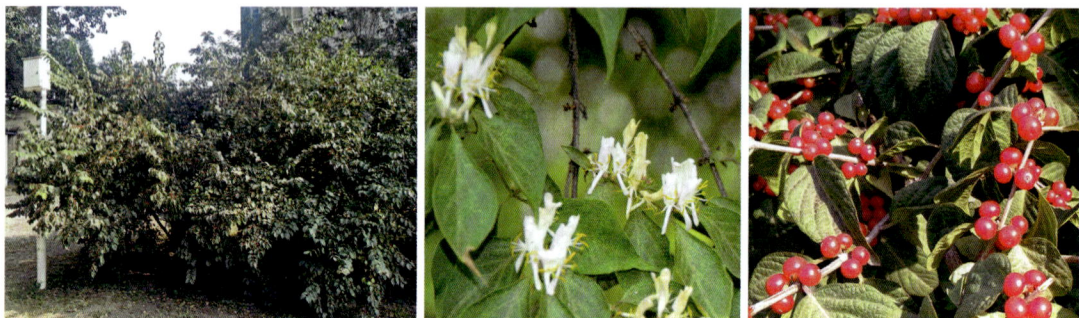

图5-4-3 金银忍冬

【产地及分布】分布于我国东北、华北、西北，以及长江流域和西南地区。俄罗斯、朝鲜、日本也有分布。

【生态习性】喜光，也耐阴；耐寒；耐旱，喜湿润、肥沃的土壤；性强健，病虫害少。

【园林用途】树形丰满，初夏花开，秋季红果满枝，是良好的观果灌木，孤植、丛植于林缘、草坪、水边均很适宜。

4 接骨木

Sambucus williamsii Hance

别名：马尿骚
科属：忍冬科接骨木属

【形态特征】落叶小乔木，高4~6m。小枝无毛，密生皮孔。奇数羽状复叶对生，小叶5~11片，卵形至长椭圆状披针形，叶缘细锯齿，叶片揉碎后有刺激性气味。顶生圆锥花序，黄白色。核果浆果状，紫红色。花期4~5月，果期7~9月（图5-4-4）。

图5-4-4 接骨木

【产地及分布】我国东北、华北、华中、西北及西南地区均有分布。

【生态习性】喜光；耐寒；耐旱；性强健，根系发达，萌蘖性强。

【园林用途】枝叶茂密，春季满树乳白色花，夏、秋红果累累，可丛植于草坪、路边、假山旁。

5　金弹子

Diospyros armata Hemsl.

别名：乌柿、瓶兰花

科属：柿树科柿树属

【形态特征】半常绿或常绿灌木，高2~4m。枝有刺，幼时有茸毛。单叶互生，叶倒披针形。花冠乳白色，芳香，花形如瓶。浆果近球形，熟时黄色，形似弹丸。花期4~5月，果期8~10月（图5-4-5）。

图 5-4-5　金弹子

【产地及分布】分布于浙江、湖北、四川、广东等地。

【生态习性】较耐阴，可生于稀疏的林下和林缘。

【园林用途】花形如瓶，花香如兰，入秋果实满枝，形若金色弹丸，挂果期长，适宜植于庭园观赏，也是制作盆景的好材料。

6　枣

Ziziphus jujuba Mill.

别名：大枣、红枣

科属：鼠李科枣属

【形态特征】落叶乔木，高达10m。枝光滑，小枝"之"字形弯曲；具一直一弯2枚枝刺。单叶互生，叶卵状披针形，叶缘有细钝齿，三出脉，近革质。花小，两性，淡黄色。核果大，矩圆形，熟后暗红色或淡栗褐色，味甜；核坚硬，两端尖。花期5~6月，果期8~9月（图5-4-6）。

【产地及分布】在中国分布很广，自东北南部至华南、西南，西北到新疆均有分布，以黄河中下游、华北平原栽培最为普遍。伊朗、俄罗斯中亚地区、蒙古国、日本也有分布。

图 5-4-6 枣

【生态习性】喜强光；喜干冷气候，耐寒，也耐湿热；耐干旱瘠薄，对土壤要求不严，山坡、丘陵、沙滩、轻碱地都能生长；适应性强，结果早，寿命长；根系发达，萌蘖力强，能抗风沙。

【园林用途】枝干苍劲，翠叶垂荫，红果累累，为著名果树，宜在庭园、路旁散植或成片栽植，也是结合生产的良好树种。其老根古干可作树桩盆景。

7 平枝栒子

别名：铺地蜈蚣、小叶栒子
Cotoneaster horizontalis Decne.
科属：蔷薇科栒子属

【形态特征】落叶匍匐灌木，高0.5m。小枝水平开展，在大枝上二列状排列；小枝黑褐色，幼年有毛。叶片较小，革质，有光泽，卵圆形，全缘，背面有柔毛。花1~3朵，粉红色。核果鲜红色。花期5~6月，果期9~10月（图5-4-7）。

图 5-4-7 平枝栒子

【产地及分布】主要分布于陕西、甘肃、湖北、湖南、四川、贵州、云南等省份。

【生态习性】喜光，耐半阴；耐干旱瘠薄，适应性强。

【园林用途】枝叶横展，叶小而稠密，花密集枝头，红果累累，是极好的观果树种，可布置于岩石园、庭院和墙檐等，还可制作盆景。果枝可作插花材料。

8 多花栒子

别名：水栒子
Cotoneaster polyanthemus E. L. Wolf
科属：蔷薇科栒子属

【形态特征】落叶灌木，高4m。小枝平展，细长拱形，幼年紫色、有毛。叶片较小，

图 5-4-8　多花栒子

单叶互生，卵圆形，全缘。聚伞花序，花白色，5月开放。梨果近球形，鲜红色，9月成熟（图5-4-8）。

【产地及分布】产于我国东北、西北及西南等地区。俄罗斯、中亚和西亚也有分布。

【生态习性】喜光，有一定耐阴性；耐寒；耐干旱瘠薄，对土壤适应性强；性强健，萌芽力强，耐修剪。

【园林用途】枝条平展似小辫，花开如雪覆满冠，秋果红艳堆满枝。适宜栽植于湖畔、林缘、园林拐角及建筑物周边。

9 / 樱桃

Prunus pseudocerasus Lindl.　　　科属：蔷薇科樱属

【形态特征】落叶小乔木，高6~8m。树皮灰褐色，较光滑，具皮孔。单叶互生，叶片卵状椭圆形，先端渐尖或尾尖，叶缘尖锐重锯齿。花白色，伞房花序。果红色，无毛，有光泽，无纵沟。花期3~4月，果期5~6月（图5-4-9）。

图 5-4-9　樱桃

【产地及分布】我国北起辽宁，南至云南、贵州，西至甘肃、新疆均有栽植，以华北、华东分布较广。

【生态习性】喜光，有一定耐阴性；喜冷凉湿润气候，忌高温强光，耐寒；适宜偏酸性土壤。

【园林用途】树姿洒脱，叶片秀美，春日白花满树，入秋彩叶红艳，果垂如豆，适宜在庭院及风景区栽植。

10 / 火棘

别名：火把果、救军粮

Pyacantha fortuneana（Maxim.）H. L. Li

科属：蔷薇科火棘属

【形态特征】常绿灌木，高达3m。有枝刺。单叶互生，叶倒披针形，先端圆钝，叶缘有锯齿。花白色，小，组成复伞房花序。核果红色，经冬不落。花期5~6月，果期7~8月（图5-4-10）。

图 5-4-10　火棘

【产地及分布】全属10种，中国产7种。分布于黄河以南及广大西南地区。

【生态习性】喜光；不耐寒；耐干旱瘠薄，对土壤要求不严，以排水良好、湿润、疏松的中性或微酸性壤土为好；对环境适应能力强，耐修剪。

【园林用途】枝叶密集，初夏白花繁密，入秋红果累累，如火如荼，经久不落。常作绿篱及基础栽植材料，或丛植、孤植于草坪、林缘、路旁或假山石旁，也可盆栽观赏。

11 / 金橘

别名：金枣、罗浮

Fortunella margarita（Lour.）Swingle

科属：芸香科柑橘属

【形态特征】常绿灌木或小乔木，高约3m，树冠半圆形。分枝多，常无刺。单身复叶互生，叶椭圆形，叶柄有狭翼。花单朵或2~3朵集生于叶腋，具短柄；花白色，芳香。柑果矩圆形或倒卵形，橙红色；果皮肉质而厚，味香甜，肉瓣4~5。花期6~8月，果期11~12月（图5-4-11）。

【产地及分布】产于中国南部，广布于长江流域及以南各省份。

【生态习性】喜光，也较耐阴；喜温暖湿润的环境，耐寒；耐干旱瘠薄，对土壤酸碱度适应范围广，最宜pH 6~6.5、富含有机质的砂质壤土。

【园林用途】树姿秀雅，叶色常

图 5-4-11　金橘

绿；花洁白如玉，芳香诱人；灿灿金果，玲珑娇小，色艳味甘。适宜露地栽植于庭院、建筑物入口等，也是重要的盆栽观果珍品。

12 | 紫珠

Callicarpa bodinieri H. Lév.　　　科属：马鞭草科紫珠属

【形态特征】落叶灌木。小枝、叶柄和花序均被粗糠状星状毛。叶片卵状长椭圆形至椭圆形，边缘有细锯齿。聚伞花序，花萼外被星状毛和暗红色腺点，萼齿钝三角形，花冠紫色。果实球形，熟时紫色。花期6~7月，果期8~11月（图5-4-12）。

图 5-4-12　紫珠

【产地及分布】分布于我国河南、江苏、安徽、浙江、江西、湖南、湖北、广东、广西、四川、贵州、云南。越南也有分布。

【生态习性】喜温、喜湿，在阴凉的环境生长较好，适宜气候条件为年平均气温15~25℃；怕风；怕旱，土壤以红黄壤为好。

【园林用途】株形秀丽，花色绚丽，果实色彩鲜艳，珠圆玉润，犹如一颗颗紫色的珍珠，常于庭院栽植，也可盆栽观赏。

任务实施

一、搜集资料

学生分组，通过查阅资料搜集观果园景树的定义、树种选择要求、当地常见观果园景树图片及视频等相关信息。

二、学习观果园景树相关理论知识

各小组学习观果园景树相关理论知识。教师通过图片、标本等进行典型观果园景树识别的现场教学。

三、观果园景树现场调查

各小组对当地常见观果园景树进行调查，并填写观果园景树调查记录表（表5-4-2）。

<h3 style="text-align:center">表 5-4-2　观果园景树调查记录表</h3>

班级：_____　　小组成员：_____　　调查时间：_____　　调查地点：_____

树种名称：　　科：　　属： 树种类型：（落叶乔木或常绿乔木）		植物图片
形态特征	树冠：　　　树皮：　　　枝条： 叶形：　　叶序：　　叶脉：　　叶缘： 花色：　　花序：　　花期： 果实：　　种子：	
生长环境		
生长状况		
配置方式		
观赏特性		
园林用途		
备　注		

四、完成调查报告

各小组根据相关调查数据撰写调查报告。

五、常见观果园景树进行识别

教师选择10种当地常见观果园景树进行识别考核。

任务考核

根据表5-4-3进行考核评价。

<h3 style="text-align:center">表 5-4-3　观果园景树识别与应用考核评分标准</h3>

项　目	考核内容	考核标准	赋分	得分
过程性评价	调查准备工作	准备充分	10	
	调查态度	积极主动，有团队精神，注重方法及创新	20	
	调查水平	树种名称正确，形态特征描述准确，观赏特性与应用价值分析合理	30	
结果性评价	调查报告	符合要求，内容全面，条理清晰，图文并茂	20	
	观果园景树识别	对10种常见观果园景树进行识别，每正确识别1种得2分	20	
总　　分			100	

巩固练习

1. 举例说明观果园景树的观赏特性。

2. 以图文并茂的形式归纳总结本地常见观果园景树的种类、观赏特性和园林应用形式。

项目 6

垂直绿化树种、绿篱和造型树种识别与应用

项目描述

在城市绿化中，垂直绿化树种、绿篱和造型树种的应用可以提升城市的美观度，改善城市环境，提高市民的生活质量，为城市的可持续发展作出贡献。其中，垂直绿化树种利用建筑物的墙面、阳台、屋顶等空间，形成垂直的绿色景观，增加城市的绿化面积，为市民提供更加舒适的生活空间；绿篱可隔离空间，提高绿化覆盖率，改善城市生态环境；利用造型树种独特的树形、叶色、花果等，可营造出丰富的景观效果，提升城市的文化品位和审美价值。本项目共包含两个任务：垂直绿化树种识别与应用、绿篱和造型树种识别与应用。

项目目标

》知识目标

1. 知道常见垂直绿化树种、绿篱和造型树种的文化内涵。
2. 理解常见垂直绿化树种、绿篱和造型树种的生态习性和园林用途。
3. 领会常见垂直绿化树种、绿篱和造型树种的识别要点和观赏特性。

》技能目标

1. 能用形态术语正确描述垂直绿化树种、绿篱和造型树种的形态特征。
2. 能够正确识别本地常见垂直绿化树种、绿篱和造型树种。
3. 能根据垂直绿化树种、绿篱和造型树种的形态特征、观赏特性、生态习性和应用形式，合理选择树种进行配置。

》素质目标

1. 树立生态文明意识和环境保护意识。
2. 培养实事求是、善于观察与探索的科学精神。
3. 提升园林艺术审美品位。

数字资源

任务 6-1 垂直绿化树种识别与应用

任务描述

随着城市化进程的加快，城市人口密度不断增加，土地资源日益紧张。垂直绿化可以有效地降低城市建筑表面温度，改善空气质量，提高城市生态环境的舒适度，是缓解城市热岛效应、提高市民生活品质的重要手段。本任务是在学习垂直绿化树种相关理论知识的基础上，调查本地城市建筑墙面、阳台、屋顶等处垂直绿化树种的应用情况（包括垂直绿化树种名称、形态特征、生态习性、观赏特性及配置方式等，完成垂直绿化树种调查报告）。

任务目标

知识目标

1. 知道垂直绿化树种的概念、类型及作用。
2. 理解常见垂直绿化树种的生态习性和园林用途。
3. 掌握常见垂直绿化树种的识别要点和观赏特性。
4. 掌握垂直绿化树种的选择与配置要求。

技能目标

1. 会用专业术语描述常见垂直绿化树种的形态特征。
2. 能够正确识别常见垂直绿化树种。
3. 能根据垂直绿化树种的形态特征、观赏特性、生态习性及相关绿化要求合理选择垂直绿化树种进行配置。

素质目标

1. 提高对问题的敏感性，培养独立思考和分析问题、解决问题的能力。
2. 培养善于沟通的能力和吃苦耐劳、团队合作的精神。
3. 树立环保意识，认识到保护生态环境的重要性。

知识准备

一、垂直绿化树种概念、类型、作用、选择要求及配置要求

1. 垂直绿化树种概念和类型

垂直绿化树种指的是具有攀缘特性，用于装饰建筑物墙面、棚架或栏杆等垂直绿化形式的树种。其茎蔓细长，不能直立，可依靠墙面、棚架、园门、陡坡、灯柱、园廊、篱壁、驳岸等垂直立面攀附生长，具有生长快、占地少、覆盖范围大的特点。

垂直绿化树种以木质藤本为主。按生态类型，可分为常绿木质藤本、落叶木质藤本；按观赏特征，可分为观花藤本、观叶藤本、观果藤本等；按植株姿态，可分为攀缘型、悬

垂型、铺地型等；按照攀缘习性，可分为缠绕型、吸附型、卷须型、蔓生型等。

2. 垂直绿化树种作用

①增加城市绿化面积，提升城市绿化覆盖率，缓解城市热岛效应。

②通过垂直绿化树种的覆盖，夏天可以有效降低建筑物温度，冬天可以起到建筑保温作用，达到节能环保的目的。

③垂直绿化树种可以丰富城市绿化的空间层次，提升城市建筑的艺术效果，使城市建筑与自然环境更加协调统一，充满生机。

3. 垂直绿化树种选择要求

①选择室外垂直绿化树种时，以生长迅速、四季常绿、具有较高观赏价值、能够快速形成景观效果的种类为佳，如常春藤、油麻藤等。

②进行建筑墙面绿化时，不宜选用根系穿透性较强的树种，如金银花、葡萄等，以防止植株根系破坏建筑结构层。

③宜选择耐旱、耐热、耐寒、耐强光照、抗强风和少病虫害的垂直绿化树种，如凌霄、地锦等。

4. 垂直绿化树种配置要求

垂直绿化树种大小各异，线条感强，既可以用于绿化大型的园林空间，又可以用于装饰园林中细微的局部。垂直绿化树种主要采用规则式和自然式两种配置方式，配置时需要考虑观赏期色彩变化、所需空间大小、支撑主体的大小和色彩等。

二、常见垂直绿化树种

1 | 络石

别名：石龙藤

Trachelospermum jasminoides（Lindl.）Lem.　　科属：夹竹桃科络石属

【形态特征】常绿木质藤本，茎长达10m。茎枝赤褐色，幼枝有黄色柔毛，其上不生气生根。叶革质，椭圆形或卵状披针形，全缘，背面有柔毛，侧脉6~12对。聚伞花序顶生或腋生，花萼5裂，花冠筒状，先端5深裂；花白色，具芳香。蓇葖果条状披针形；种子线形，顶端具长种毛。花期5~6月，果期7~12月（图6-1-1）。

【类型及品种】栽培品种有：

①'黄金'络石'Ougon Nishiki' 别名'黄金锦'络石、'金叶'络石。叶革质，椭圆形，金黄色，间有红色和墨绿色斑点，常年色彩斑斓，在高温或者寒冷庇荫环境下有返青现象（图6-1-2）。

②'花叶'络石'Flame' 叶革质，椭圆形至卵状椭圆形或宽倒卵形；老叶近绿色或淡绿色，第一对新叶粉红色，第二、第三对新叶为纯白色（少数有2~3对粉红色叶），在纯白色叶与老绿叶间有数对斑状花叶，整株叶色丰富，可谓色彩斑斓（图6-1-3）。

【产地及分布】黄河流域及其以南均有分布。

【生态习性】喜光，也耐阴；不耐寒；稍耐干旱，在阴湿而排水良好的酸性、中性土中生长旺盛。

图 6-1-1　络石　　　　图 6-1-2　'黄金'络石　　　图 6-1-3　'花叶'络石

【园林用途】四季常青，花繁叶茂，香气清幽。在南方常植于枯木、假山、墙垣旁，也可作攀附花柱、花廊、花亭的绿化材料；北方修剪成灌木盆景。

2　常春藤

别名：土鼓藤、钻天风、三角风

Hedera nepalensis var. *sinensis*（Tobl.）Rehder　　科属：五加科常春藤属

图 6-1-4　常春藤

【形态特征】常绿大藤本，长达30m。嫩枝、叶柄有锈色鳞片。叶革质，深绿色，有长柄；叶二型，营养枝上的叶三角状卵形，全缘；花枝上的叶椭圆状卵形或椭圆状披针形，全缘。伞形花序单生或2~7朵簇生，花黄色或绿白色，芳香。果球形，橙红色或橙黄色。花期8~9月，果熟期翌年3月（图6-1-4）。

【产地及分布】分布地区广，北自甘肃东南部、陕西南部，西自西藏波密，东至江苏、浙江的广大区域内均有生长。越南也有分布。

【生态习性】喜阴；喜温暖湿润气候，稍耐寒；对土壤要求不严，喜湿润、肥沃的土壤；生长快，萌芽力强；对烟尘有一定的抗性。

【园林用途】四季常青，枝叶茂盛，适宜于公园、庭院覆盖假山、岩石、围墙，或植于屋顶、阳台等，也可攀缘枯木、石柱及盆栽于室内装饰厅堂。

3　凌霄

别名：中国凌霄、大花凌霄

Campsis grandiflora（Thunb.）Loisel.　　科属：紫葳科凌霄属

【形态特征】落叶藤本，长达10m。茎上有攀缘的气生根。树皮灰褐色，小枝紫色。叶对生，奇数羽状复叶，小叶7~9，卵形，有锯齿，无毛。顶生聚伞花序或圆锥花序，花冠漏斗状，唇形5裂，鲜红色或橘红色。蒴果长如豆荚，种子多数扁平。花期6~9月（图6-1-5）。

【产地及分布】原产于中国，分布于我国大部分地区和日本。越南、印度、巴基斯坦有栽培。

【生态习性】喜光，稍耐阴；喜温暖湿润气候，耐寒性稍差；耐旱，忌积水，喜排水良好、肥沃、湿润的土壤，并有一定的耐盐碱能力；萌芽力、萌蘖力强。

【园林用途】干枝虬曲多姿，翠叶团团如盖，花大色艳，花枝从高处悬挂，柔条纤蔓，碧叶绛花，花期甚长，为庭园中棚架、花门、山石、镂空围栏、枯木等的良好绿化材料。

图 6-1-5　凌霄

4 硬骨凌霄

Tecomaria capensis（Thunb.）Spach

别名：美国凌霄、厚萼凌霄
科属：紫葳科硬骨凌霄属

【形态特征】常绿披散灌木，高1~2m。叶对生，奇数羽状复叶，小叶7~9片，卵形至宽椭圆形，边缘有不规则的粗锯齿。总状花序；花萼钟形，5裂；花冠稍呈漏斗状，橙红色或鲜红色，有深红色的纵纹。花期8~11月（图6-1-6）。

图 6-1-6　硬骨凌霄

【产地及分布】原产于非洲东部和南部，全球热带、亚热带地区广为栽培。

【生态习性】喜光，不耐阴；喜温暖湿润的环境，不耐寒；喜排水良好的砂质壤土，忌积水。

【园林用途】叶片繁茂，花期甚长，用于美化假山、墙垣颇为适宜，也可盆栽装饰阳台或修剪为绿篱。

5 金银花

Lonicera japonica Thunb.

别名：忍冬、金银藤
科属：忍冬科忍冬属

图 6-1-7　金银花

【形态特征】半常绿藤木，长可达9m。枝细长中空；茎皮棕褐色，条状剥落，幼时密被短柔毛。单叶对生，卵形或椭圆状卵形，全缘。花成对腋生，苞片叶状；萼筒无毛；花冠二唇形，上唇4裂而直立，下唇反转，花冠筒与裂片等长，初开时为白色略带紫晕，后转黄色，芳香。花期5~7月（图6-1-7）。

【产地及分布】我国南北各地均有分布，北起辽宁，西至陕西，南达湖南，西南至云南、贵州。

【生态习性】喜光，也耐阴；耐寒；耐旱，耐水湿，对土壤要求不严，在微酸性、微碱性土壤均能生长良好；性强健，适应性强，根系发达，萌蘖力强。

【园林用途】植株轻盈，藤蔓缭绕，冬叶微红，花先白后黄，气味清香，是色香俱全的藤本植物，可缠绕篱垣、花架、花廊等，附在山石上，植于沟边，爬于山坡，或作地被材料。

6 扶芳藤

Euonymus fortunei（Turcz.）Hand.-Mazz.

别名：爬藤卫矛
科属：卫矛科卫矛属

【形态特征】常绿藤本，长可达10m。茎匍匐或攀缘，茎、枝上有瘤状突起，枝较柔软。叶对生，长卵形至椭圆状倒卵形，薄革质，深绿色，有光泽。聚伞花序，多花而紧密成团。果径约1cm，黄红色，假种皮橘黄色。花期6~7月，果熟期10月（图6-1-8）。

【类型及品种】常见品种和变种有：

① '金边'扶芳藤 'Emerald Gold'　叶边缘金黄色。

② '银边'扶芳藤 'Emerald Gaiety'　叶边缘银白色。

③ 小叶扶芳藤var. *radicans*（Miq.）Rehder　叶片较小而厚，背面叶脉不如原种明显（图6-1-9）。

【产地及分布】我国长江流域及黄河流域以南多有栽培，山东栽培较多。

【生态习性】耐阴；较耐水湿；易生不定根。

【园林用途】四季常青，秋叶经霜变红。可种植于阳台、栏杆等处，任其枝条自然垂挂。在园林中可掩覆墙面、山石，攀缘枯树、花架，匍匐地面蔓延生长作地被。

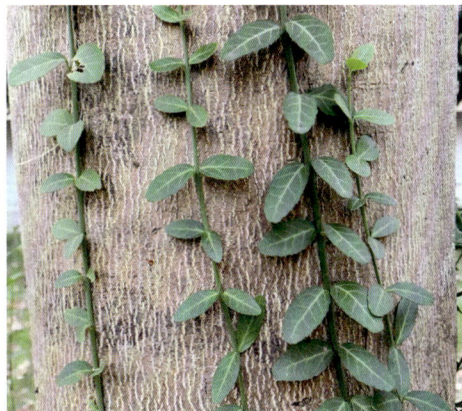

<table>
<tr><td>图 6-1-8　扶芳藤</td><td>图 6-1-9　小叶扶芳藤</td></tr>
</table>

7 / 油麻藤

Mucuna sempervirens Hemsl.

别名：常绿油麻藤

科属：豆科油麻藤属

【形态特征】常绿木质藤木，长10m以上。三出复叶互生，薄革质，有光泽，无毛，顶生小叶卵状椭圆形，长7~12cm，侧生小叶斜卵形。总状花序常生于老茎上，花大而暗紫色，蜡质，有臭味。荚果长条状，长约40cm，种子间收缩。花期4~5月，果期8~10月（图6-1-10）。

图 6-1-10　油麻藤

【产地及分布】原产于中国东南部和日本，目前广泛栽培于世界热带和亚热带地区。

【生态习性】喜光，也耐阴；喜温暖湿润气候，耐寒；适应性强，耐干旱和耐瘠薄，对土壤要求不严，喜深厚、肥沃、排水良好、疏松的土壤。

【园林用途】四季常青，花序下垂，为美丽的垂直绿化材料，用于岩坡、悬崖、棚架绿化。

8 / 紫藤

别名：藤萝、朱藤
科属：豆科紫藤属

Wisteria sinensis（Sims）Sweet

【形态特征】落叶攀缘灌木或小乔木，攀缘时可攀爬20m以上。茎枝粗壮，左旋缠绕攀爬。叶互生，奇数羽状复叶，小叶卵形至卵状披针形，长4~10cm。总状花序，花大而美丽，花色紫色或白色。果实为豆荚，花后结荚。花期4~5月，果期秋季（图6-1-11）。

图 6-1-11 紫藤

【产地及分布】原产于中国，分布于我国大部分地区，引种栽培于世界各地。

【生态习性】喜欢光照充足、排水良好的环境，耐寒性较强，也能耐一定的干旱；对土壤要求不严格，适应性强。

【园林用途】虬枝盘干，叶片碧绿，花冠似蝶，适用于棚架、门廊、枯木、山石和墙面绿化，或修剪为灌木状栽植于溪旁、池畔或假山旁。

9 / 红萼苘麻

别名：蔓性风铃花
科属：锦葵科苘麻属

Abutilon megapotamicum（Spreng.）A. St.-Hil. et Naudin

图 6-1-12 红萼苘麻

【形态特征】常绿软木质灌木。叶互生，心形，掌状脉，长5~10cm，先端尖，叶缘有钝锯齿。花单生于叶腋，具长梗，下垂；花萼钟状，红色，长约2.5cm，半套着长4cm的花瓣，裂片5；花瓣5瓣，黄色；花蕊深棕色，伸出花瓣约1.3cm；花冠钟形，基部连合，与雄蕊柱合生。蒴果近球形，灯笼状；种子肾形。全年都可开花（图6-1-12）。

【产地及分布】原产于巴西等热带地区，目前广泛栽培于世界热带和亚热带地区。

【生态习性】喜温暖，温度在15℃以上时可正常开花；不耐寒，冬季温度最好保持在10℃以上。

【园林用途】花朵颜色鲜艳，花期长，茎纤幼细长，分枝很多，可用于掩覆墙面、山石，也很适合用吊盆栽种观赏。

10	薜荔	别名：凉粉果、木馒头
	Ficus pumila L.	科属：桑科榕属

【形态特征】常绿攀缘或匍匐藤本。含乳汁，小枝有棕色茸毛，幼时以气生根攀缘于墙壁或树上。叶二型，在无花序托的枝上叶小而薄，心状卵形，基部斜；在有花序托的枝上叶较大而厚，革质，卵状椭圆形，全缘。花小，紫色或黄色。隐花果单生于叶腋，梨形或倒卵形，有短柄。花果期5~8月（图6-1-13）。

图6-1-13　薜荔

【产地及分布】原产于我国秦岭以南各地，以长江中下游分布最多。日本、印度也有分布。

【生态习性】喜光，也较耐荫蔽；喜温暖湿润气候，有一定的耐寒性；较耐干旱，也较耐水湿，对土壤的适应性较强，砂土或黏土均宜；萌芽力强。

【园林用途】藤蔓覆盖效果极佳，适于石壁、悬崖、古树、寺庙和高层建筑物的立体绿化，大型游乐场、森林公园的造景，以及新开路基坡面的护坡保土。

11	铁线莲	别名：铁线牡丹、番莲、威灵仙
	Clematis florida Thunb.	科属：毛茛科铁线莲属

【形态特征】草质藤本。茎被短柔毛，具纵沟，节膨大。二回三出复叶，小叶纸质，窄卵形或披针形。花单生于叶腋；萼片6，白色；外面沿3条直的中脉形成一线状披针形的带，

密被茸毛。花期1~2月（图6-1-14）。

【产地及分布】分布于我国广西、广东、湖南、江西，各地均有栽培。在日本及东南亚地区也有分布。

【生态习性】喜光，但怕强光；喜温，耐寒性强；不耐旱，忌积水，喜肥沃，能耐碱性壤土。

【园林用途】藤蔓纤细有力，花大美丽，花形多样，极具观赏价值，适合用于廊架、立柱、墙面和篱垣等的垂直绿化，也可作切花材料。

图 6-1-14　铁线莲

12 / 木香

别名：木香藤

Rosa banksiae Aiton

科属：蔷薇科蔷薇属

【形态特征】常绿或半常绿攀缘藤本，高可达6m。小枝绿色，无刺或少量的刺。羽状复叶互生，小叶3~5，叶片椭圆状卵形或长圆状披针形。花多朵组成伞房花序，花瓣白色或黄色，单瓣或重瓣，芳香。花期4~5月。

【类型及品种】常见变种有：

①重瓣白木香var. *albo-plena* Rehd.　常为3小叶。花白色，重瓣，香味浓烈。久经栽培，应用最广（图6-1-15）。

②重瓣黄木香var. *lutea* Lindl.　常为5小叶。花淡黄色，重瓣，香味甚淡。较少栽培（图6-1-16）。

【产地及分布】原产于小亚细亚，保加利亚、土耳其广泛栽培。

【生态习性】喜光；较耐寒；畏水湿，忌积水，要求肥沃、排水良好的砂质壤土；萌芽力强，耐修剪。

【园林用途】花白如雪，色黄似锦，用于花架、花墙、篱垣和岩壁的垂直绿化。

图 6-1-15　重瓣白木香

图 6-1-16　重瓣黄木香

13 / 五叶地锦

Parthenocissus quinquefolia（L.）Planch.

别名：美国地锦、五叶爬山虎
科属：葡萄科地锦属

【形态特征】落叶木质藤本。老枝灰褐色，幼枝带紫红色。卷须5~9分叉，嫩时尖细卷曲，后顶端吸盘扩大。叶为掌状5小叶，小叶长椭圆形至倒长卵形。花序假顶生形成主轴明显的圆锥状多歧聚伞花序；花萼碟形，花瓣5，长椭圆形。浆果近球形，熟时蓝黑色；有种子1~4粒。花期6~7月，果8~10月成熟（图6-1-17）。

图 6-1-17　五叶地锦

【产地及分布】原产于北美洲，在中国分布于东北、华北各地。

【生态习性】喜光，较耐庇荫；喜温暖气候，耐暑热，也有一定耐寒能力；生长势旺盛，但攀缘能力较弱，在北方常被大风刮下。

【园林用途】春、夏碧绿可人，入秋后红叶色彩美观，是庭园、墙面垂直绿化的主要材料。

14 / 地锦

Parthenocissus tricuspidata（Sieb. et Zucc.）Planch.

别名：爬墙虎、爬山虎
科属：葡萄科地锦属

【形态特征】落叶木质藤本。小枝圆柱形，细蔓嫩红色。卷须5~9分叉，相隔2节间断与叶对生，嫩时顶端膨大呈圆柱形，后扩大为吸盘。着生在短枝上的叶为单叶，较小，倒卵圆形，3浅裂，基部心形，叶缘有粗齿；下部枝上的叶分裂成3小叶，叶柄长。多歧聚伞花序，花5数，花萼全缘，花瓣顶端反折。浆果小球形，熟时蓝黑色，被白粉。花期5~8月，果期9~10月（图6-1-18）。

图 6-1-18　地锦

【产地及分布】产于我国吉林、辽宁、河北、河南、山东、安徽等省份。朝鲜、日本也有分布。

【生态习性】喜光，稍耐阴；对气候、土壤的适应能力很强，耐旱，耐寒，冬季可耐-20℃低温。

【园林用途】枝叶茂密，分枝多而斜展，入秋后叶变成红色或橘黄色，常用于垂直绿化，可遮蔽墙面，也可装饰庭院。

任务实施

一、搜集资料

学生分组，通过查阅资料搜集垂直绿化树种的定义、树种选择要求、当地常见垂直绿化树种图片及视频等相关信息。

二、学习垂直绿化树种相关理论知识

各小组学习垂直绿化树种相关理论知识。教师通过图片、标本等进行典型垂直绿化树种识别的现场教学。

三、现场垂直绿化树种调查

各小组对当地常见垂直绿化树种进行调查，并填写垂直绿化树种调查记录表（表6-1-1）。

表 6-1-1　垂直绿化树种调查记录表

班级：＿＿＿＿　小组成员：＿＿＿＿　调查时间：＿＿＿＿　调查地点：＿＿＿＿

树种名称：　科：　属： 树种类型：（落叶藤本或常绿藤本）			植物图片
形态特征	攀缘器官：　攀缘方式：　枝条：		
	叶形：　叶序：　叶脉：　叶缘：		
	花色：　花序：　花期：		
	果实：　种子：		
生长环境			
生长状况			
配置方式			
观赏特性			
园林用途			
备　注			

四、完成调查报告

各小组根据相关调查数据撰写调查报告。

五、常见垂直绿化树种识别

教师选择20种当地常见垂直绿化树种进行识别考核。

任务考核

根据表6-1-2进行考核评价。

表 6-1-2　垂直绿化树种识别与应用考核评分标准

项　目	考核内容	考核标准	赋分	得分
过程性评价	调查准备工作	准备充分	10	
	调查态度	积极主动，有团队精神，注重方法及创新	20	
	调查水平	树种名称正确，形态特征描述准确，观赏特性与应用价值分析合理	30	
结果性评价	调查报告	符合要求，内容全面，条理清晰，图文并茂	20	
	垂直绿化树种识别	对20种常见垂直绿化树种进行识别，每正确识别1种得1分	20	
总　分			100	

🏵 巩固练习

1. 简述垂直绿化树种的分类和选择要求。
2. 列举当地10种垂直绿化树种，并说明其观赏特性。
3. 调查当地藤蔓类树种资源及其应用现状，并列表说明调查结果。

任务 6-2　绿篱和造型树种识别与应用

📝 任务描述

在城市绿化中，绿篱和造型树种具有重要作用。绿篱不同于传统的砖石、金属等材质的篱笆，它是利用植物的生物学特性，通过修剪、整形等手段，使植物生长成为一道自然的屏障，既能起到隔离、美化的作用，又能节省材料，减少环境污染，是现代城市绿化中的一种重要形式。造型树种是园林树木通过修剪、整形等手段而形成，具有独特的形态和观赏价值，可以丰富园林景观的视觉效果，提高园林景观的美观度。在实际应用中，两者可以根据具体场景和需求进行选择和搭配。本任务是在学习绿篱和造型树种相关理论知识的基础上，调查本地园林绿地中的绿篱和造型树种的应用情况（包括绿篱和造型树种名称、形态特征、生态习性、观赏特性及配置方式等），完成绿篱和造型树种调查报告。

🎯 任务目标

≫ 知识目标

1. 知道绿篱和造型树种的概念、类型及作用。
2. 理解常见绿篱和造型树种的生态习性和园林用途。
3. 掌握常见绿篱和造型树种的识别要点和观赏特性。
4. 掌握绿篱和造型树种的选择与配置要求。

>> **技能目标**

1. 会用专业术语描述绿篱和造型树种的形态特征。

2. 能够正确识别常见绿篱和造型树种。

3. 能根据绿篱和造型树种的形态特征、观赏特性、生态习性及相关绿化要求合理选择绿篱和造型树种进行配置。

>> **素质目标**

1. 提高对问题的敏感性，培养独立思考和分析问题、解决问题的能力。

2. 培养善于沟通的能力和吃苦耐劳、团队合作的精神。

3. 树立环保意识，认识到保护生态环境的重要性。

4. 培养创新思维。

📖 **知识准备**

一、绿篱和造型树种概念、作用、选择要求及配置要求

1. 绿篱和造型树种概念

绿篱树种指成列或成行栽植，通过人工修剪形成一定的外形，充当篱笆、屏障或用于防风固沙等的树种。造型树种指进行整形修剪，以形成各种几何形状或动物外形，用来美化环境及供人们观赏的树种。

绿篱树种根据绿篱高度不同，可分为高篱树种、标准篱树种、中矮篱树种和矮篱树种4类。高篱是指篱高2.0m以上，主要用于防风、遮挡的绿篱。高篱树种以乔木为主，有侧柏、竹类等。标准篱指篱高1.6~2.0m，主要用于屏障视线的绿篱。标准篱树种有珊瑚树、八角金盘。中矮篱是指篱高在标准篱与矮篱之间，常栽植于庭园内或四周边界的绿篱。中矮篱树种有海桐、小叶女贞等。矮篱是指篱高在0.4m以下，主要用于花境、花坛镶边的绿篱。矮篱树种有六月雪等。

绿篱树种根据绿篱的观赏性，可分为叶篱树种、花篱树种、果篱树种3类。叶篱是以观叶为主的绿篱。叶篱树种有鹅掌藤、'金黄球'柏等。花篱是兼具观花、观叶功能的绿篱。花篱树种有杜鹃花、红花檵木等。果篱是兼具观果、观叶功能的绿篱。果篱树种有火棘、枸骨等。

2. 绿篱和造型树种作用

①绿篱和造型树种具有防尘、防风沙、护坡和防止水土流失等作用。

②绿篱和造型树种具有防范与围护、屏障视线、划分区域等作用，常用于形成庭园的边界，或设计成绿篱迷宫；在分车道绿化带栽植绿篱，可以阻挡对面车辆的眩光，增进行车安全；在车行道与人行道之间栽植绿篱，可起到保障行人安全与绿化的作用。

③造型树种常可独立成景，增加园林景观的艺术性和趣味性。

3. 绿篱和造型树种选择要求

绿篱和造型树种通常为常绿树种，需在充分考虑当地光照、温度、降水量等气候条件与养护管理水平等人工条件的前提下，选择具备以下特点的树种：长势强健，萌发力强，可塑性好；枝叶稠密，叶片细小，耐修剪，下枝与内膛枝不易凋落；对病虫害、煤烟和城市污染抗性强。

4. 绿篱和造型树种配置要求

在配置绿篱和造型树种时，要注意与周围环境的高低层次、色彩搭配，突出观赏效果。特别是配置造型树种时，种植位置宜选在空间焦点处，周围背景的色彩应干净清晰，以更好地凸显造型树种的姿态美。如传统的"岁寒三友"松、竹、梅的配置，松作背景，竹作配景，梅作主景。

二、常见绿篱和造型树种

1 珊瑚树

Viburnum odoratissimum Ker-Gawl.

别名：日本珊瑚树、法国冬青
科属：忍冬科荚蒾属

【形态特征】常绿灌木或小乔木，高达10m。枝干挺直；树皮灰褐色，平滑。叶革质，长椭圆形至披针形，先端钝尖，基部宽楔形，全缘或者上部有不规则浅波状钝齿，正面暗红色，背面淡绿色。圆锥状聚伞花序，顶生；花小，白色，钟状，有芳香。果实椭圆形，红色，似珊瑚，经久不变，成熟后转为黑色。花期4~5月，果期7~9月（图6-2-1）。

图 6-2-1　珊瑚树

【产地及分布】分布于中国、印度东部、缅甸北部、泰国和越南。在中国分布于福建东南部、湖南南部、广东、海南和广西。

【生态习性】喜欢光照，稍耐阴；不耐寒，在台州地区能够露地越冬；根系发达，萌芽力强，耐修剪，容易整形；耐烟尘，对氯气、二氧化硫抗性较强。

【园林用途】枝叶繁茂紧凑，终年碧绿而有光泽，秋季红果累累盈于枝头，状若珊瑚，极为美丽，是良好的绿篱、绿墙材料。

2 龟甲冬青

Ilex crenata Thunb.

科属：冬青科冬青属

【形态特征】常绿灌木，高3~4m。叶小而密，厚革质，椭圆形至长倒卵形，新叶嫩绿色，老叶墨绿色，叶表面凸起呈龟甲状。花小，白色。果实为浆果，红色。花期5~6月，果期8~10月（图6-2-2）。

图6-2-2　龟甲冬青

【产地及分布】我国华东、华南等地有分布，长三角地区大量栽培。日本也有分布。

【生态习性】喜温暖、湿润、阳光充足的环境，耐半阴，耐寒，耐高温；耐旱性较差，喜肥沃、疏松、排水良好的酸性土，忌积水和碱性土壤。

【园林用途】枝干苍劲古朴，叶密集浓绿，观赏价值较高，主要用作绿篱和造型材料。

3　'金叶'小檗

Berberis thunbergii 'Aurea'　　　科属：小檗科小檗属

【形态特征】落叶灌木，高1~2m。多分枝，枝节有锐刺。叶1~5片簇生，叶倒卵圆形或匙形，长0.5~2cm，宽0.3cm，先端钝尖或圆形，全缘。花2~5朵组成簇生状伞形花序，黄色。花期6月中下旬（图6-2-3）。

图6-2-3　'金叶'小檗

【产地及分布】原产于日本，中国有引种栽培。

【生态习性】耐半阴，喜凉爽湿润环境，耐寒；适应性强，耐旱，忌积水，对土壤的适应范围较广。

【园林用途】叶色金黄，是城市园林中不可多得的彩叶树种。可做成各种形状的彩色绿篱、绿带、小盆景。

4 ／ 雀舌黄杨

Buxus bodinieri H. Lév.

别名：细叶黄杨
科属：黄杨科黄杨属

【形态特征】常绿小灌木，高4m。分枝多而密集。叶较狭长，倒披针形或倒卵状长椭圆形，先端钝圆或微凹，革质，有光泽，两面中肋及侧脉均明显隆起；叶柄极短。花序腋生，头状；花密集，单性。蒴果卵圆形，熟时紫黄色，顶端具3个宿存的角状花柱。花期2月，果期5~8月（图6-2-4）。

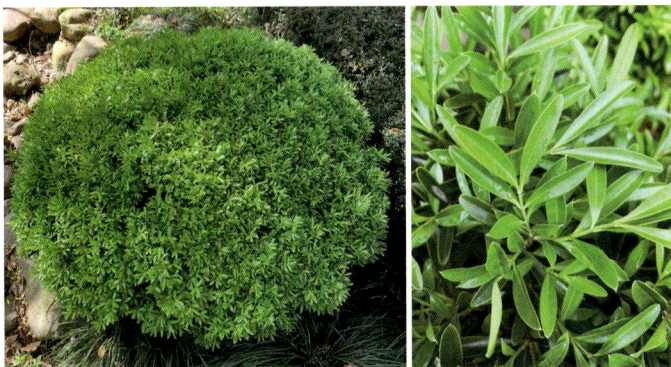

图 6-2-4　雀舌黄杨

【产地及分布】原产于中国，云南、四川、贵州等地都有栽培。

【生态习性】喜光，耐半阴；喜温暖湿润气候，有一定的耐寒性；在深厚、肥沃、排水良好的土壤上生长旺盛；浅根性，分蘖性强，生长缓慢。

【园林用途】植株矮小，枝叶密集，四季常青，生长慢，常作基础种植材料或植为矮绿篱。

5 ／ 黄杨

Buxus sinica（Rehder. et E. H. Wilson）M. Cheng

别名：瓜子黄杨
科属：黄杨科黄杨属

【形态特征】常绿灌木或小乔木，高达7m。枝叶较疏散，小枝及冬芽外鳞均有短毛。叶倒卵形、倒卵状椭圆形至卵形，长2~3.5cm，先端圆或微凹，基部楔形，叶柄及叶背中脉基部有毛。花簇生于叶腋或枝端，花序头状，花密集。蒴果近球形，宿存花柱长2~3mm。花期3月，果期5~6月（图6-2-5）。

图 6-2-5　黄杨

【产地及分布】产于华东、华中至华北。

【生态习性】中性树种，喜半阴，畏强光；喜温暖湿润气候，耐寒性不强；在肥沃、排水良好的中性及微酸性土壤和庇荫环境枝繁叶茂；生长缓慢，耐修剪；对多种有毒气体抗性强。

【园林用途】枝叶茂盛，叶片春季嫩绿，夏季常绿，经冬不落。常作绿篱及基础种植材料。

6 冬青卫矛

Euonymus japonicus Thunb.

别名：正木、大叶黄杨
科属：卫矛科卫矛属

【形态特征】常绿灌木或小乔木，高达8m。小枝绿色，稍有四棱。叶革质，有光泽，倒卵形或椭圆形，长3~6cm，先端尖或钝，基部楔形，叶缘锯齿钝；叶柄短。聚伞花序，绿白色，4基数。果扁球形，熟时4瓣裂，淡粉红色，假种皮橘红色。花期6~7月，10月观赏成熟果实（图6-2-6）。

【类型及品种】常见品种有：

① '金边'冬青卫矛'Aureo-marginatus'Nichols.　叶缘黄色（图6-2-7）。

② '银边'冬青卫矛'Albo-marginatus'T. Moore.　叶缘白色（图6-2-8）。

③ '金心'冬青卫矛'Aureo-variegatus'Reg.　叶面具黄色斑纹，但不达边缘，黄心（图6-2-9）。

【产地及分布】我国南北各地庭院普遍栽培，长江流域及其以南各地栽培尤多。

【生态习性】喜光，也耐阴；喜温暖气候，较耐寒，在黄河流域以南可露地栽培；喜生于肥沃、疏松、湿润之地，对土壤要求不严，耐干旱瘠薄，不耐积水；萌芽力极强，耐整形修剪；抗各种有毒气体，耐烟尘。

图 6-2-6　冬青卫矛

图 6-2-7 '金边'冬青卫矛　　图 6-2-8 '银边'冬青卫矛　　图 6-2-9 '金心'冬青卫矛

【园林用途】枝叶茂密，四季常青，新叶青翠，十分悦目，主要用作绿篱材料。

7　小叶蚊母树

Distylium buxifolium（Hance）Merr.　　科属：金缕梅科蚊母树属

【形态特征】常绿灌木，高1~2m。嫩枝秃净或略有柔毛；老枝无毛，有皮孔；芽有褐色柔毛。叶薄革质，倒披针形或矩圆状倒披针形；叶柄极短。雌花或两性花的花序穗状，腋生，长1~3cm，花序轴有毛，苞片线状披针形，子房有星状毛；雄蕊未见。蒴果卵圆形，有褐色星状茸毛；种子褐色（图6-2-10）。

图 6-2-10　小叶蚊母树

【产地及分布】原产于中国，分布于四川、湖北、湖南、福建、广东及广西等。常生长于山溪旁或河边。

【生态习性】喜光，稍耐阴；喜温暖湿润气候；喜酸性、中性土壤；萌芽发枝力强，耐修剪；抗性强，防尘及隔音效果好。

【园林用途】株形紧凑，四季常青，叶色浓绿，是优良的绿篱材料。

8　红花檵木

Loropetalum chinense var. *rubrum* Yieh　　科属：金缕梅科檵木属

【形态特征】常绿灌木或小乔木。小枝、嫩叶及花萼均有锈色星状短柔毛。单叶互生，叶卵形，暗紫色，基部歪圆形，全缘，背面密生星状柔毛。花3~8朵簇生于小枝端，花瓣带状线形、紫红色。蒴果褐色，近球形，有星状毛。花期4~5月，果期8~9月（图6-2-11）。

图 6-2-11　红花檵木

【产地及分布】原产于我国，分布于长江流域或以南直到广西中部，四川、贵州、云南也有野生。日本、印度也有分布。

【生态习性】喜光，耐半阴；喜温暖气候，不耐寒；喜酸性、排水良好、肥沃的土壤，适应性强，有一定抗旱性，不耐贫瘠；耐修剪。

【园林用途】枝繁叶茂，姿态优美，耐修剪，耐蟠扎，可作绿篱材料，也可用于制作树桩盆景。

9 / '金森'女贞

Ligustrum japonicum 'Howardi'   科属：木樨科女贞属

【形态特征】常绿灌木或小乔木，高1.2m以下。叶对生，广卵形或卵状长椭圆形，革质、厚实、有肉感；春季新叶鲜黄色，冬季转成金黄色；部分新叶沿中脉两侧或一侧局部有浅绿色斑块，色彩悦目。圆锥状花序，花白色。花期6~7月（图6-2-12）。

图 6-2-12 '金森'女贞

【产地及分布】原产于日本与韩国，广泛引种栽培于全球各地。

【生态习性】喜阳光充足；耐寒；适应力强，能适应不同土壤条件。

【园林用途】株形美观，枝叶稠密，叶色金黄，是优良的绿篱树种。

10 / 小蜡

别名：山指甲、水黄杨、黄心柳

Ligustrum sinense Lour.   科属：木樨科女贞属

图 6-2-13 小蜡

【形态特征】半常绿灌木或小乔木，高2~7m。小枝密生短柔毛。叶薄革质，椭圆形、卵形或椭圆状卵形，先端锐尖或钝，基部楔形或狭楔形，全缘。圆锥花序，花白色，芳香；花梗细；花冠裂片长于筒部；雄蕊长于花冠裂片。核果近球形。花期4~6月，果期9~10月（图6-2-13）。

【产地及分布】分布于越南和中国。在中国分布于江苏、浙江、安徽、江西、福建、湖北、湖南、广东、广西、贵州、四川、云南。马来西亚也有栽培。

【生态习性】喜光，稍耐阴；较耐寒；不耐水湿，土壤以肥沃的砂质壤土为佳；耐修剪；抗二氧化硫等多种有毒气体。

【园林用途】枝叶茂密，春末满树白花，有芳香，可丛植于林缘、池畔、山旁。因其耐修剪，适宜作绿篱，也可修剪成球形或培养成独本的庭园树。

11　红叶石楠

Photinia × fraseri Dress

别名：红尖石楠
科属：蔷薇科石楠属

【形态特征】常绿小乔木或灌木，高3~5m。叶片厚，革质，长圆形至倒卵状披针形，叶缘有带腺体的锯齿；新叶为鲜艳的红色，逐渐转为深绿色。复伞房花序，花白色。梨果黄红色。花期5~7月，果期9~10月（图6-2-14）。

【产地及分布】主要分布于亚洲东南部与东部和北美洲的亚热带与温带地区，在中国许多省份广泛栽培。

图 6-2-14　红叶石楠

【生态习性】喜光，喜温暖潮湿环境，同时也有极强的耐阴能力和抗干旱能力，但不抗水湿；抗盐碱性较好，对土壤要求不严格；耐修剪。

【园林用途】嫩叶火红，色彩艳丽持久，极具生机，可作绿篱和造型树种。

任务实施

一、搜集资料

学生分组，通过查阅资料搜集绿篱和造型树种的定义、选择与配置要求、当地常见绿篱和造型树种图片及视频等相关信息。

二、学习绿篱和造型树种相关理论知识

各小组学习绿篱和造型树种相关理论知识。教师通过图片、标本等进行典型绿篱和造型树种识别的现场教学。

三、绿篱和造型树种现场调查

各小组对当地常见绿篱和造型树种进行调查，并填写绿篱和造型树种调查记录表（表6-2-1）。

表 6-2-1　绿篱和造型树种调查记录表

班级：_____　小组成员：_____　调查时间：_____　调查地点：_____

树种名称：　　科：　　属： 树种类型：（落叶乔木、常绿乔木、落叶灌木、常绿灌木）		植物图片
形态特征	树冠：　　树皮：　　枝条： 叶形：　　叶序：　　叶脉：　　叶缘： 花色：　　花序：　　花期： 果实：　　种子：	
生长环境		
生长状况		
配置方式		
观赏特性		
园林用途		
备　注		

四、完成调查报告

各小组根据相关调查数据撰写调查报告。

五、常见绿篱和造型树种识别

教师选择20种当地常见绿篱和造型树种进行识别考核。

任务考核

根据表6-2-2进行考核评价。

表 6-2-2　绿篱和造型树种识别与应用考核评分标准

项　目	考核内容	考核标准	赋分	得分
过程性评价	调查准备工作	准备充分	10	
	调查态度	积极主动，有团队精神，注重方法及创新	20	
	调查水平	树种名称正确，形态特征描述准确，观赏特性与应用价值分析合理	30	
结果性评价	调查报告	符合要求，内容全面，条理清晰，图文并茂	20	
	绿篱和造型树种识别	对20种常见绿篱和造型树进行识别，每正确识别1种得1分	20	
总　　分			100	

巩固练习

1. 何为绿篱和造型树种？其选择有何要求？

2. 列表说明当地主要绿篱和造型树种的种类、形态特征、观赏特性及配置方式。

竹类和室内装饰树种识别与应用

项目描述

竹类是一类非常多样且分布广泛的植物群体，它们在全球范围内都有重要的生态、经济和文化价值。竹在文化中有着深厚的象征意义，如在中国文化中，竹代表坚韧、谦逊和优雅等。同时，竹类生长迅速，竹材为可再生、环保的材料，竹类的应用符合当代环境保护和可持续发展的要求。室内装饰树种兼具观赏价值和环境效益，它们以独特的形态、颜色和香气等，美化了室内环境，同时在一定程度上提升了室内空气质量，对人们的身心健康有着积极的影响。本项目共包含两个任务：竹类识别与应用和室内装饰树种识别与应用。

项目目标

知识目标

1. 知道竹类和室内装饰树种的文化内涵。
2. 理解常见竹类和室内装饰树种的生态习性和园林用途。
3. 领会常见竹类和室内装饰树种的识别要点和观赏特性。

技能目标

1. 能用形态术语正确描述竹类和室内装饰树种的形态特征。
2. 能够正确识别本地常见竹类和室内装饰树种。
3. 能根据竹类和室内装饰树种的形态特征、观赏特性、生长习性、应用形式，合理选择竹类和室内装饰树种进行配置。

素质目标

1. 树立生态文明和环境保护的意识。
2. 培养实事求是、善于观察与探索的科学精神。
3. 提升植物文化品位。

数字资源

197

任务 7-1 竹类识别与应用

📝 任务描述

    竹类在园林中扮演着多重角色。首先，竹类以其独特的形态美，给园林景观增添了无限魅力。竹秆修长，竹叶青翠欲滴，在不同季节展现出不同的风情，如春季新竹嫩绿、夏季竹叶摇曳、秋季竹影斑驳、冬季竹节分明，四季的变化使得竹景总能引人入胜。其次，在现代园林设计中，竹类被广泛用于制作园林小品，如竹制的座椅、篱笆、桥梁等，不仅体现了节能环保的理念，也增添了园林的实用功能。最后，竹类在园林中还承载着深厚的文化内涵。竹在中国传统文化中象征着坚韧、谦逊等品质，与中国的审美观念和哲学思想相契合。园林中的竹类不仅是自然美的体现，也是文化传承的重要载体。本任务是在学习竹类相关理论知识的基础上，调查当地城市绿地中竹类的应用情况（包括竹类名称、形态特征、生态习性、观赏特性及配置方式等），并拍照记录，完成竹类调查报告。

🎯 任务目标

》 知识目标

    1. 知道竹类的形态特征。

    2. 理解常见竹类的生态习性和园林用途。

    3. 领会常见竹类的识别要点和观赏特性。

    4. 掌握观赏竹类的选择与配置要求。

》 技能目标

    1. 会用专业术语描述竹类的形态特征。

    2. 能够正确识别常见竹类。

    3. 能根据竹类的形态特征、观赏特性、生态习性及相关绿化要求合理选择竹类进行配置。

》 素质目标

    1. 提高对问题的敏感性，培养独立思考和分析问题、解决问题的能力。

    2. 培养善于沟通的能力和吃苦耐劳、团队合作的精神。

    3. 树立环保意识，认识到保护生态环境的重要性。

    4. 培养审美能力和创新思维。

📖 知识准备

一、竹类形态特征及园林应用

1. 竹类形态特征

竹类属禾本科（竹亚科），具有禾本科植物的共同特征，但其还在营养器官的外部形态、花和果实等生殖器官的结构以及生长发育规律等方面具有特殊性，使其成为一个特殊的类群。

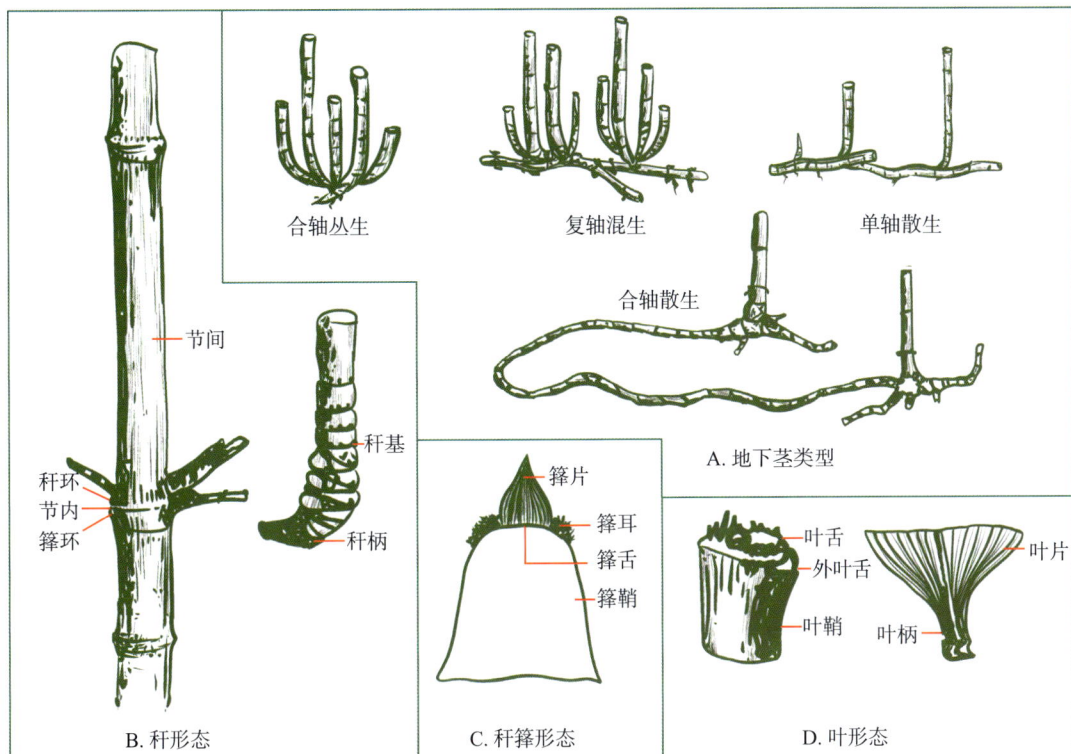

图 7-1-1　竹类形态结构

竹类主要由地下茎、竹秆、叶、花等几个部分构成（图7-1-1）。

地下茎是竹类横向生长的主茎，有分节，节上生根，节侧有芽。地下茎既是养分贮存和输导的主要器官，又具有分生繁殖能力。地下茎是竹类分类的主要依据之一。根据形态特征和分生繁殖特点，地下茎可分为单轴型、合轴型与复轴型3种类型。

竹秆是竹类地下茎上的芽萌发成笋后长出地面继续生长形成。竹笋有多粗，竹秆就有多粗，一次性完成横向生长，后续没有增粗生长。竹笋露出地面后，各个节间迅速伸长，几十天内完成高生长，后续高度不再增加。竹秆分秆柄、秆基和秆茎3个部分。秆柄俗称"螺丝钉"，是竹秆最下部分。秆基是竹秆入土生根部分，由数节至数十节组成，节间缩短而粗大。秆基各节密生根，形成竹株的独立根系。秆茎是竹秆的地上部分，由节、节间和节隔组成。节由箨环、秆环、节内组成。箨环又称笋环，是秆箨脱落后留下的环痕，在节的下方；秆环是居间分生组织停止生长留下的环痕，其隆起的程度随竹种的不同而不同，在节的上方；箨环与秆环之间的部分称节内。两节之间的部分称节间，节间通常中空。节与节之间由节隔相隔。

竹类有两种形态的叶，即秆箨和秆叶。秆箨也称笋箨、竹箨，为笋期的变态叶。秆箨不能进行光合作用，仅起着保护居间分生组织和幼嫩的竹秆不受机械损伤的作用。秆箨由箨鞘、箨舌、箨耳、箨片（箨叶）和缝毛构成。秆叶生于末级小枝顶端，由叶鞘、叶舌、叶耳、叶片、肩毛构成。

竹类的花以小穗为单位，小穗由颖、小穗轴和小花组成。每小穗含若干朵小花，小花由外稃、内稃、鳞被、雄蕊和雌蕊构成。竹类开花结实意味着完成了生长发育的一个周期，即意味着开花植株即将死亡。

2.竹类园林应用

①在庭院或休憩活动场所，可成排种植作为背景，也可与乔木、灌木结合作点缀或形成独立景观。

②在巷道和园路中，配置竹林夹道。

③在独立空间配置竹林秘境。

④结合构筑物作主景，或结合景石作背景。

⑤在商业街，可成排种植，也可三五株为一组进行布置。

二、常见观赏竹类

1 | 孝顺竹

Bambusa multiplex（Lour.）Raeusch. ex Schult. et Schult. f.　　　　科属：禾本科簕竹属

【形态特征】秆高2~7m，径1~3cm，绿色，老时变黄色。箨鞘呈梯形，背面无毛，先端稍向外缘一侧倾斜，呈不对称的拱形；箨耳缺或不明显；箨舌甚不显著；箨片直立，三角形或长三角形。每小枝有叶5~9枚，排成二列状；叶鞘无毛；叶耳肾形；叶舌截平；叶片线状披针形或披针形，长4~14cm，质薄，正面深绿色，背面粉白色。小穗含5~13朵小花；外稃两侧稍不对称，内稃线形；花丝长8~10mm，花药紫色；子房卵球形，柱头多为3裂，羽毛状。笋期6~9月（图7-1-2）。

图 7-1-2　孝顺竹

【类型及品种】常见变型有：

凤尾竹f. *fernleaf*（R. A. Young）T. P. Yi　比原种矮小，高1~2m，径不超过1cm。枝叶稠密，纤细而下弯；每小枝有叶10余枚，羽状排列，叶片长2~5cm（图7-1-3）。长江流域以南各地常植于庭园或盆栽观赏。

【产地及分布】原产于中国、东南亚及日本。我国华南、西南直至长江流域各地都有分布。

【生态习性】喜阳光充足的环境；适应性强，耐寒性较好；对土壤要求不严格；生长速度较快。

图 7-1-3　凤尾竹

【园林用途】株丛秀美，枝叶婆娑，多于庭园中向阳处栽植。可植于池旁；列植于庭园入口或甬道两侧，幽篁夹道，倍觉宜人。

2 | 佛肚竹

别名：佛竹、密节竹

Bambusa ventricosa McClure　　科属：禾本科簕竹属

【形态特征】丛生竹，灌木状。秆高2.5~5m，圆筒形，节间长10~20cm；畸形秆高仅25~50cm，节间短，下部节间膨大呈瓶状，长仅2~3cm。箨鞘无毛，初为深绿色，老时橘红色；箨片发达，箨耳、箨舌极短（图7-1-4）。

【产地及分布】产于我国广东，南方庭院多栽培。

图 7-1-4　佛肚竹

【生态习性】喜温暖湿润，不耐寒；宜在肥沃、疏松、湿润、排水良好的砂质壤土中生长。

【园林用途】秆若佛肚，奇异别致，颇具观赏价值，可植于庭院、温室中或盆栽观赏。

3 美丽箬竹

Indocalamus decorus Q. H. Dai　　　科属：禾本科箬竹属

图 7-1-5　美丽箬竹

【形态特征】秆高35~90cm，径3~5mm，节间长7~22cm，新秆被白粉和伏贴微毛。箨鞘短于节间，鲜时黄绿色，被白粉，干时为稻草色并带红色，基部具深棕色刺毛，边缘生褐色纤毛；箨耳镰形；箨舌极短，边缘具短微毛；箨片宽三角形，直立，抱秆，背面无毛，腹面脉间有短粗毛，边缘具褐色微纤毛。每小枝具2~4叶，叶柄长5mm；叶鞘被白粉，边缘生纤毛；叶耳黄绿色；叶舌截形，背面粗糙，边缘具褐色或灰白色纤毛；叶片呈带状披针形，长15~35cm，宽3~5.5cm，两面均无毛。笋期4月（图7-1-5）。

【产地及分布】原产于中国，主要分布于云南、四川等地。

【生态习性】喜光，也耐阴；耐寒性较差；宜生长于疏松、排水良好的酸性土壤。

【园林用途】植株低矮，叶宽大，可在园林中作地被材料，也可植于河边护岸，还适合盆栽观赏。

4 '金镶玉'竹

Phyllostachys aureosulcata 'Spectabilis' C. D. Chu. et C. S. Chao　　　科属：禾本科刚竹属

【形态特征】秆高4~9m，径2~5cm，新秆嫩黄色，后渐为金黄色，在较细的秆基部有2或3节常"之"字形折曲，节间长达40cm，沟槽为绿色。箨鞘背部紫绿色，常有淡黄色纵条纹，散生褐色小斑点或无斑点，被薄白粉；箨耳淡黄色带紫色或紫褐色；箨舌宽，拱形或截形，紫色，边缘生细短白色纤毛；箨片三角形至三角状披针形，直立或开展。末级小枝2或3叶；叶耳微小或无，𫌇毛短；叶舌伸出；叶片长约12cm，宽约1.4cm。笋期4月中旬至5月上旬（图7-1-6）。

【产地及分布】原产于中国，主要分布于长江流域及以南地区。

【生态习性】适应性强，耐严寒，适宜在背风向阳处及湿润、排水良好的酸性土壤栽植。

【园林用途】中国四大名竹之一。竹秆青翠如玉，节节交错，清雅可爱，常用于园林绿化。

图 7-1-6　'金镶玉'竹

5 ／ 毛竹

Phyllostachys edulis（Carrière）J. Houz.

别名：茅竹、楠竹
科属：禾本科刚竹属

【形态特征】高大乔木状，地下茎单轴散生型。秆高10~25m，径12~20cm，中部节间可长达40cm；新秆密被细柔毛，有白粉，老秆无毛；分枝以下的秆上秆环不明显，箨环隆起。箨鞘厚革质，棕色底上有褐色斑纹，背面密生棕紫色小刺毛；箨耳小，边缘有长缘毛；箨舌宽短，弓形，两侧下延，边缘有长缘毛；箨片狭长三角形，向外反曲。枝叶二列状排列，每小枝保留2~3叶；叶较小，披针形，长4~11cm；叶舌隆起；叶耳不明显。花枝单生，不具叶，小穗丛形如穗状花序，外被有覆瓦状的佛焰苞；小穗含2小花，一成熟，另一退化。颖果针状。笋期3月底至5月初（图7-1-7）。

图 7-1-7　毛竹

图 7-1-8 ‘龟甲’竹

【类型及品种】常见品种有：

‘龟甲’竹‘Heterocycla’ 又名‘佛面’竹、‘龟文’竹、‘马汉’竹等。较原种稍矮小，秆高3~6m，径5~8cm，无分枝，体绿色，光滑无毛；节二轮状，下部诸节间极度缩短、肿胀，交错成斜面（图7-1-8）。

【产地及分布】原产于中国，主要分布于长江流域及以南地区。广泛引种栽培于世界各地。

【生态习性】喜阳光充足的环境；适应性强，耐寒性较好；对土壤要求不严格，但喜欢湿润而排水良好的土壤；生长速度快，是一种生长力强的竹类。

【园林用途】常用于打造竹林等，其高大的体型和独特的竹秆纹理给人以壮观和自然的感觉。

6 紫竹

Phyllostachys nigra（Lodd. ex Lindl.）Munro

别名：黑竹、乌竹
科属：禾本科刚竹属

图 7-1-9 紫竹

【形态特征】乔木状中小型竹种。秆高3~10m，径可达5cm，中部节间长25~30cm，秆环与箨环均隆起；新秆绿色，有白粉及细柔毛，一年后变为紫黑色。箨鞘背面密生刚毛；箨耳椭圆形，常裂成2瓣，紫黑色，上有弯曲的肩毛；箨舌紫色，弧形，有波状缺齿；箨片三角状或三角状披针形，有皱褶。每小枝有叶2~3枚，叶片披针形，长4~10cm，背面有细毛；叶舌微凸起，背面基部及鞘口处常有粗肩毛。笋期5月（图7-1-9）。

【产地及分布】原产于中国，主要分布于长江流域及以南地区。

【生态习性】喜阳光充足的环境；适应性强，耐寒性较好；对土壤要求不严格，但喜欢湿润而排水良好的土壤。

【园林用途】竹秆紫黑色，叶翠绿，极具观赏价值。可植于庭园观赏，宜与黄槽竹、‘金镶玉’竹、斑竹等秆具色彩的竹种配置。

7 菲白竹

Pleioblastus fortunei（Van Houtte ex Munro）Nakai

科属：禾本科苦竹属

【形态特征】观赏地被竹，植株丛生状。秆节间无毛，每节具2至数分枝或下部为1分枝。箨片有白色条纹，先端紫色。末级小枝具叶4~7枚；叶片狭披针形，长5~9cm，宽7~10mm，叶面通常有黄色或浅黄色乃至近于白色的纵条纹；叶鞘淡绿色，一侧边缘有明显纤毛，鞘口有白色继毛。笋期4~6月（图7-1-10）。

【产地及分布】原产于日本，我国华东地区有栽培。

【生态习性】忌烈日，宜半阴；喜温暖湿润气候，较耐寒；喜肥沃、疏松、排水良好的砂质土壤。

图 7-1-10　菲白竹

【园林用途】植株低矮，叶片秀美，常植于庭园观赏，作地被、绿篱材料或与假石相配都很合适，也是盆栽的好材料。

8 | 菲黄竹

Pleioblastus viridistriatus（Regel）Makino　　　科属：禾本科苦竹属

【形态特征】秆高30~50cm，径2~3mm。节间长7~12cm，节间绿色，节下具2~3mm宽的白粉环。箨鞘绿色，短于节间，边缘具纤毛；箨耳微或无，鞘口具白毛3~6根，长3~8mm。具叶小枝顶生2（3）叶，叶片卵状披针形，嫩叶纯黄色，具绿色条纹，老后变为绿色，边缘近全缘或有极不明显的微锯齿（图7-1-11）。

【产地及分布】原产于日本，我国上海、杭州、南京等地有引种栽培。

【生态习性】耐阴，夏季忌高温暴晒；喜温暖湿润气候及疏松、肥沃、排水良好的砂壤土。

图 7-1-11　菲黄竹

【园林用途】株形低矮铺散，嫩叶金黄且具有绿色条纹，观赏性较好，在园林中常用作彩叶地被、色块材料，或作山石盆景材料供观赏。

任务实施

一、搜集资料

学生分组，通过查阅资料搜集竹类的定义、选择要求、当地常见观赏竹类图片及视频等相关信息。

二、学习竹类相关理论知识

各小组学习竹类相关理论知识。教师通过图片、标本等进行典型观赏竹类识别的现场教学。

三、观赏竹类现场调查

各小组对当地常见观赏竹类进行调查，并填写观赏竹类调查记录表（表7-1-1）。

表 7-1-1　观赏竹类调查记录表

班级：_____　小组成员：_____　调查时间：_____　调查地点：_____

竹类名称：　科：　属：				植物图片
秆形态	箨环： 节内：	秆环：	节间：	
秆箨形态	箨鞘： 箨耳：	箨舌：	箨片：	
叶形态	叶鞘： 叶舌：	叶耳：	叶片：	
生长环境				
生长状况				
配置方式				
观赏特性				
园林用途				
备　注				

四、完成调查报告

各小组根据相关调查数据撰写调查报告。

五、常见竹类识别

教师选择10种当地常见观赏竹类进行识别考核。

任务考核

根据表7-1-2进行考核评价。

表 7-1-2　竹类识别与应用考核评分标准

项　目	考核内容	考核标准	赋分	得分
过程性评价	调查准备工作	准备充分	10	
	调查态度	积极主动，有团队精神，注重方法及创新	20	
	调查水平	竹类名称正确，形态特征描述准确，观赏特性与应用价值分析合理	30	
结果性评价	调查报告	符合要求，内容全面，条理清晰，图文并茂	20	
	观赏竹类识别	对10种常见观赏竹类进行识别，每正确识别1种得2分	20	
总　　分			100	

巩固练习

1. 竹类有何特征？
2. 竹类有哪些应用形式？
3. 列表说明当地观赏竹类的种类和观赏特性。

任务 7-2　室内装饰树种识别与应用

任务描述

随着社会的发展和人们生活水平的提高，人们对健康、环保、绿色的生活方式越来越向往，越来越多的人开始关注室内设计。室内装饰树种作为室内设计中重要的自然元素，对于改善室内环境，提高人们的生活品质具有重要作用。本任务是在学习室内装饰树种相关理论知识的基础上，调查当地大型花卉市场的室内装饰树种（包括树种名称、形态特征、生态习性、观赏特性及配置方式），并拍照记录，完成室内装饰树种调查报告。

任务目标

》知识目标

1. 知道室内装饰树种的概念、类型和应用形式。
2. 理解常见室内装饰树种的生态习性和园林用途。
3. 掌握常见室内装饰树种的识别要点和观赏特性。
4. 掌握室内装饰树种的选择和配置要求。

>> **技能目标**

　　1. 会用专业术语描述室内装饰树种的形态特征。

　　2. 能够正确识别常见室内装饰树种。

　　3. 能根据室内环境合理选择室内装饰树种进行配置。

>> **素质目标**

　　1. 培养善于沟通的能力和吃苦耐劳、团队合作的精神。

　　2. 提高对问题的敏感性，培养独立思考和分析问题、解决问题的能力。

　　3. 树立环保意识，认识到保护生态环境的重要性。

　　4. 培养审美能力和创新思维。

📖 知识准备

一、室内装饰树种概念、类型、应用形式、选择要求及配置要求

1. 室内装饰树种概念

　　室内装饰树种是指主要以叶片、花、果实、枝干等为观赏对象，适宜室内较长期摆放和观赏的一类耐阴树种，也称为阴生观赏树种。

2. 室内装饰树种类型

（1）按观赏特性分类

　　按观赏特性，室内装饰树种可分为观花类、观果类、观叶类、观茎类、芳香类。

（2）按对室内环境条件（光照、温度和水分等）的需求分类

①按对光照的需求分类　　喜光类、中性类、耐半阴类。

②按对温度的需求分类　　耐寒类、半耐寒类、不耐寒类。

③按对水分的需求分类　　半耐旱类、中性类。

3. 室内装饰树种应用形式

　　室内装饰树种的应用形式多样，主要有陈列式、攀附式、悬空式、壁挂式、棚架式、栽植式等。在实践中，除依据树种的形态、大小、色彩及生态习性来确定应用形式外，还要依据室内空间大小、光线强弱、季节变化以及氛围而定。

（1）陈列式

　　陈列式是室内装饰树种最常用和最普通的应用形式，包括点式、直线式、曲线式和平面式。其中以点式最为常见，即将室内装饰树种盆栽，置于桌面、茶几、柜角、窗台及墙角，或在室内高空悬挂，构成绿色视点。直线式是选用形态较为一致的盆花，连续排列于窗台、阳台、台阶或厅堂的花槽内，组成带形、折线式、正方形、回纹形等，起到组织空间和调整光线的作用。曲线式是把室内装饰树种排成弧线形，并与家具结合，借以划定范围，组成的空间较为自由流畅；或利用植株高度，创造有韵律的高低相间的排列，形成波浪式绿化。平面式是室内一角或中央成片布置室内装饰树种，形成一片花坛或丛林景观。

（2）攀附式

　　大厅和餐厅等某些区域需要分割时，可用攀附树种来隔离，或用带某种条形图案或花

纹的栅栏再附以攀附树种来隔离。攀附树种在形状、色彩等方面要与室内环境相协调。

（3）悬空式

在较大的室内空间内，结合天花板、灯具，在窗前、墙角、家具旁吊放一定体量的阴生悬垂树种，可改善室内人工建筑的生硬线条造成的单调感，营造生动活泼的立体空间。

（4）壁挂式

用室内装饰树种与壁雕、灯具、山石、工艺品、桦树皮等构成一个完整的画面或做成托架挂在墙上、柱上。

（5）棚架式

用竹、木、钢筋（或陶瓷）做成多种形式的亭台、花架，置于室内作主景，或置于室内分割空间，或在入口处形成绿色景观装饰大门空间。

（6）栽植式

栽植式多用于室内花园及有充足空间的室内大厅。多采用自然式栽植，使乔木、灌木及草本植物与地被植物组成层次。应注重姿态、色彩的搭配，同时考虑与山石、水景组合成景，模拟大自然景观，给人以回归大自然的感受。

4. 室内装饰树种选择要求

室内环境通常具有光照较弱、通风不良、湿度较低、温度较稳定的特点。因此，宜选择喜欢在低光照条件下生长或在低光照条件下不易落花、落果、落叶的树种。在植株的观赏特性方面，宜考虑株形优美，叶形奇特，叶色浓绿或亮丽，叶面有各式斑点、斑纹，花色艳丽，观赏期长，且装饰效果较强的种类。

5. 室内装饰树种配置要求

室内空间的绿化，是通过几种绿化形式，把各处的植物有机地统一起来（而不是各自孤立），使之达到处处有情、面面有意的艺术效果。室内装饰树种的配置要求效法自然，力求精致、美观，避免太粗犷、太野趣。室内装饰树种的配置贵在精而不在多，应是缩龙成寸、以少胜多，追求"奇不伤雅，陋而不俗"的境界。在空间表现上，宜营造辉煌、幽静、闲适、古雅等韵味。如卧室求静，书房力求幽雅，餐厅力求旺盛，客厅力求典雅，使景物含蓄，耐人寻味。可利用阳光与人工照明，以墙面、柱、梯、架、屏风、家具、门窗框、地面等作为室内装饰树种的背景，使室内装饰树种的外形、色泽、纹理切合时令，切合环境，有藏有露，惟妙惟肖。

室内装饰树种最好布置在视线的对景之处，并要求提供欣赏的空间环境。在布置时，必须考虑到树种对光照、通风、温度和湿度的基本要求。对于光照要求较高的树种，通常需要一周更换一次。

二、常见室内装饰树种

1　虾衣花

Justicia brandegeeana Wassh. et L. B. Sm.

别名：虾夷花、虾衣草、麒麟吐珠、狐尾木

科属：爵床科爵床属

【形态特征】常绿亚灌木，高1~2m。全体有毛。茎圆形，多分枝，嫩茎节基红紫色。叶卵形，顶端具短尖，基部楔形，全缘。穗状花序顶生，长6~9cm，下垂，具有棕色、红

图 7-2-1 虾衣花

色、黄绿色、黄色的宿存苞片。花白色，伸向苞片外，花朵上、下二唇形，上唇全缘或者稍微2裂，下唇3浅裂，上有3行紫斑花纹。几乎全年开花（图7-2-1）。

【产地及分布】原产于墨西哥，各地均有栽培。

【生态习性】喜光，也耐阴；喜温暖、潮湿、阴凉、通风透气的环境，不耐干旱和严寒，最低温度在5~10℃。

【园林用途】红色苞片重叠成串、下倾，似龙虾、狐尾，十分有趣。全年开花，适宜盆栽装饰窗台、书房、阳台，也可以用于布置花坛。

2 鹅掌柴

Schefflera octophylla（Lour.）Harms

别名：鸭脚木
科属：五加科鹅掌柴属

【形态特征】常绿乔木或灌木。掌状复叶互生，小叶6~9片，革质，长卵圆形或椭圆形。花白色，有芳香，排成伞形花序又复组成顶生长25cm的大圆锥花序；萼5~6裂；花瓣5枚，肉质；花柱极短。果球形。花期11~12月，果期12月至翌年1月（图7-2-2）。

【产地及分布】分布于中国、日本、泰国、越南和印度。在中国广布于西藏、云南、广西、广东、浙江、重庆、海南、四川、贵州、湖北、香港、福建和台湾。

图 7-2-2 鹅掌柴

【生态习性】喜温暖湿润、半阴环境；生长适温为16~27℃，冬季温度不低于5℃；宜生于土质深厚、肥沃的酸性土中，稍耐瘠薄。

【园林用途】植株紧密，树冠整齐优美，是良好的盆栽观叶植物，适于宾馆大厅、图书馆阅览室和博物馆展厅摆放，在温暖地区常栽于带状花坛或片植于乔木下作地被。

3 南洋杉

Araucaria cunninghamii Mudie

科属：南洋杉科南洋杉属

【形态特征】常绿乔木，高60~70m。树冠尖塔形，老时平顶状。树皮粗糙，横裂；主

210

枝轮生，平展或斜展，侧枝平展或稍下垂。生于侧枝及幼枝上的叶多呈钻状，质软，开展，排列疏松；生于老枝上的叶则密聚，卵形或三角状钻形。雌雄异株。球果卵形，苞鳞刺状且尖头向后强烈弯曲；种子两侧有翅（图7-2-3）。

图 7-2-3　南洋杉

【产地及分布】原产于南美洲、澳大利亚及太平洋群岛等。在我国广东、福建、海南、云南、广西均有栽培。

【生态习性】喜光，幼株耐阴；喜暖热湿润气候，不耐干燥及寒冷；喜生于肥沃土壤；生长迅速，再生能力强，砍伐后易生萌蘖；较耐风。

【园林用途】树冠尖塔形，主干浑圆通直，植株苍翠而挺拔，优雅壮观，在长江流域及以北地区常室内盆栽观赏，在华南地区可作为行道树或园景树。

4　袖珍椰子

Chamaedorea elegans Mart.

别名：矮生椰子、矮棕、玲珑椰子、客室棕
科属：棕榈科竹棕属

【形态特征】常绿小灌木，高可达2m，盆栽高为30~60cm。茎干直立，不分枝，上有不规则环纹。叶深绿色，有光泽，羽状复叶呈弓形，尾部锐尖，先端2裂。肉穗花序下垂，花单性，黄色。浆果，橙红色或黄色（图7-2-4）。

【产地及分布】原产于墨西哥、危地马拉等中南美洲热带地区。

图 7-2-4　袖珍椰子

【生态习性】喜温暖湿润和半阴环境，怕强光直射；不耐寒，冬季温度不低于10℃；耐干旱，要求肥沃、排水良好的砂质壤土。

【园林用途】株形酷似椰子，植株小巧玲珑，美观别致，故而得名。耐阴性强，适宜室内盆栽观赏。

5　散尾葵

Dypsis lutescens（H. Wendl.）Beentje et Dransf.

别名：黄椰子
科属：棕榈科散尾葵属

【形态特征】常绿灌木或小乔木，高3~8m。茎干金黄色，基部叶片常脱落，残留的叶痕形成竹节状的茎。羽状复叶，叶面滑而细长，长40~150cm；小叶及叶柄稍弯曲，黄色；小

图 7-2-5 散尾葵

叶披针形，长20~25cm，左、右两侧不对称，先端柔软，叶面亮绿色，叶轴中部隆起（图7-2-5）。

【产地及分布】原产于马达加斯加，我国南方各地有栽培。

【生态习性】耐阴性强；喜温暖湿润气候，不耐低温；要求疏松、排水良好、肥厚的壤土；幼树生长较慢。

【园林用途】株形秀美，枝叶茂密，四季常青，南方多栽种于草地、墙隅或宅旁，北方多盆栽，是布置客厅、餐厅、会议室、卧室、书房或阳台的高档盆栽观叶植物。

6 | 棕竹

Rhapis excelsa（Thunb.）A. Henry

别名：观音竹、筋头竹
科属：棕榈科棕竹属

图 7-2-6 棕竹

【形态特征】常绿丛生灌木。茎圆柱形，有节，高1.5~3m，上部具褐色粗毛纤维质叶鞘。叶掌状深裂，裂片3~10，狭长舌形，先端截形，边缘或中脉有褐色短齿刺。雌雄异株，肉穗花序多分枝；雄花小，淡黄色；雌花大，卵状球形。果球形。花期4~5月，果期10~12月（图7-2-6）。

【产地及分布】分布于东南亚、中国南部至西南部、日本。

【生态习性】半耐阴，忌强光直射；喜温暖、阴湿及通风良好的环境，生长适温为20~30℃，不耐寒；宜排水良好、富含腐殖质的砂壤土；萌蘖力弱。

【园林用途】株丛挺拔，叶形清秀，为良好的观叶植物。宜丛植或盆栽。

7 | 朱蕉

Cordyline fruticosa（L.）A. Chev.

别名：铁树
科属：天门冬科朱蕉属

【形态特征】常绿灌木，高1~3m。单干，有时稍分枝。叶生于茎或枝的上端，矩圆形至

矩圆状披针形，长25~50cm，
宽7~10cm，先端尖，绿色或
带紫红色，具各种色斑。圆
锥花序腋生，花淡红色、青
紫色至黄色，雄蕊较花被裂
片短，着生于花被管上，花柱
稍伸出于花被裂片之外。花期
11月至翌年3月（图7-2-7）。

【产地及分布】原产于大
洋洲和我国热带地区，我国
华南各地常见栽培。

【生态习性】喜光，但忌

图 7-2-7　朱蕉

强光直射，光照充足时叶片色彩艳丽；喜高温高湿的环境，怕寒冷；对土壤要求不严，但
在肥沃的微酸性砂壤土中长势更好。

【园林用途】株形美观，色彩华丽高雅，盆栽适用于室内装饰，可成片摆放在会场、厅
室出入口，端庄整齐，清新悦目。在华南地区可露地栽植于庭院、公园的花坛、花带中。

8 金心也门铁

Dracaena arborea（Willd.）Hort. Angl. ex Link　　　科属：天门冬科龙血树属

【形态特征】常绿小乔木
或灌木，高60~120cm。茎
干直立。叶聚生于茎干上部，
宽条形，长可达80cm，无
柄，深绿色，中央有一金黄
色宽条纹，两边绿色，叶缘
微波状。圆锥花序生于枝端，
花小，黄绿色。花期6~8月
（图7-2-8）。

【产地及分布】原产于阿
拉伯半岛南部的也门，目前
在世界各地广泛栽培。

【生态习性】对光适应性
比较强，耐阴，应该避免强

图 7-2-8　金心也门铁

光直射，遮光50%~60%为最佳；喜高温高湿气候，生长适温20~32℃；对土壤要求不高，
在疏松、肥沃的土壤中生长更佳。

【园林用途】叶片挺拔，叶色浓绿，株形美观而优雅，是室内大型盆栽观叶植物。可用
于布置办公室、宾馆等场所，也可在书房、客厅摆放。

9 / 龙血树

Dracaena draco（L.）L.　　　科属：天门冬科龙血树属

图 7-2-9　龙血树

【形态特征】常绿乔木，高15～20m。幼树的叶为线形，成年树的叶为披针状或剑状，叶色灰绿色或青绿色。圆锥花序，花乳白色或黄白色并带绿色。浆果橙色，球形。花期3～5月，果期7～8月（图7-2-9）。

【产地及分布】原产地为加纳利群岛，现分布于亚洲、非洲和美洲的热带和亚热带地区。

【生态习性】喜光；喜高温多湿环境，不耐寒；喜疏松、排水良好、腐殖质丰富的土壤。

【园林用途】株形优美，叶形、叶色多姿多彩，为现代室内装饰的优良观叶植物，中小型植株可点缀书房和卧室，大型植株可布置厅堂。

10 / '金心'巴西铁

Dracaena fragrans 'Massangeana' Hort.

别名：金心香龙血树、巴西千年木
科属：天门冬科龙血树属

图 7-2-10　'金心'巴西铁

【形态特征】常绿直立灌木。树干直。叶群生，长椭圆状披针形，长40～70cm，宽5～10cm，绿色，中央有金黄色宽纵条纹（图7-2-10）。

【产地及分布】产自加那利群岛和几内亚等。

【生态习性】喜高温多湿和阳光充足环境，耐阴，不耐寒，冬季温度不低于5℃；怕积水，要求肥沃、含钙量高、排水良好的土壤。

【园林用途】株形美观，叶片中心金黄色，为常见室内观叶植物。大型盆栽可用来布置会场、客厅；小型盆栽用于点缀居室的窗台，更显华丽、高雅。

11 / 富贵竹

Dracaena sanderiana Mast.

别名：开运竹、竹叶龙血树、山德士龙血树
科属：天门冬科龙血树属

【形态特征】常绿灌木或小乔木，高达2m。茎干较细，直立，不分枝。叶长披针形，长10～20cm，宽约2.5cm，形似竹叶但较丰润；叶面绿色，边缘白色或黄白色。伞形花序，花紫色。果球形，黑色（图7-2-11）。

【产地及分布】原产于刚果、喀麦隆和缅甸等热带地区，我国广泛栽培。

【生态习性】喜光照，也耐阴；喜温暖，畏寒，最佳生长温度为20～30℃，越冬温度在

图 7-2-11　富贵竹

8℃以上；适生于湿润的环境和排水良好的砂质土。

【园林用途】茎叶纤秀，柔美优雅，极富竹韵，常盆栽观赏。

12　菜豆树

Radermachera sinica（Hance）Hemsl.

别名：幸福树
科属：紫葳科菜豆树属

【形态特征】落叶乔木，高12m。叶为二回奇数羽状复叶，小叶卵形或卵状披针形，先端尾状渐尖，基部宽楔形，全缘。顶生圆锥花序，直立；花萼5齿裂；花冠较大，白色至淡黄色，钟状，裂片5。蒴果线状圆柱形，稍弯曲，细长，下垂，长达85cm。花期5~9月，果期10~12月（图7-2-12）。

【产地及分布】产于广东、广西、贵州、云南。

【生态习性】喜高温多湿、阳光充足的环境；耐高温，畏寒冷；宜湿润，忌干燥；适宜在疏松、肥沃、排水良好、富含有机质的壤土和砂质壤土上生长。

图 7-2-12　菜豆树

【园林用途】树干通直，树姿优雅，叶色翠绿亮泽，花与果均有一定的观赏价值，可作行道树和园景树。在北方地区是珍贵的室内盆栽观赏植物。

13　马拉巴栗

Pachira glabra Pasq.

别名：发财树、光瓜栗
科属：木棉科瓜栗属

【形态特征】常绿乔木，高9~18m。叶互生，多密生于小枝顶端；掌状复叶，小叶5~7片，倒卵状椭圆形至倒披针形。花单朵腋生，花萼杯状；花瓣长圆状条形，淡黄绿色至淡黄色，开花后常扭转。蒴果椭圆形，室背开裂为5果瓣，内面有白色绢质丝毛。花期5月，

图 7-2-13 马拉巴栗

果期秋、冬（图7-2-13）。

【产地及分布】原产于中南美洲，在我国华南及西南地区广泛引种栽培。

【生态习性】喜高温高湿气候，耐寒力差，生长适温为20～30℃，忌冷湿，气温低于15℃时，叶片很容易出现溃状冻斑，低温高湿易引发烂根；适温条件下较耐水湿，也稍耐旱；喜肥沃、疏松、透气保水的砂壤土，喜酸性土，忌碱性土或黏重土壤。

【园林用途】树姿优雅，树干苍劲、古朴，枝叶潇洒婆娑，观赏价值高，为著名热带观叶植物。盆栽用于美化厅堂，有"发财"的美好寓意。

14 / 变叶木

别名：洒金榕

Codiaeum variegatum（L.）Blume
科属：大戟科变叶木属

图 7-2-14 变叶木

【形态特征】常绿灌木。枝条无毛。叶薄革质，光亮，具羽状脉，形状、大小变化大，椭圆形至线形，全缘或分裂，扭曲或叶片间断、仅存中脉等，叶色绿色至深绿色或红紫色，有的具白色、黄色、红色、紫色斑点或斑块，叶脉有时为红色或紫色。总状花序，雄花白色，雌花淡黄色。蒴果近球形。花期9～10月（图7-2-14）。

【产地及分布】原产于马来半岛至大洋洲，中国南部各省份常见栽培。

【生态习性】喜光；喜高温湿润气候，不耐霜冻；喜疏松、肥沃、富含腐殖质的土壤，不耐干旱。

【园林用途】叶形千姿百态，叶色五彩缤纷，是著名的观叶植物，适合南方的庭园布置，可丛植、片植或作绿篱，也可盆栽观赏。

15 / 一品红

别名：圣诞树、象牙红、老来娇、猩猩木

Euphorbia pulcherrima Willd. ex Klotzsch
科属：大戟科大戟属

【形态特征】常绿直立灌木，高1～3m。茎光滑无毛。叶互生，卵状椭圆形、长椭圆形或披针形，先端渐尖或急尖，全缘或具波状浅裂。花序数个排列于枝顶，下具5～7片苞叶；苞叶狭椭圆形，通常全缘，开花时朱红色；花小，无花被，生于坛状总苞内；总苞淡绿色，具黄色腺体。花期为冬季（图7-2-15）。

图7-2-15　一品红

【产地及分布】原产于中美洲，广泛栽培于热带、亚热带。

【生态习性】喜光，典型的短日照植物；喜温暖湿润气候，不耐寒；要求湿润、肥沃和排水良好的土壤。

【园林用途】在南方可露地栽培，可列植、丛植于草坪、庭院、花坛、公路两侧；也可盆栽用于室内外装饰。北方多盆栽观赏。也是冬季的重要切花材料。

16 / 印度榕

Ficus elastica Roxb. ex Hornem.

别名：印度胶榕、橡皮树、缅树
科属：大戟科橡胶树属

【形态特征】常绿乔木，高20～30m。富含乳汁，有须状气生根，全体无毛。叶互生，长椭圆形，先端急尖，基部钝圆形，全缘，中脉明显，侧脉多，不明显；托叶大，淡红色，初期包于顶芽外，新叶伸展后脱落，并在枝条上留下托叶痕。花序圆锥状腋生，被灰白色柔毛，雄花花萼裂片卵状披针形，雌花花萼裂片较雄花大。蒴果椭圆形；种子淡灰褐色，有斑纹。花期5～6月（图7-2-16）。

图7-2-16　印度榕

【产地及分布】原产于不丹、尼泊尔、印度东北部（阿萨姆）、缅甸、马来西亚（北部）、印度尼西亚（苏门答腊、爪哇）。在中国云南（瑞丽、盈江、莲山、陇川）海拔800～1500m处有野生。

【生态习性】喜阳光充足、高温湿润的环境，耐阴、耐旱、耐瘠薄，但不耐；对土壤要求不严；萌芽力强，生长快，耐修剪；抗污染。

【园林用途】树形丰茂而端庄，叶片宽大而有光泽。我国长江流域及以北各大城市盆栽观赏，在温室越冬。在华南地区可露地越冬，作行道树、庭荫树及独赏树或群植。

17 / 龙吐珠

Clerodendrum thomsoniae Balf. f.   科属：唇形科南大青属

【形态特征】常绿灌木。幼枝四棱形，被黄褐色短茸毛，老时无毛。叶片狭卵形或卵状长圆形，顶端渐尖，基部近圆形，全缘。聚伞花序腋生，二歧分枝；苞片狭披针形；花萼白色，基部合生，中部膨大，裂片三角状卵形，顶端渐尖；花冠深红色，裂片椭圆形；雄蕊4，与花柱同伸出花冠外；柱头2浅裂。核果近球形，棕黑色。花期3~5月（图7-2-17）。

图 7-2-17　龙吐珠

【产地及分布】分布于非洲西部热带地区、墨西哥，中国有栽培。

【生态习性】喜温暖、湿润和阳光充足的半阴环境，生长适温为18~30℃，不耐寒，冬季温度不低于8℃。

【园林用途】开花繁茂，花形奇特，开花时深红色的花冠由白色的萼内伸出，状如吐珠，观赏价值高。主要用于温室栽培观赏，可制作花架，也可盆栽点缀窗台和夏季小庭院。

18 / 兰屿肉桂

别名：平安树、红头屿肉桂

Cinnamomum kotoense Kaneh. et Sasaki   科属：樟科肉桂属

【形态特征】常绿乔木，高达25m。树皮暗灰棕色，平滑。叶互生或近对生，卵形至椭圆形，先端尖，基部圆形或宽楔形，全缘。花小，黄白色，聚伞花序腋生或顶生。果实为核果，近圆形，成熟后呈红色（图7-2-18）。

图 7-2-18　兰屿肉桂

【产地及分布】主要分布于中国台湾兰屿、花莲等地区。

【生态习性】喜光，又耐阴；喜温暖湿润、阳光充足的环境，不耐干旱、积水、严寒和空气干燥；宜疏松、肥沃、排水良好、富含有机质的酸性砂质土壤；对有害气体具有抗性。

【园林用途】优美的观叶植物，在我国南方地区多作园景树和行道树，在北方地区多盆栽观叶。

19　灰莉

Fagraea ceilanica Thunb.

别名：非洲茉莉

科属：马钱科灰莉属

【形态特征】常绿灌木或小乔木。树皮灰色。叶片稍肉质，椭圆形、卵形、倒卵形或长圆形，先端渐尖、急尖或圆而有小尖头，基部楔形或宽楔形。花单生或组成顶生二歧聚伞花序，花梗粗壮；花萼绿色，肉质；花冠漏斗状，白色，芳香，花冠管长3~3.5cm，上部扩大，裂片开张，倒卵形。浆果卵状或近圆球状，淡绿色；种子椭圆状肾形，藏于果肉中。花期4~8月，果期7月至翌年3月（图7-2-19）。

图 7-2-19　灰莉

【产地及分布】产于中国台湾、海南、广东等地。印度、缅甸、泰国等也有分布。

【生态习性】喜温暖湿润及阳光充足的环境，耐半阴、耐热、耐旱，不耐寒；喜疏松、肥沃、排水良好的壤土。

【园林用途】枝叶青翠，花朵优雅洁白、略带芳香，惹人喜爱，是比较流行的室内观叶植物之一，常盆栽布置于阳台、室内，也常用于花坛。

20　白兰

Michelia × *alba* DC.

别名：缅桂、白玉兰

科属：木兰科含笑属

【形态特征】常绿乔木，高达20m。树皮灰白，幼枝被黄白色柔毛。单叶互生，长椭圆形，叶背被疏柔毛。花白色或略带黄色，花瓣长披针形，有浓香。花期4~9月（图7-2-20）。

【产地及分布】原产于印度尼西亚爪哇，现广植于东南亚。中国福建、广东、广西、云南等栽培极盛。

【生态习性】喜光；喜温暖湿润，怕高温，不耐寒；不耐干旱和水涝，适于微酸性土壤；对二氧化硫、氯气等有毒气体比较敏感，抗性差。

【园林用途】树姿优美，叶片青翠，花朵洁白，香如幽兰，在长江流域及以北地区常于室内盆栽观赏，在华南地区可作为行道树或庭荫树。

图 7-2-20　白兰

21 / 朱槿

Hibiscus rosa-sinensis L.

别名：扶桑、朱槿牡丹
科属：锦葵科木槿属

图 7-2-21　朱槿

【形态特征】常绿灌木，高3～9m。小枝疏被星状柔毛。叶阔卵形或狭卵形，先端渐尖，基部近圆形，边缘具粗齿或缺刻；托叶线形。花单生于上部叶腋，常下垂；花萼钟形，有星状毛；花冠漏斗形，通常鲜红色；雄蕊柱和花柱较长，伸出花冠外。花期全年（图7-2-21）。

【产地及分布】原产于中国，分布于广东、福建及广西等地。

【生态习性】喜光，要求日光充足，不耐阴；喜温暖湿润，不耐寒，越冬温度为12～15℃；不耐旱，要求富含有机质的微酸性壤土；耐修剪，发枝力强。

【园林用途】花大色艳，形态、色彩丰富，花量大，四时开花不断，南方道路两旁、水滨等绿化应用广泛。可孤植、丛植，也可作花篱、绿篱。北方多盆栽观赏。

22 / 米仔兰

Aglaia odorata Lour.

别名：碎米兰
科属：楝科米仔兰属

【形态特征】常绿灌木或小乔木。奇数羽状复叶，叶轴和叶柄具狭翅，有小叶3～5片；小叶倒卵形至长椭圆形。圆锥花序腋生，花小，黄色，芳香。果为浆果，卵形或近球形，初时被散生的星状鳞片，后脱落；种子有肉质假种皮。花期5～12月，果期7月至翌年3月（图7-2-22）。

图 7-2-22　米仔兰

【产地及分布】产于我国广东、广西，福建、四川、贵州和云南等常有栽培。分布于东南亚各国。

【生态习性】幼时较耐荫蔽，长大后偏喜光；喜温暖湿润的气候，怕寒冷；适生于肥沃、疏松、富含腐殖质的微酸性砂质土中。

【园林用途】黄色花朵只有米粒大，因而得名。花醇香诱人，开花季节浓香四溢，为优良的芳香植物。盆栽可观叶赏花，用于布置会场、门厅、庭院及家庭装饰。

23／朱砂根　　别名：大罗伞、金玉满堂

Ardisia crenata Sims　　科属：紫金牛科紫金牛属

【形态特征】常绿灌木。茎无毛，无分枝。叶革质或坚纸质，椭圆形、椭圆状披针形或倒披针形，先端渐尖，基部楔形，边缘波状，具圆齿。伞形花序或聚伞花序；花冠5裂，卵形，淡红色，盛开时反卷。果球形，鲜红色。花期5~6月，果期10~12月（图7-2-23）。

【产地及分布】印度、东南亚至日本均有分布。在我国分布于西藏东南部至台湾，湖北至海南等地区。

图 7-2-23　朱砂根

【生态习性】喜温暖湿润、荫蔽、通风良好的环境，不耐暴晒，在全日照阳光下生长不良；不耐干旱瘠薄，也不适于水湿环境；对土壤要求不严。

【园林用途】株形优美，四季常青，春、夏淡红花朵飘香，秋末红果成串，艳丽夺目，适于盆栽观果。

24 / 龙船花

Ixora chinensis Lam.　　　科属：茜草科龙船花属

图 7-2-24　龙船花

【形态特征】常绿灌木，高0.5~2m。叶对生，薄革质，椭圆状披针形或倒卵状椭圆形，长6~13cm，先端钝或钝尖，基部楔形或浑圆，全缘；叶柄极短。顶生伞房状聚伞花序，花序分枝红色；花冠高脚碟状，红色或橙红色，花冠筒细长，裂片4，先端浑圆。浆果近球形，成熟时黑红色。几乎全年开花（图7-2-24）。

【产地及分布】原产于中国、缅甸和马来西亚。在中国主要分布于福建、广东、香港、广西。

【生态习性】喜光，耐半阴；喜温暖高湿环境，不耐寒；要求肥沃、疏松、富含腐殖质的酸性土壤。

【园林用途】株形美观，开花密集丰盛，花色丰富，花期长。在南方露地栽植，可丛植、片植于草坪、疏林下或庭院、风景区、宾馆等，景观效果极佳。盆栽特别适合于窗台、阳台和客室摆设。

25 / 鸳鸯茉莉

别名：二色茉莉

Brunfelsia latifolia（Pohl）Benth.　　科属：茄科鸳鸯茉莉属

图 7-2-25　鸳鸯茉莉

【形态特征】常绿灌木，高70~150cm。叶互生，纸质，长披针形，叶缘略波皱。花单生或2~3朵簇生于叶腋，高脚碟状花，花冠5裂，初开为蓝紫色，渐变为雪青色，最后变为白色，在同株上能同时见到蓝紫色和白色的花，芳香。花期4~10月（图7-2-25）。

【产地及分布】原产于中美洲及南美洲热带地区，在中国的华南、西南地区广为栽培。

【生态习性】弱喜光，耐半阴；喜温暖湿润气候，不耐寒；不耐涝，喜疏松、肥沃、排水良好的微酸性土壤。

【园林用途】分枝多，一树双色花，且芳香，适用于楼宇、庭院、公园等点缀或作花篱，也可盆栽观赏。

任务实施

一、搜集资料

学生分组，通过查阅资料搜集室内装饰树种的定义、树种选择要求、当地常见室内装饰树种图片及视频等相关信息。

二、学习室内装饰树种相关理论知识

学习室内装饰树种相关理论知识。教师通过图片、标本等进行典型室内装饰树种识别的现场教学。

三、室内装饰树种现场调查

各小组对当地常见室内装饰树种进行调查，并填写室内装饰树种调查记录表（表7-2-1）。

表 7-2-1　室内装饰树种调查记录表

班级：_____　　小组成员：_____　　调查时间：_____　　调查地点：_____

树种名称：　　科：　　属： 树种类型：（落叶乔木、常绿乔木、落叶灌木、常绿灌木、落叶藤本、常绿藤本）				植物图片
形态特征	树高：　　树形：　　枝条：			
	叶形：　　叶序：　　叶脉：　　叶缘：			
	花色：　　花序：　　花期：			
	果实：　　种子：			
生长环境				
生长状况				
配置方式				
观赏特性				
园林用途				
备　注				

四、完成调查报告

各小组根据相关调查数据撰写调查报告。

五、常见室内装饰树种识别

教师选择20种当地常见室内装饰树种进行识别考核。

任务考核

根据表7-2-2进行考核评价。

表 7-2-2　室内装饰树种识别与应用考核评分标准

项　目	考核内容	考核标准	赋分	得分
过程性评价	调查准备工作	准备充分	10	
	调查态度	积极主动，有团队精神，注重方法及创新	20	
	调查水平	树种名称正确，形态特征描述准确，观赏特性与应用价值分析合理	30	
结果性评价	调查报告	符合要求，内容全面，条理清晰，图文并茂	20	
	室内装饰树种识别	对20种常见室内装饰树进行识别，每正确识别1种得1分	20	
总　　分			100	

巩固练习

1. 什么是室内装饰树种？

2. 室内装饰树种有哪些应用形式？

3. 列表说明当地观叶、观花、观果的室内装饰树种。

模块 3
草本园林植物识别与应用

草本园林植物通常指的是草本花卉和草坪及地被植物，是园林植物的重要组成部分，在园林的绿化、美化、香化中有着十分重要的地位和作用。草本园林植物种类繁多、形态各异，大体可分为草木花卉、草本地被植物和草坪草。本模块包括草本花卉识别与应用、草本地被植物和草坪草识别与应用两个项目。

项目 8

草本花卉识别与应用

项目描述

　　草本花卉是指具有草质茎的花卉，这类花卉的茎木质部不发达，支持力较弱。草本花卉按其生育期长短不同，可分为一年生花卉、二年生花卉和多年生花卉；按应用形式，可分为花坛花卉、花境花卉、水生花卉和室内花卉等。本项目从园林工作实际出发，共包含4个任务：花坛花卉识别与应用、花境花卉识别与应用、水生花卉识别与应用和室内花卉识别与应用。

项目目标

知识目标

　　1. 理解常见草本花卉的形态特征和园林用途。
　　2. 领会常见草本花卉的生态习性和观赏特性。

技能目标

　　1. 能准确识别本地常见草本花卉及其变种、栽培品种。
　　2. 能根据草本花卉的观赏特性和生态习性合理选择草本花卉进行配置。

素质目标

　　1. 厚植爱国主义情怀，增强文化自信，践行社会主义核心价值观。
　　2. 宣扬"生态兴则文明兴，生态衰则文明衰""人与自然和谐共生""绿水青山就是金山银山"等生态文明思想，对环境保护和生态文明理念发自内心地认可和尊崇。
　　3. 传承与植物相关的文学、历史、哲学、艺术等方面的优秀传统文化，培养发现美、感知美、欣赏美、评价美的基本能力和审美价值取向。
　　4. 热爱园林事业，培养敬业、精益、专注、创新的职业精神。
　　5. 培养热爱自然、感恩自然、尊重自然的生态意识。
　　6. 培养发现问题和解决问题的能力。

数字资源

任务 *8-1*　花坛花卉识别与应用

📝 任务描述

花坛花卉色彩艳丽，种类繁多。不同的花坛花卉与不同的花坛类型相结合，可以营造出丰富的景观。本任务是在学习花坛花卉相关理论知识的基础上，调查当地城市园林绿地的花坛花卉应用情况（包括花坛花卉名称、形态特征、生态习性、观赏特性及配置方式等），完成花坛花卉调查报告。

🎯 任务目标

≫ 知识目标

1. 知道花坛花卉的概念和类型。
2. 理解花坛花卉的生态习性和园林用途。
3. 领会常见花坛花卉的识别要点和观赏特性。
4. 理解花坛花卉的选择要求。

≫ 技能目标

1. 能用专业术语正确描述花坛花卉的识别特征和生态习性。
2. 能准确识别本地区常见花坛花卉。
3. 能根据花坛花卉的观赏特性和生态习性合理选择花坛花卉进行配置。

≫ 素质目标

1. 厚植爱国主义情怀，增强文化自信，践行社会主义核心价值观。
2. 宣扬生态文明思想，对环境保护和生态文明理念发自内心地认可和尊崇。
3. 传承与花坛花卉相关的文学、历史、哲学、艺术等方面的优秀传统文化，培养发现美、感知美、欣赏美、评价美的基本能力和审美价值取向。
4. 热爱园林事业，培养敬业、精益、专注、创新的职业精神。

📖 知识准备

一、花坛概念、类型及花卉选择

1. 花坛概念

花坛是按照设计意图，在有一定几何图形轮廓的植床内，以园林草花为主要材料布置而成的具有艳丽色彩或图案纹样的植物景观。花坛通过花卉的群体图案纹样，突出精美、华丽的装饰效果。

2. 花坛类型

依据表现主题的方式，花坛可分为花丛式花坛（盛花花坛）、模纹式花坛、标题式花坛、装饰物花坛、立体造型花坛、混合式花坛、造景式花坛。

依据布局方式，花坛可分为独立花坛、花坛群、连续花坛群。

依据空间形式，花坛可分为平面花坛、斜面花坛、花台、立体花坛。

依据花卉的栽植方式，花坛可分为地栽花卉花坛、盆栽花卉花坛、移动式花坛。

3. 花坛花卉选择

花坛花卉一般选用植株低矮、生长整齐、花期集中、株形紧凑、花和叶观赏价值高的花卉种类，常选用一、二年生花卉和宿根花卉或球根花卉。

二、常见花坛花卉

1	**鸡冠花**	别名：红鸡冠
Celosia cristata L.		科属：苋科青葙属

【形态特征】一年生花卉，株高15~120cm。茎粗壮直立，光滑，具棱，少分枝。叶互生，卵状至线状变化不一。穗状花序肉质顶生，具丝绒般光泽，有不同形状，上部退化成丝状，中下部干膜质状，生不显著细小花，花色有深红色、鲜红色、橙黄色、黄色、白色等，与叶色常有相关性。花期秋季（图8-1-1）。

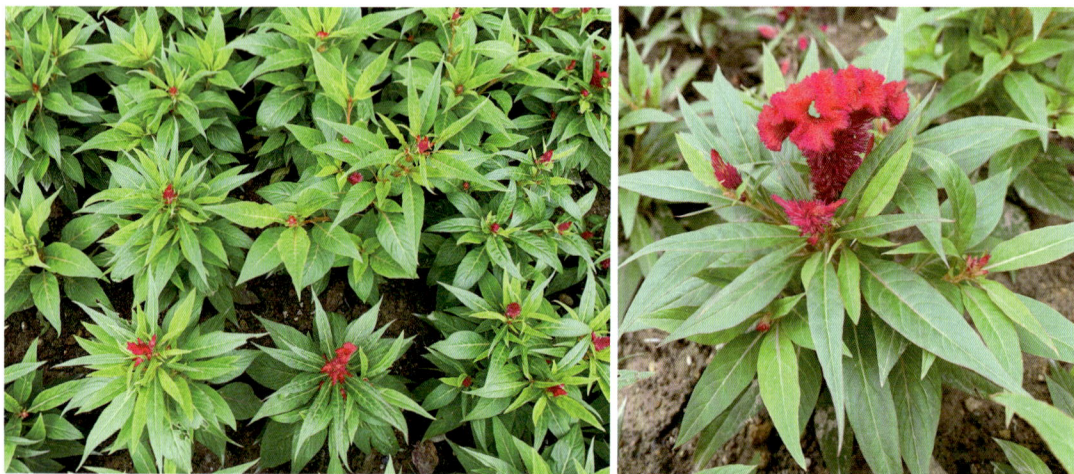

图 8-1-1　鸡冠花

【产地及分布】原产于东亚及南亚亚热带和热带地区。

【生态习性】喜阳光充足、炎热和空气干燥的环境；怕霜冻，不耐寒，一旦霜期来临，植株即枯死；忌积水，较耐旱，喜疏松、肥沃、排水良好的土壤，不耐瘠薄。

【园林用途】花序顶生，形状、色彩多样，有较高的观赏价值，是重要的花坛花卉。矮型及中型鸡冠花用于花坛和盆栽观赏，高型鸡冠花用于花境和作切花材料。

2	**千日红**	别名：火球花、红光球、千年红
Gomphrena globosa L.		科属：苋科千日红属

【形态特征】一年生花卉，株高20~60cm。茎直立，上部多分枝。叶对生，椭圆形至倒

卵形。头状花序球形，1~3个着生于枝顶，有长总花莛；花小，密生；每花有小苞片2枚；膜质苞片有光泽，紫红色，干后不凋，色泽不褪；花色有紫红色、橙黄色、白色、粉色等。花期夏、秋季（图8-1-2）。

【产地及分布】原产于亚洲热带地区，世界各地广为栽培。

【生态习性】喜阳光充足；喜炎热干燥气候，不耐寒；性强健，不择土壤。

图 8-1-2 千日红

【园林用途】植株低矮，花繁色艳，是布置花坛的好材料，也适宜应用于花境。

3 | 长春花

别名：四时春、日日新、三万花

Catharanthus roseus（L.）G. Don

科属：夹竹桃科长春花属

【形态特征】多年生草本或亚灌木作一年生栽培，株高20~60cm。茎直立，分枝少。叶对生，倒卵状矩圆形，两面光滑无毛，浓绿而有光泽，主脉白色明显；叶柄短。花单生或数朵腋生，高脚杯状，有5枚平展的花冠裂片，有玫瑰红色、纯白色、白色而喉部具红黄斑等品种。花期夏、秋季（图8-1-3）。

【产地及分布】原产于南非、非洲东部及美洲热带地区。

图 8-1-3 长春花

【生态习性】喜阳光充足，耐半阴；喜温暖，忌干热，不耐寒；不择土壤，耐贫瘠，耐旱，忌水涝。

【园林用途】开花繁茂，色彩艳丽，花期较长，适用于布置花坛，也适合盆栽观赏。

4 | 雏菊

别名：春菊、延命菊、马兰头花

Bellis perennis L.

科属：菊科雏菊属

【形态特征】多年生宿根草本花卉作二年生栽培，株高8~20cm。植株矮小，茎、叶光滑或具短茸毛。叶基部簇生，长匙形或倒卵形，边缘具皱齿。头状花序单生于茎顶，高出叶面，直径3~5cm，舌状花一轮或多轮，红色、白色、蓝色、粉色、粉红色、深红色或紫色，筒状花黄色。花期在暖地为2~3月，在寒地为4~5月（图8-1-4）。

图 8-1-4　雏菊

【产地及分布】原产于西欧。

【生态习性】喜光，也耐微阴；喜冷凉湿润和阳光充足的环境，不耐炎热，炎夏极易枯死，较耐寒；要求疏松、肥沃、湿润、排水良好、富含有机质的砂质土壤，不耐水湿。

【园林用途】植株矮小，优雅别致，花色丰富，花期较长，是布置花坛、花带的重要材料，或用于装点岩石园。

5	金盏菊	别名：金盏花、长生花（菊）
Calendula officinalis L.		科属：菊科金盏菊属

【形态特征】多年生草本花卉作一、二年生栽培，株高25~60cm。茎直立，粗壮，多分枝。叶互生，长圆形至长圆状倒卵形，全缘，基部抱茎。头状花序单生，花葶粗壮，直径可达15cm；花淡黄色至深橙红色，夜间闭合；舌状花有黄、橙、白等色。花期4~6月（图8-1-5）。

图 8-1-5　金盏菊

【产地及分布】原产于地中海地区和中欧、加拿利群岛至伊朗一带。

【生态习性】喜阳光充足，不耐阴；喜凉爽环境，忌炎热和潮湿，较耐寒；性强健，要求疏松、肥沃、排水良好、略含石灰质的砂质壤土。

【园林用途】植株矮生，花朵密集，花色鲜艳夺目，开花早且花期长，是晚秋、冬季和早春的重要花坛、花带材料，也可盆栽观赏。

6 | 黄帝菊

Melampodium divaricatum（Rich.）DC.

别名：美兰菊、皇帝菊
科属：菊科黑足菊属

【形态特征】一年生草本，株高20~30cm。茎圆形，无毛，直立，二歧分叉，分叉处抽生花莛。叶互生，三角形，边缘具粗锯齿。头状花序，总苞黄褐色、半球状，周边花舌状、金黄色，花直径约3cm。花期6~11月（图8-1-6）。

【产地及分布】原产于中美洲，中国多地有栽培。

【生态习性】喜温暖、干燥、阳光充足的环境，在稍阴处也能生长；忌积水，适应性强，不择土质，容易栽培；性强健，具有耐热、耐干旱、耐瘠薄的能力。

图 8-1-6　黄帝菊

【园林用途】适于成片或成行种植，可用于布置花坛、与草坪连接的地被花径，也可在岩石园作野花自然种植。

7 | 万寿菊

Tagetes erecta L.

别名：臭芙蓉、万寿灯、蜂窝菊
科属：菊科万寿菊属

【形态特征】多年生草本作一年生栽培，株高30~90cm。茎粗壮，光滑，绿色或带棕褐色晕。叶对生或互生，羽状全裂，裂片披针形或长圆形，具齿，顶端锐尖，叶缘背面具油腺点，有强臭味。头状花序单生，花黄色或橘黄色；舌状花有长爪，边缘皱曲。花期5~10月（图8-1-7）。

【产地及分布】原产于墨西哥，中国各地均有栽培。

图 8-1-7　万寿菊

【生态习性】喜欢阳光充足、湿润的环境，对日照长短反应较敏感，可以通过短日照处理提早开花；喜温暖，稍耐早霜；比较耐干旱，要求肥沃、排水良好的砂质壤土。

【园林用途】可于庭院栽培观赏，或用于布置花坛、花境、花带，也可作切花材料。

8 | 孔雀草

Tagetes patula L.

别名：蓝壶花、葡萄百合
科属：菊科万寿菊属

【形态特征】一年生草本，株高20~40cm。茎多分枝而铺散。单叶对生，叶片羽状全

图 8-1-8　孔雀草

裂，边缘有明显的腺点。头状花序较小，直径2~6cm；总苞长筒状；舌状花黄色，基部红褐色。花期6~10月（图8-1-8）。

【产地及分布】产于墨西哥，在中国主要分布于四川、贵州、云南等。

【生态习性】喜阳光充足，耐半阴；喜温暖，稍耐寒；耐干旱，对土壤要求不严。

【园林用途】植株低矮，开花繁茂，花期长，可用于布置夏、秋季花坛，也可用于布置花径、花群及栽植于草坪、林缘。

9　百日菊

Zinnia elegans Jacq.

别名：百日草、步步高
科属：菊科百日草属

图 8-1-9　百日菊

【形态特征】一年生草本，株高30~120cm。茎直立，粗壮。叶对生，卵圆形至长椭圆形，全缘，上被短刚毛，基部抱茎，无柄。头状花序单生于枝端，梗甚长；舌状花一至多轮，有白、绿、黄、粉、红、橙等色；管状花集中在花盘中央，黄橙色，边缘分裂。花期6~9月（图8-1-9）。

【产地及分布】原产于南、北美洲，以墨西哥为分布中心，世界各地均有栽培。

【生态习性】生长势强，喜光，也能耐半阴；喜温暖，忌暑热，不耐寒；较耐旱与干燥；不择土壤。

【园林用途】花色艳丽，色彩丰富，常用于布置花坛、花境和花带，也可盆栽观赏。

10　何氏凤仙

Impatiens wallerana Hook. f.

别名：玻璃翠、非洲凤仙
科属：凤仙花科凤仙花属

【形态特征】多年生肉质草本，株高可达80cm。茎直立，绿色或淡红色。叶互生，叶片宽椭圆形或卵形至长圆状椭圆形。总花莛生于茎、枝上部叶腋，2花，花大小及颜色多变化，有鲜红色、深红色、粉红色、紫红色、淡紫色、蓝紫色或白色。花期6~10月（图8-1-10）。

【产地及分布】产于非洲赞比亚东北部的乌桑巴拉山，在中国海南及国家植物园北园热带温室中有栽培。

【生态习性】喜光，耐半阴；喜高温、炎热，不耐寒；喜湿润环境，生长强健，对土壤要求不严，但适宜疏松、肥沃、排水良好的土壤。

【园林用途】花朵小巧，花色丰富，花期长，适于阳台、花坛、花台等种植，也是优良的吊盆花卉、地被花卉。

图 8-1-10　何氏凤仙

11 ／ 四季秋海棠

Begonia cucullata Willd.

别名：瓜子海棠、洋秋海棠、四季海棠

科属：秋海棠科秋海棠属

【形态特征】多年生常绿草本。茎直立，肉质，光滑。叶互生，有光泽，卵圆形至广卵圆形，绿色、古铜色和深红色，基部偏斜，边缘有锯齿。雌雄同株异花，聚伞花序腋生，花色有红、粉和白等色；雄花较大，花瓣2枚、宽大，萼片2枚、较窄小；雌花稍小，花被片5。蒴果三棱形（图8-1-11）。

图 8-1-11　四季秋海棠

【产地及分布】原产于巴西。

【生态习性】喜半阴环境，夏季不可放于阳光直射处；喜温暖，不耐寒，生长适温20℃左右，低于10℃生长缓慢；适宜空气湿度较大、土壤湿润的环境，不耐干燥，也忌积水。

【园林用途】植株低矮，株形圆整，盛花时植株表面可全为花朵所覆盖，是布置夏季花坛的重要材料，开花时也适合用来美化居室。

12 / 羽衣甘蓝

Brassica oleracea var. *acephala* DC.

别名：叶牡丹、花菜、牡丹菜
科属：十字花科芸薹属

图 8-1-12　羽衣甘蓝

【形态特征】二年生草本，株高30~60cm。叶基生，平滑无毛，呈宽大匙形，且被有白粉；外部叶片呈粉蓝绿色，边缘呈细波状皱褶；内叶的叶色极为丰富，通常有白、红、粉、乳黄、紫红、黄绿等色（图8-1-12）。

【产地及分布】原产于欧洲。

【生态习性】喜阳光充足；喜冷凉，较耐寒，忌高温多湿；喜疏松、肥沃的砂质土壤。

【园林用途】耐寒性较强，且叶色鲜艳，是重要的观叶植物，可作花坛、花境的布置材料及盆栽观赏。

13 / 紫罗兰

Matthiola incana（L.）R. Br.

别名：春桃、草桂花、草紫罗兰
科属：十字花科紫罗兰属

图 8-1-13　紫罗兰

【形态特征】多年生作二年生栽培，株高20~60cm。全株被灰色星状柔毛。茎直立，基部稍木质化。叶互生，长圆形至倒披针形，灰绿色，全缘。总状花序顶生，有粗壮的花莛；花淡紫色和深粉红色，花瓣倒卵形，十字状着生，花径约3cm，具香气。花期4~5月（图8-1-13）。

【产地及分布】原产于地中海沿岸。

【生态习性】喜光照充足，稍耐半阴；喜冷凉，忌燥热，耐寒，冬季能耐短暂−5℃低温，在华南地区可露地越冬；喜通风良好的环境；要求肥沃、湿润、深厚的中性或微酸性土壤。

【园林用途】花朵丰盛，色艳香浓，花期长，是春季花坛的重要花卉，也可用于布置花境、花带或盆栽观赏。

14 / 石竹

Dianthus chinensis L.

别名：中国石竹、石菊、绣竹、瞿麦草
科属：石竹科石竹属

【形态特征】多年生草本，一般作一、二年生栽培，株高30~40cm。茎直立，簇生，有节，多分枝。叶对生，条形或线状披针形。花单朵或数朵簇生于茎顶，形成聚伞花序，花径2~3cm，花萼筒圆形，花色有紫红色、大红色、粉红色、紫红色、纯白色、红色、杂色，单瓣5枚或重瓣，先端锯齿状，微具香气。花期4~10月，以4~5月最为集中（图8-1-14）。

【产地及分布】原产于中国东北、华北、长江流域及东南亚地区，分布很广。

图 8-1-14 石竹

【生态习性】喜阳光充足，不耐阴；耐寒性强，要求高燥、通风、凉爽的环境；喜排水良好、含石灰质的肥沃土壤，忌潮湿水涝，耐干旱瘠薄。

【园林用途】花朵繁密，花色丰富，色泽艳丽，花期长；叶似竹叶，青翠，柔中有刚。用于布置花坛、花境，也可布置岩石园。

15 彩叶草

Coleus scutellarioides（L.）Benth.

别名：老来少、五色草、锦紫苏、洋紫苏、五彩苏
科属：唇形科鞘蕊花属

【形态特征】多年生常绿草本，多作一、二年生栽培，株高20~60cm。全株有毛。茎为四棱，基部木质化。单叶对生，卵圆形，先端长渐尖，叶缘缺刻变化很多，叶面绿色，有淡黄、桃红、朱红、紫等色彩鲜艳的斑纹（图8-1-15）。

【产地及分布】原产于亚热带地区、印度尼西亚，世界各地广泛栽培。

【生态习性】喜温暖湿润的环境，耐寒力较弱；要求疏松、肥沃、排水良好的土壤；分枝多，生长强壮。

图 8-1-15 彩叶草

【园林用途】色彩鲜艳，品种甚多，繁殖容易，为应用较广的观叶花卉，常用于配置图案花坛、植物镶边，也可作为花篮、花束的配叶使用。

16 蓝花鼠尾草

Salvia farinacea Benth.

别名：一串蓝、蓝丝线
科属：唇形科鼠尾草属

【形态特征】多年生草本，丛生状，株高40cm。叶对生，长椭圆形，灰绿色，叶表有

凹凸状织纹，香味刺鼻浓郁。轮伞花序有花2~5朵，组成顶生假总状或圆锥花序，花色为蓝色、淡蓝色。花期4~7月（图8-1-16）。

【产地及分布】原产于北美洲，在我国广布于浙江、安徽南部、江苏、江西、湖北、福建等地。

【生态习性】喜阳光充足，耐半阴；喜温暖湿润气候，耐寒。

【园林用途】生长势强，花芳香，花期长，可广泛用于路边绿化、花坛、花境。

图 8-1-16　蓝花鼠尾草

17 / 一串红

Salvia splendens Ker-Gawl.

别名：爆仗红、撒尔维亚、西洋红、墙下红
科属：唇形科鼠尾草属

图 8-1-17　一串红

【形态特征】多年生亚灌木作一年生栽培，株高25~80cm。茎直立，光滑，四棱形，幼时绿色，后期呈紫褐色，基部半木质化。叶片卵形或卵圆形，对生，有长柄，顶端渐尖，基部圆形，两面无毛。顶生总状花序，每花序着花2~6朵，轮生；苞片红色，早落；花萼钟形，2唇，宿存，绯红色；花冠唇形筒状伸出萼外，长3.5~5cm，下唇较短；花色有鲜红、粉、红、紫、淡紫、白等色。花期8~10月（图8-1-17）。

【产地及分布】原产于巴西，各地广为栽培。

【生态习性】喜温暖、阳光充足的环境，耐半阴，不耐寒，忌霜雪和高温；以疏松、肥沃的土壤为好，怕积水和碱性土壤。

【园林用途】常用于布置花坛、花境和花丛。矮生品种适合盆栽，摆放于窗台、阳台。

18 / 葡萄风信子

Muscari botryoides Mill.

别名：蓝壶花、葡萄百合
科属：百合科风信子属

【形态特征】多年生草本。鳞茎卵状球形，皮膜白色。基生叶线形，长5~25cm，稍肉质，暗绿色，边缘略向内卷。花莛自叶丛中抽出，高10~30cm，直立，圆筒状，上面密生许多串铃的小花，花梗下垂；花小，蓝色。花期3~5月（图8-1-18）。

【产地及分布】原产于欧洲的中部及西南部。

【生态习性】耐半阴；喜冬季温和、夏季冷凉的环境，耐寒，在我国华北地区可露地越冬，鳞茎夏季休眠；喜肥沃、疏松、排水良好的砂质壤土。

【园林用途】植株低矮，性强健，独特的蓝紫色花在早春开放，花期长，可用于布置春季花坛，尤其适合布置于疏林草地和作地被花卉。

图 8-1-18　葡萄风信子

19 / 虞美人

Papaver rhoeas L.

别名：丽春花、赛牡丹、小种罂粟花
科属：罂粟科罂粟属

【形态特征】一、二年生草本，株高30~60cm。茎细长，全株都有疏毛。叶主要生于分枝基部，互生，羽状深裂，边缘具齿。花蕾单生于花莛的顶端；花瓣4枚，薄且有光泽，似绢，组成圆形花冠；花色丰富，有白、粉、红等深浅变化。花期5~6月（图8-1-19）。

图 8-1-19　虞美人

【产地及分布】原产于欧洲与亚洲，世界各地有栽培。

【生态习性】喜欢日照充足；喜凉爽气候，要求高燥通风之处，不宜湿热过肥之地，但不择土壤。

【园林用途】花色艳丽，姿态轻盈可人，是非常美丽的春季花卉，常用于布置花坛、花墙和花架，特别适合成片栽植。

20 / 大花马齿苋

Portulaca grandiflora Hook.

别名：龙须牡丹、松叶牡丹、半枝莲、太阳花
科属：马齿苋科马齿苋属

【形态特征】一年生肉质草本，株高15~30cm。茎匍匐状或斜生状。叶互生，有时成对

图 8-1-20 大花马齿苋

或簇生，肉质，尖形圆棍状，长2.5cm。花单生或数朵簇生于枝顶，直径3cm，单瓣或重瓣，花色丰富，有白色、淡黄色、黄色、橙色、粉红色、紫红色或具斑嵌合色。8~9月为盛花期（图8-1-20）。

【产地及分布】原产于巴西、阿根廷、乌拉圭等，世界各地广为栽培。

【生态习性】喜强光，花仅于阳光下开放，阴天闭合；喜高温，不耐寒；耐干旱贫瘠，不耐水涝，不需肥水太多，以保持湿润为宜；不择土壤，但以疏松、排水良好的土壤为佳。

【园林用途】株丛密集，花繁色艳，花期长，宜花坛边缘和花境栽植，也是装饰草地、坡地和路边的优良配花。

21 / 报春花

别名：纤美报春、景花、樱草
Primula malacoides Franch.
科属：报春花科报春花属

图 8-1-21 报春花

【形态特征】多年生草本，常作一、二年生栽培。叶基生，具长柄，卵圆形，被有白粉，叶缘具锯齿。伞形花序，花色艳丽丰富，有大红、粉红、紫、蓝、黄、橙、白等色。花期2~4月（图8-1-21）。

【产地及分布】原产于中国，全世界广泛栽培。

【生态习性】喜温暖湿润、夏季凉爽通风，不耐寒，忌炎热及干旱；要求土壤含适量钙质，花色受酸碱度影响而有明显变化，一般pH偏低时呈红色、粉红色，pH偏高则呈偏蓝色。

【园林用途】植株低矮，生长整齐，花色艳丽，花姿雅致，花期集中，常用于布置早春花坛。

22 / 五星花

别名：繁星花
Pentas lanceolata K. Schum.
科属：茜草科五星花属

【形态特征】直立或外倾的亚灌木，株高30~60cm。叶对生，浅绿色，卵形、椭圆形或矩圆形，被茸毛。顶生聚伞花序，每朵小花有一个长管状的基部，花冠张开呈五角星状；

花色为淡紫红色，也有蓝紫色、白色、粉色、红色等品种。花期6~10月（图8-1-22）。

【产地及分布】原产于非洲和阿拉伯热带地区。我国南部有栽培。

【生态习性】喜光；喜温暖湿润气候，稍耐寒，长江以北需室内越冬。

【园林用途】数十朵花聚生成团，形成花球，花色艳丽悦目，花期长，极具观赏价值。适宜用于布置花坛、花境，也可盆栽布置庭院、阳台。

图 8-1-22　五星花

---

23 / 夏堇　　别名：蝴蝶草、蓝猪耳

Torenia fournieri Linden. ex E. Fourn.　　科属：玄参科蝴蝶草属

【形态特征】一年生草本，株高15~50cm。茎光滑，四棱形，分枝多，基部略倾卧。叶对生，端部短尾状，基部心脏形，叶缘有锯齿，叶脉明显。花在茎上部顶生或腋生，花形酷似金鱼草；花唇形，上唇2裂不明显，下唇3裂，中央一片具黄斑；花冠径2~2.5cm，有青紫、淡蓝、绯红、红、白等色，花冠筒白色。花期6~10月（图8-1-23）。

【产地及分布】原产于亚洲热带和亚热带地区。

图 8-1-23　夏堇

【生态习性】喜光，耐半阴；喜高温、炎热，不耐寒；喜湿润环境、生长强健；对土壤要求不严，但适宜疏松、肥沃、排水良好的土壤。

【园林用途】花朵小巧，花色丰富，花期长，适于花坛、花台等种植，也是优良的吊盆花卉、地被花卉。

---

24 / 矮牵牛　　别名：碧冬茄、杂种撞羽朝颜、灵芝牡丹

Petunia hybrida（Hook.）E. Vilm.　　科属：茄科矮牵牛属

【形态特征】一年生或多年生草本，多作一年生栽培，株高15~40cm。茎多分枝，绿色。叶互生（嫩叶略对生），卵形，全缘，几无柄。花单生于叶腋或顶生，花冠漏斗状，直径4~8cm，开花多，色彩艳丽、丰富，有白色、红色、紫红色、蓝色和杂色，杂交种还具有香味。花期4~10月（图8-1-24）。

图 8-1-24　矮牵牛

【产地及分布】原产于南美洲，世界各地广为栽培。

【生态习性】喜阳光充足；喜温暖，不耐寒；较耐干热，忌水涝；喜排水良好的砂质壤土。

【园林用途】多用于花坛、花境，作镶边植物或自然式丛植，也可盆栽观赏或作切花材料。在温室栽培，四季开花。

25 / 角堇

别名：小三色堇

Viola cornuta L.

科属：堇菜科堇菜属

【形态特征】多年生草本，常作一年生栽培，株高10~30cm。茎较短而直立。花色有堇紫色、大红色、橘红色、明黄色及复色；花朵近圆形，花形与三色堇相同，但花径较小，2.5~3.8cm。花期12月至翌年4月（图8-1-25）。

图 8-1-25　角堇

【产地及分布】原产于北欧、西班牙比利牛斯山。

【生态习性】喜光，日照不良时开花不佳；喜凉爽环境，忌高温，耐寒性强。

【园林用途】植株较小，花朵繁密，花色丰富，开花早，花期长，是布置早春花坛的优良材料，也可用于大面积地栽而形成独特的园林景观，家庭常用来盆栽观赏。

26 / 三色堇

Viola tricolor L.

别名：蝴蝶花、猫儿脸、鬼脸花

科属：堇菜科堇菜属

【形态特征】多年生草本，常作一、二年生栽培，株高10~30cm。茎光滑，从根际生出分枝，呈丛生状。基生叶近圆心形，茎生叶较长，叶基部羽状深裂。花大，花瓣5枚，花冠呈蝴蝶状，花形很美；花色有蓝紫、白、黄三色，近代培育出的品种花色很丰富，有单色和复色品种。花期可从早春到初秋（图8-1-26）。

图 8-1-26　三色堇

【产地及分布】原产于欧洲，世界各地均有栽培。

【生态习性】喜光；喜凉爽湿润的气候，较为耐寒，不怕霜，在南方温暖地区可露地越冬，故常作二年生栽培；要求疏松、肥沃的土壤。

【园林用途】色彩丰富，开花早，是优良的花坛材料，特别适合用于布置春季花坛。还可以盆栽及作为地被植物、切花材料。

🌿 任务实施

一、搜集资料

学生分组，通过查阅资料搜集花坛花卉的定义、选择要求、当地常见花坛花卉图片及视频等相关信息。

二、学习花坛花卉相关理论知识

各小组学习花坛花卉相关理论知识。教师通过图片、标本等进行典型花坛花卉识别的现场教学。

三、花坛花卉现场调查

各小组对当地常见花坛花卉进行调查，并填写花坛花卉调查记录表（表8-1-1）。

表 8-1-1　花坛花卉调查记录表

班级：＿＿＿＿＿　　小组成员：＿＿＿＿＿　　调查时间：＿＿＿＿＿　　调查地点：＿＿＿＿＿

花卉名称：　　科：　　属： 花卉类型：（一年生花卉、二年生花卉或多年生花卉）	植物图片
主要特征	
生长状况	
配置方式	
观赏特性	
园林用途	
备　注	

四、完成调查报告

各小组根据相关调查数据撰写调查报告。

五、花坛花卉识别

教师选择20种当地常见花坛花卉进行识别考核。

任务考核

根据表8-1-2进行考核评价。

表 8-1-2　花坛花卉识别与应用考核评分标准

项　目	考核内容	考核标准	赋分	得分
过程性评价	调查准备工作	准备充分	10	
	调查态度	积极主动，有团队精神，注重方法及创新	20	
	调查水平	花卉名称正确，形态特征描述准确，观赏特性与应用价值分析合理	30	
结果性评价	调查报告	符合要求，内容全面，条理清晰，图文并茂	20	
	花坛花卉识别	对20种常见花坛花卉进行识别，每正确识别1种得1分	20	
总　　分			100	

巩固练习

1. 简述花坛花卉在园林绿化中的作用及栽培环境特点。

2. 总结花坛花卉的选择与配置原则。

3. 利用线上、线下资源和调查过程中采集的数据资料，以图文并茂的形式（PPT）分组完善本地常见花坛花卉的资料库。

任务 8-2　花境花卉识别与应用

任务描述

花境花卉种类繁多、形态各异、色彩丰富，采用不同的搭配可营造出具有不同空间、层次、季相、意境的景观。本任务是在学习花境花卉相关理论知识的基础上，调查当地城市园林绿地花境花卉的应用情况（包括花境花卉名称、形态特征、生态习性、观赏特性及配置方式等），完成花境花卉调查报告。

任务目标

知识目标

1. 知道花境花卉的概念和类型。
2. 理解花境花卉的生态习性和园林用途。
3. 领会常见花境花卉的识别要点和观赏特性。
4. 理解花境花卉选择的要求。

技能目标

1. 能正确描述花境花卉的识别特征和生态习性。
2. 能准确识别本地区常见花境花卉。
3. 能根据花境花卉的观赏特性、生态习性及相关绿化要求合理选择花境花卉进行配置。

素质目标

1. 厚植爱国主义情怀，增强文化自信，践行社会主义核心价值观。
2. 宣扬"人与自然和谐共生"等生态文明思想，对环境保护和生态文明理念发自内心地认可和尊崇。
3. 传承与花境花卉相关的文学、历史、哲学、艺术等方面的优秀传统文化，培养发现美、感知美、欣赏美、评价美的基本能力和审美价值取向。
4. 热爱园林事业，培养敬业、精益、专注、创新的职业精神。
5. 培养热爱自然、感恩自然、尊重自然的生态意识。

知识准备

一、花境概念、类型及花卉选择

1. 花境概念

花境是模拟自然界林地边缘地带多种野生花卉交错生长的状态，经过艺术设计，将多年生草本花卉为主的植物以平面上斑块混交、立面上高低错落的方式种植于带状的园林地段而形成的花卉景观。

2. 花境类型

依据观赏角度，花境可分为单面花境、双面花境、对应式花境。

依据颜色，花境可分为单色系花境、双色系花境、多色系花境。

3. 花境花卉选择

从生态习性方面考虑，通常选择适应性强、耐寒、耐旱的花卉，以在当地自然条件下生长强健且栽培管理简单的多年生花卉为主。

从观赏性方面考虑，花境花卉通常要求开花期长或花叶兼美。种类构成上应考虑立面构图与平面构图相结合，株高、株形、花序形态等变化丰富，有水平线条与竖直线条的交错，从而形成错落有致的景观。此外，还需色彩丰富，质地各异，花期具有连续性和季相变化，从而使得整个花境的花卉在生长期次第开放，形成优美的群落景观。

二、常见花境花卉

1 蓝花草

Ruellia simplex C. Wright

别名：翠芦莉
科属：爵床科芦莉草属

图 8-2-1　蓝花草

【形态特征】多年生草本。茎略呈方形，具沟槽，红褐色。单叶对生，线状披针形，暗绿色，新叶及叶柄常呈紫红色，全缘或疏锯齿。花腋生，花冠漏斗状，5裂，具放射状条纹，多蓝紫色，少数粉色或白色。花期3~10月，开花不断（图8-2-1）。

【产地及分布】原产于墨西哥，后在欧洲、日本等广为栽培，近年来引入我国长江流域及以南地区。

【生态习性】对光照要求不限；喜高温，生长适温22~30℃；耐旱和耐湿能力均较强，不择土壤，耐贫瘠，耐轻度盐碱。

【园林用途】适于布置花境，与其他花卉形成自然式的混交斑块，可表现花卉的自然美以及不同种类植物组合形成的群落美。

2 百子莲

Agapanthus africanus Hoffmg.

别名：紫君子兰、蓝花君子兰
科属：石蒜科百子莲属

【形态特征】多年生草本。有鳞茎。叶线状披针形，近革质，生于短根状茎上，左右排列，叶色浓绿。花莛直立，高可达60cm；伞形花序，有花10~50朵；花漏斗状，深蓝色或白色。花期8月（图8-2-2）。

【产地及分布】原产于南非，中国各地多有栽培。

【生态习性】喜温暖湿润和半阴环境，稍耐寒；喜肥，要求疏松、肥沃、排水良好的砂质土。

【园林用途】盛夏至初秋开花，花色深蓝色或白色，亭亭玉立，是非常优秀的花境材料。

图 8-2-2 百子莲

3 | 马利筋

Asclepias curassavica L.

别名：唐绵、草木棉、土常山
科属：萝藦科马利筋属

【形态特征】多年生直立草本，灌木状，株高达80cm。叶披针形至椭圆状披针形。聚伞花序顶生或腋生，着花10~20朵；花萼裂片披针形，被柔毛；花冠紫红色，裂片长圆形，反折；副花冠生于合蕊冠上，5裂，黄色，匙形。蓇葖果披针形，两端渐尖。花期几乎全年，盛花期在6~11月（图8-2-3）。

图 8-2-3 马利筋

【产地及分布】原产于美洲热带地区，广植于世界各热带及亚热带地区。

【生态习性】喜阳光充足；喜温暖气候，不耐霜冻，在寒冷地区可以作一年生栽培；要求土壤湿润、肥沃，不耐干旱。

【园林用途】叶片翠绿挺拔，花序秀美，小花密集，复色花朵金黄、朱红相叠，分外引人注目，主要用于布置花境，也可作为切花使用。

4 / 藿香蓟

Ageratum conyzoides Sieber ex Steud.

别名：胜红蓟、蓝翠球
科属：菊科藿香蓟属

图 8-2-4　藿香蓟

【形态特征】多年生草本作一年生栽培，株高30~60cm。茎基部多分枝，株丛十分紧密。叶对生，卵形。头状花序缨络状顶生，呈伞房花序状；花极小，花色淡雅，有白、粉、蓝或紫红等色。花期8月至霜降（图8-2-4）。

【产地及分布】原产于美洲，中国广泛栽培。

【生态习性】喜阳光充足；喜温暖湿润的环境，不耐寒；对土壤要求不严；适应性强，能自播繁衍；耐修剪，修剪后能迅速开花。

【园林用途】花朵繁多，色彩淡雅，株丛有良好的覆盖效果，从初夏到晚秋开花不断，是良好的花境材料，也可用来布置花坛和作地被植物。

5 / 姬小菊

Brachyscome angustifolia A. Cunn. ex DC.

科属：菊科鹅河菊属

图 8-2-5　姬小菊

【形态特征】多年生草本。叶互生，羽裂。头状花序顶生，有白色、紫色、粉色、玫红色等多种花色。花期4~11月（图8-2-5）。

【产地及分布】原产于南非，中国各地多有栽培。

【生态习性】喜光；耐寒，耐热，能耐30℃左右的高温；对土壤适应性强，无论在酸性土壤还是在碱性土壤，都能较好地生长。

【园林用途】花色丰富，花期长，适宜用于布置花境，也可作为地被植物或盆栽观赏。

6 / 大花滨菊

Chrysanthemum maximum（Ramood）DC.

科属：菊科滨菊属

【形态特征】多年生宿根草本，株高40~100cm。基生叶具长柄，倒披针形；茎生叶无柄，线形。头状花序单生于茎顶；舌状花白色，有香气；管状花两性，黄色。花期6~8月（图8-2-6）。

【产地及分布】原产于英国，世界各地均有栽培，我国早已引入。

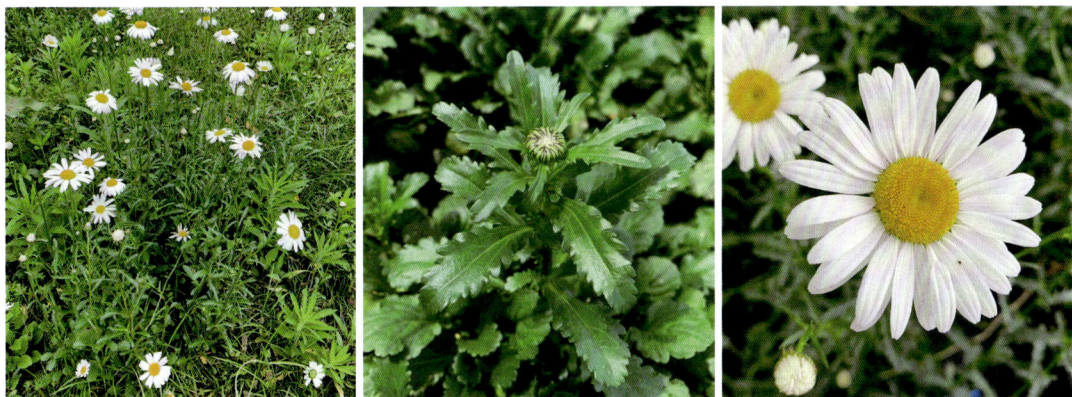

图 8-2-6　大花滨菊

【生态习性】喜强光，也耐半阴；耐寒；分蘖性强。

【园林用途】多用于布置花境，花枝也是优良切花材料。

7 ｜ 大丽花

Dahlia pinnata Cav.

别名：大理花、西番莲、天竺牡丹
科属：菊科大丽花属

【形态特征】多年生草本，株高 40～100cm。地下部分为肥大纺锤状的肉质块根。叶对生，1～3回羽状分裂，裂片卵形或椭圆形，边缘具粗钝锯齿。头状花序顶生或腋生，具总长梗；外围为舌状花，色彩丰富而艳丽，除蓝色外，还有紫色、红色、黄色、雪青色、粉红色、洒金、白色、金黄色等；中央为筒状花，黄色，两性；总苞鳞片状，两轮，外轮小，多呈叶状。花期长，6～10月盛花（图8-2-7）。

图 8-2-7　大丽花

【产地及分布】原产于墨西哥、危地马拉及哥伦比亚一带，世界各地广泛栽培。

【生态习性】喜高燥凉爽、阳光充足环境，既不耐寒，又忌酷热，低温期休眠；不耐旱，也怕涝，土壤以富含腐殖质、排水良好的砂质壤土为宜。

【园林用途】花大色艳，花形丰富，品种繁多。主要应用于花境，也可丛植于庭院、公园的草地边缘、花坛中心，或盆栽摆放在阳台、窗台、屋顶花园等。

8 ｜ 紫松果菊

Echinacea purpurea（L.）Moench

别名：紫锥菊、紫锥花
科属：菊科紫松果菊属

【形态特征】多年生草本，株高60～100cm。全株被糙毛。茎直立。叶卵形或卵状披针形。头状花序，管状花黑紫色，舌状花玫瑰紫色。花期6～9月（图8-2-8）。

图 8-2-8 紫松果菊

【产地及分布】原产于美国中部地区。

【生态习性】喜阳光充足、干燥的地方；耐寒，耐热；生长粗健，具有一定的耐旱能力。

【园林用途】常用于布置花境，也可丛植于树丛边缘。

9 宿根天人菊

别名：大天人菊、车轮菊、虎皮菊、六月菊

Gaillardia aristata Pursh.　　科属：菊科天人菊属

【形态特征】多年生草本，株高50~90cm。全株密被粗硬毛。叶互生，全缘至波状羽裂。头状花序单生于茎顶，径5~8cm；舌状花扁平，单轮排列，先端黄色，基部紫红色；管状花紫褐色。花期5~8月（图8-2-9）。

【产地及分布】原产于北美洲西部，在中国广泛栽培。

【生态习性】喜阳光充足、通风良好的环境；性强健，耐热，耐旱；喜排水良好的土壤，在潮湿和肥沃的土壤中花少叶多易死苗。

【园林用途】植株繁茂，花色艳丽，花期长，适于布置花境。

图 8-2-9 宿根天人菊

10 / 银叶菊

Jacobaea maritima（L.）Pelser et Meijden

别名：雪叶菊
科属：菊科疆千里光属

【形态特征】多年生草本，株高50~80cm。多分枝。叶1~2回羽状分裂，两面均被银白色柔毛。头状花序单生于枝顶，花小，黄色。花期6~9月（图8-2-10）。

图 8-2-10　银叶菊

【产地及分布】原产于地中海沿岸。

【生态习性】喜凉爽湿润的气候和阳光充足的环境，较耐寒，不耐酷暑，高温、高湿时易死亡；生长最适宜温度为20~25℃，在25℃时萌枝力最强；喜疏松、肥沃的砂质壤土或富含有机质的黏质壤土。

【园林用途】银白色的叶片远看像一片白云，与其他色彩的纯色花卉配置，效果极佳，是重要的花境观叶植物。

11 / 蛇鞭菊

Liatris spicata Willd.

别名：麒麟菊、马尾花、舌根菊
科属：菊科蛇鞭菊属

【形态特征】多年生草本，株高约1m。地下具块根。株形呈锥形，茎直立，无分枝，无毛。叶线形或剑状线形，叶长30~40cm。头状花序密穗状，长30~60cm，紫红色、淡红色或白色。花期7~8月（图8-2-11）。

【产地及分布】原产于美国马萨诸塞州至佛罗里达州。

【生态习性】喜阳光；生长适

图 8-2-11　蛇鞭菊

温为18~25℃，耐寒性强；喜肥，要求疏松、肥沃、湿润而排水良好的砂壤土或壤土。

【园林用途】花期长，观赏价值极高，可应用于庭园、别墅的花境，也可作为背景材料或丛植点缀于山石、林缘。

12 黑心菊

Rudbeckia hirta L.

别名：毛叶金光菊
科属：菊科金光菊属

【形态特征】多年生草本，株高30~90cm。全株被粗毛。茎下部稍分枝。叶互生，被疏短毛，卵形，全缘，叶背边缘有短糙毛；叶柄有翼。头状花序单生于枝顶；舌状花金黄色，基部色深；筒状花从紫黑色变为深褐色。花期8~10月（图8-2-12）。

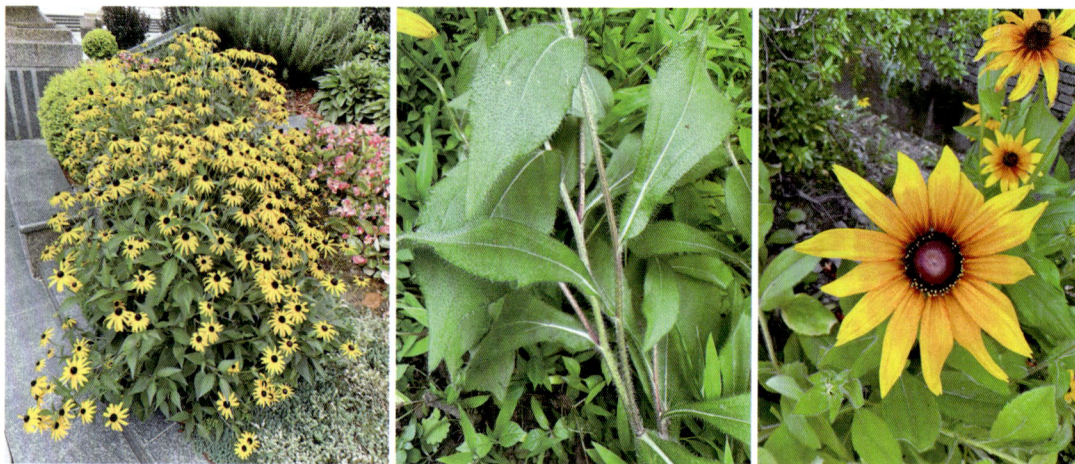

图8-2-12 黑心菊

【产地及分布】原产于美国中部地区。

【生态习性】耐寒性强，也耐干旱，对土壤适应性强，管理较为粗放。

【园林用途】适合用于布置花境，也可以自然式栽植于草地、林地。

13 大花美人蕉

Canna generalis L. H. Bailey et E. Z. Bailey

别名：法国美人蕉、昙华
科属：美人蕉科美人蕉属

【形态特征】多年生草本，株高60~150cm。地下具粗壮肉质根茎。茎、叶被白粉。叶大，互生，阔椭圆形。总状花序有长梗，花大，花径10cm，有深红、橙红、黄、乳白等色，基部不呈筒状；花萼、花瓣被白粉；雄蕊5枚，均瓣化成花瓣，圆形，其中4枚直立而不反卷，1枚向下反卷，为唇瓣。盛花期8~10月（图8-2-13）。

【类型及品种】园林上栽培应用的同属种和品种有：

①紫叶美人蕉*C. warszewiczii* 又名红叶美人蕉。株高1~1.2m。茎、叶均为紫褐色，有白粉。花深红色，唇瓣鲜红色（图8-2-14）。

②兰花美人蕉*C. orchiodes* 株高1.5m以上。叶绿色或紫铜色。花黄色、有红色斑，花大，花径15cm，开花后花瓣反卷（图8-2-15）。

图 8-2-13　大花美人蕉　图 8-2-14　紫叶美人蕉　图 8-2-15　兰花美人蕉　图 8-2-16　'花叶'美人蕉

③'花叶'美人蕉'Striatus'　叶色艳丽，金黄色的叶面间杂着细密的绿色条纹，叶缘具红边，全缘（图8-2-16）。

【产地及分布】原种分布于美洲热带地区，中国各地广为栽培。

【生态习性】喜阳光充足；喜温暖、炎热气候，生长发育适温为25～30℃，不耐寒，霜冻后地上部枯萎，翌年春季再萌发；性强健，适应性强，生长旺盛；不择土壤，最宜湿润、肥沃的深厚土壤，稍耐水湿。

【园林用途】叶片翠绿，花朵艳丽，宜作花境背景或在花坛中心栽植，也可成丛或成带状种植在林缘、草地边缘。

14 / 醉蝶花

别名：西洋白花菜、凤蝶草、紫龙须、蜘蛛花

Cleome spinosa Chodat　科属：白花菜科白花菜属

【形态特征】一年生草本，株高60～120cm。被黏质腺毛，枝叶具气味。掌状复叶互生，小叶5～8，长椭圆状披针形；小叶柄短，总叶柄长。总状花序顶生，边开花边伸长，花多数；花瓣4枚，白色至淡紫色；雄蕊6枚，蓝紫色，伸出花冠外2～3倍。花期8～10月（图8-2-17）。

【产地及分布】原产于南美洲热带地区，世界各地广泛栽培。

图 8-2-17　醉蝶花

【生态习性】喜阳光充足，在半遮阴处也能生长良好；适应性强，喜高温，较耐暑热，忌寒冷；喜湿润土壤，也较能耐干旱，忌积水。

【园林用途】花瓣轻盈飘逸，盛开时似蝴蝶飞舞，颇为有趣，可在夏、秋季布置花境，也可进行矮化栽培，将其盆栽观赏。

15 紫露草

Tradescantia virginiana Raf.

别名：美洲鸭跖草、紫叶草
科属：鸭跖草科紫露草属

图 8-2-18　紫露草

【形态特征】多年生宿根草本，株高可达30~90cm。茎直立，圆柱形，淡绿色，光滑。叶广线形，淡绿色，长可达30cm，叶面内折。顶生花序，由线状披针形苞片所包被；花蓝紫色，多朵簇生，径2~3cm；萼片3，绿色；雄蕊6，花丝被蓝紫色念珠状长毛。花期为6~10月（图8-2-18）。

【产地及分布】原产于北美洲，我国普遍有栽培。

【生态习性】喜日照充足，但也能耐半阴；生性强健，耐寒，在华北地区可露地越冬；对土壤要求不严。

【园林用途】株形奇特秀美，适宜用于布置花境，也可盆栽供室内摆设，或垂吊式栽培。

16 佛甲草

Sedum lineare Thunb.

别名：松叶佛甲草
科属：景天科景天属

【形态特征】多年生肉质草本。全体无毛。茎纤细倾卧，肉质多汁，柔软，匍匐生长，长10~15cm，着地部分节节生根。叶3~4片轮生，近无柄，线形至倒披针形，长2~2.5cm，翠绿有光泽。聚伞花序顶生，花黄色。花期4~5月（图8-2-19）。

图 8-2-19　佛甲草

【产地及分布】分布于我国东南部，野生于山野水湿地及岩石上。

【生态习性】耐寒；喜湿润，怕涝，耐旱力极强；适应性极强，不择土壤。

【园林用途】植株小，叶片整齐美观，碧绿如翡翠，花小巧美丽，可作花境材料，也是优良的地被植物和屋顶绿化植物。

17 八宝景天

别名：蝎子草、华丽景天

Sedum spectabile（Miq.）H. Ohba

科属：景天科景天属

【形态特征】多年生肉质草本，株高30~50cm。全株略被白粉，呈灰绿色。地下茎肥厚；地上茎簇生，粗壮而直立。叶轮生或对生，倒卵形，肉质，具波状齿。伞房花序密集如平头状，径10~13cm；花淡粉红色。花期8~10月（图8-2-20）。

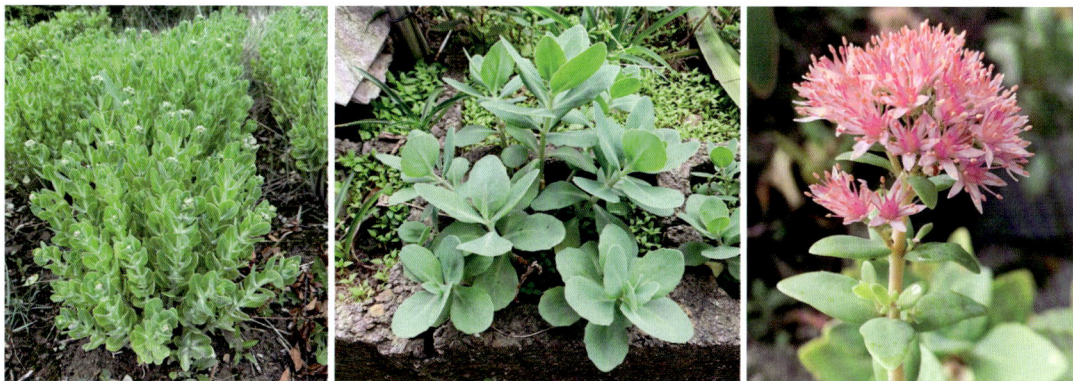

图 8-2-20 八宝景天

【产地及分布】原产于北温带和热带地区。

【生态习性】喜阳光充足、温暖、干燥通风的环境；较耐寒，能耐-20℃的低温；耐旱，忌水湿，对土壤要求不严格；植株强健，管理粗放。

【园林用途】植株整齐，花开时似一片粉烟，群体效果极佳，是布置花境和点缀草坪、岩石园的好材料。

18 多叶羽扇豆

别名：鲁冰花

Lupinus polyphyllus Guss.

科属：豆科羽扇豆属

【形态特征】一年生草本，株高20~70cm。叶多基生，掌状复叶，小叶9~16。轮生总状花序，在枝顶排列很紧密，长可达60cm；花蝶形，蓝紫色，园艺栽培的还有白、红、青等色品种，以及大花杂交种，色彩变化丰富。花期5~6月（图8-2-21）。

【产地及分布】主要分布在华北地区。

【生态习性】喜阳光充足，略耐阴；喜气候凉爽，忌炎热，较耐寒（-5℃以上）；需肥沃、排水良好的砂质土壤；主根发达，须根少，不耐移植。

【园林用途】花序挺拔、丰硕，花色艳丽，花期长，适宜用于布置花境或在草坡中带状丛植。

图 8-2-21　多叶羽扇豆

19 ／ 火星花

别名：雄黄兰、观音兰
科属：鸢尾科雄黄兰属

Crocosmia crocosmiflora（Lemoine）N. E. Br.

图 8-2-22　火星花

【形态特征】多年生草本。地上茎高约50cm，常有分枝。叶线状剑形，基部有叶鞘抱茎。花多数，漏斗形，橙红色，排列成复圆锥花序，从葱绿的叶丛中抽出；花被筒细而略弯曲，裂片开展。花期6~8月（图8-2-22）。

【产地及分布】原产于非洲南部。

【生态习性】喜光，在温暖、光照充足的条件下才能有良好的长势，冬、春季可全日照，但夏季的强光应适当减少；在长江中下游地区球茎能露地越冬；耐旱，适宜生长于排水良好、疏松、肥沃的砂壤土。

【园林用途】花色较多，花序高低错落，疏密有致，十分漂亮别致，是夏季花境的主要材料。

20 ／ 鸢尾

别名：紫蝴蝶、蓝蝴蝶、乌鸢、扁竹花
科属：鸢尾科鸢尾属

Iris tectorum Maxim.

【形态特征】多年生草本。具根茎或球茎。叶剑形或线形。花被片6枚；外3枚大，外弯或下垂，称为垂瓣；内3枚较小，直立或呈拱形，称为旗瓣；花蓝紫色。花期春、夏季（图8-2-23）。

图 8-2-23　鸢尾

【产地及分布】原产于中国中部及日本。在中国主要分布于中原、西南和华东一带。

【生态习性】喜光照充足，但也耐阴；耐寒性强，地下部分可露地越冬；喜肥沃、排水良好的土壤，较耐盐碱。

【园林用途】常用于布置花境、花坛、岩石园及池畔、湖畔，也可用于布置专类园。还可作地被植物及切花材料。

21／紫娇花

Tulbaghia violacea Harv.

别名：野蒜、非洲小百合
科属：百合科紫娇花属

【形态特征】多年生球根。叶多圆柱形，中空。花莛高 30~60cm；伞形花序球形，具多花；花径 2~5cm，粉红色。花期 5~8月（图8-2-24）。

【产地及分布】原产于南非。

【生态习性】喜光；喜高温，耐热；对土壤要求不严，耐贫瘠，在肥沃、排水良好的砂壤土中开花旺盛。

图 8-2-24　紫娇花

【园林用途】叶丛翠绿，花朵俏丽，花期长，是夏季难得的花卉。适宜作花境中景，或作地被植于林缘或草坪中。

22／山桃草

Gaura lindheimeri（Engelm. et A. Gray）W. L. Wagner et Hoch

别名：白蝶草、宿根草、千鸟花
科属：柳叶菜科山桃草属

【形态特征】多年生草本，株高可达 1m。茎直立。叶互生，叶片卵状披针形。穗状花序，花序较长；萼片披针形，花开放时反折；花瓣白色，后变粉红色。花期 5~8月（图8-2-25）。

图 8-2-25　山桃草

【产地及分布】原产于南美洲，我国各地久经栽培。

【生态习性】喜阳光充足；喜凉爽及半湿润气候，耐寒；要求肥沃、疏松及排水良好的砂质壤土，耐干旱。

【园林用途】花形似桃花，花开时像千百只鸟儿随风翩跹，极具观赏性，适合用于布置花境或作地被植物或盆栽，与柳配置或用于点缀草坪效果甚好。

23 / 芦竹

别名：大芦苇、荻芦竹
Arundo donax L.　　科属：禾本科芦竹属

【形态特征】多年生草本。具粗壮的根状茎；地上茎直立，有分枝。叶片条状披针形，扁平，长30~60cm，宽2~6cm，粗糙，灰绿色。穗状圆锥花序大型，羽毛状，长30cm；初开时带红色，后转为白色；需要多年甚至几十年的时间才能到达开花的阶段（图8-2-26）。

【类型及品种】常见品种有：

'花叶'芦竹'Versicolor'　叶片扁平，正面与边缘微粗糙，具白色纵长条纹（图8-2-27）。

图 8-2-26　芦竹　　　　　　　　图 8-2-27　'花叶'芦竹

【产地及分布】原产于地中海地区。生于河堤两旁及池塘边。

【生态习性】喜阳光充足，但也耐半阴，全光照条件可促进植株生长和开花；较耐寒；耐干旱，也可耐短期水涝，对土壤适应性强，对土肥无特殊要求。

【园林用途】植株高大挺拔，花序、茎和叶都有观赏价值，被称为"观赏草之王"。可用于布置观赏草花境、混合花境等，为中景或背景材料。

24 蒲苇

别名：彭巴斯薹草
科属：禾本科蒲苇属

Cortaderia selloana（Schult.）Aschers. et Graebn.

【形态特征】多年生草本，株高可达3m。茎丛生。叶多聚生于基部，线形，绿色或为醒目的灰绿色，下垂，边缘具细齿，被短毛。雌雄异株，圆锥花序大；雌花穗银白色，具光泽，小穗由2~3花组成，轴节处密生绢丝状毛；雄穗为宽塔形，疏弱。花期9~10月（图8-2-28）。

【产地及分布】原产于巴西、智利、阿根廷。

【生态习性】性强健，喜温暖、阳光充足及湿润气候，耐寒；对土壤适应性较强，耐旱。

图 8-2-28 蒲苇

【园林用途】植株高大优美，四季常绿，圆锥花序纺锤状，花期长，观赏性强。主要用于构筑花境、水景等，也可用作干花。

25 '红叶'白茅

别名：日本血草、茅针
科属：禾本科白茅属

Imperata cylindrica var. *koenigii* 'Red Baron'

【形态特征】多年生草本，株高可达60cm。茎直立，丛生。叶直立向上，春季基部及端部绿色，而在晚夏至秋季则全株变为血红色，霜冻后红色会减弱，所以冬季景观效果较差。很少开花（图8-2-29）。

【产地及分布】原产于中国、日本、朝鲜等。

【生态习性】喜光照充足环境，性强健；要求湿润、肥沃的土壤。

【园林用途】著名的红色叶观赏草种，片植或丛植能体现强烈的色彩效

图 8-2-29 '红叶'白茅

果。抗性强，可用于布置观赏草花境、混合花境，也可植于交通环岛、停车场等土壤不良处。

26 / 芒

Miscanthus sinensis Anderss.

别名：芒草
科属：禾本科芒属

图 8-2-30 芒

【形态特征】多年生大型丛生草本，株高80~120cm。叶片线形，长20~60cm，宽2cm；叶片绿色，中脉白色。圆锥花序扇形，花序饱满，密集而开展，盛开时红色，后渐变为银白色直至干枯。花果期8~11月（图8-2-30）。

【类型及品种】常见栽培品种有：

①‘花叶’芒‘Variegatus’叶片浅绿色，有奶白色条纹，条纹与叶片等长（图8-2-31）。

②‘斑叶’芒‘Zebrinus’ 叶片具黄白色环状斑（图8-2-32）。

③‘细叶’芒‘Gracilliums’ 叶直立、纤细，顶端呈弓形（图8-2-33）。

【产地及分布】原产于中国、日本、朝鲜等，现分布十分广泛。

【生态习性】要求阳光充足；喜温暖湿润气候；适应性强，对土壤要求不严，从疏松的砂质土壤到黏土都生长良好。

【园林用途】圆锥花序直立，花穗线条明朗，适合用于布置观赏草花境、混合花境等，为中景或背景材料。

图 8-2-31 ‘花叶’芒　　　图 8-2-32 ‘斑叶’芒　　　图 8-2-33 ‘细叶’芒

27 / 狼尾草

Pennisetum alopecuroides（L.）Spreng.

别名：大狗尾草、戾草、光明草、喷泉草
科属：禾本科狼尾草属

【形态特征】多年生草本，高60~90cm。茎丛生，直立。叶片线形，细长内卷，质感细腻，夏季绿色，秋季金黄色。圆锥花序紧缩，呈圆柱形，直立或弯曲，密生柔毛；色彩多变，从深紫色至奶白色都有，观赏价值较高（图8-2-34）。

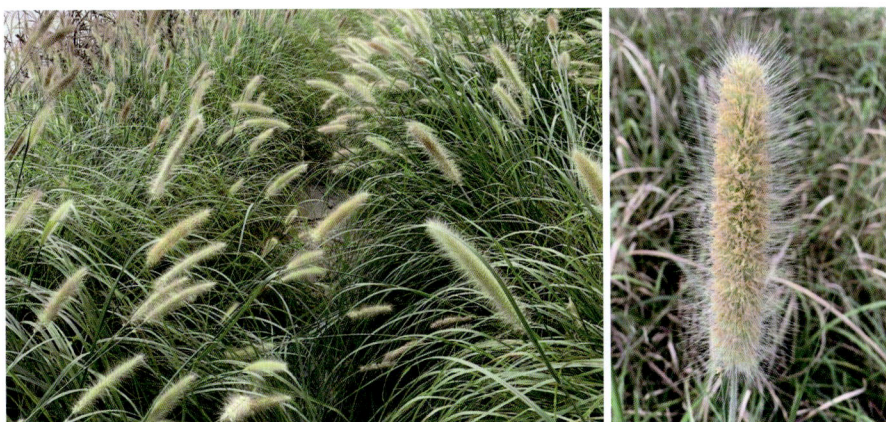

图 8-2-34 狼尾草

【类型及品种】常见品种有：

'紫叶'狼尾草*Pennisetum × advena*'Rubrum' 须根较粗壮。茎直立，丛生，高30~120cm。叶鞘光滑，两侧压扁，主脉呈脊；叶片线形，先端长渐尖。圆锥花序直立，花密集，常弯向一侧呈狼尾状，刚毛粗糙，淡绿色或紫色。花期5~8月（图8-2-35）。

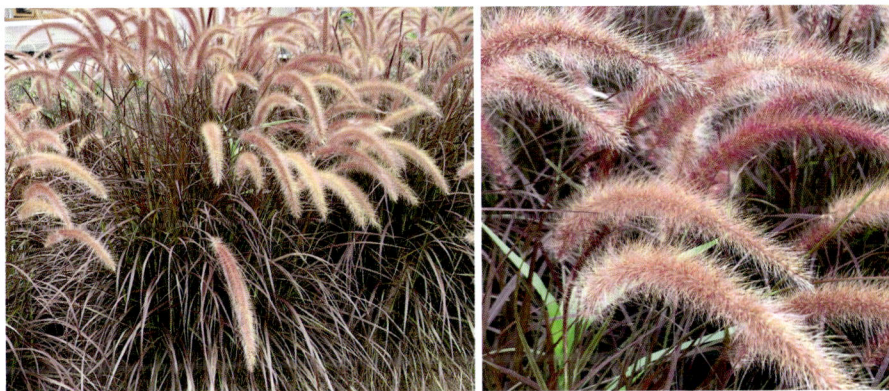

图 8-2-35 '紫叶'狼尾草

【产地及分布】产于亚洲温带和大洋洲。

【生态习性】喜生于阳光充足的开阔地，稍耐阴；喜温暖湿润的环境，抗寒性强；对土壤的适应力强，耐旱能力中等，宜间歇性湿润，土壤排水要好。

【园林用途】用于布置观赏草花境、混合花境，群植或丛植效果突出，也可盆栽观赏，或作为切花材料。

28 细叶针茅

Stipa lessingiana Trin. et Rupr.

别名：丝颖针茅、羽茅

科属：禾本科针茅属

图 8-2-36　细叶针茅

【形态特征】多年生直立丛生草本，株高达80cm。株形纤细，几乎直立生长。叶在基部丛生，叶片卷折成细条形。圆锥花序具有较直的银白色长芒，长度可达12cm，具有较高的观赏性。花期5~8月（图8-2-36）。

【产地及分布】原产于中欧、南欧至亚洲。在野外常生于岩石坡、稀树草原等。

【生态习性】要求阳光充足；喜冷凉气候；抗旱能力强，但对水分也很敏感，不耐湿涝，适宜在中性和微碱性、排水良好的黑钙土、栗钙土上生长。

【园林用途】用于布置观赏草花境、混合花境。宜丛植，作为庭园主景。

29 金鱼草

Antirrhinum majus L.

别名：龙头草（花）、龙口花、狮子花、洋彩雀

科属：玄参科金鱼草属

图 8-2-37　金鱼草

【形态特征】多年生草本作二年生栽培，株高15~120cm。叶基部对生，上部螺旋状互生，披针形至阔披针形，全缘。总状花序顶生，小花密生，具短梗，二唇形，花冠筒状唇形，外被茸毛，基部膨大成囊状，上唇二浅裂，下唇平展至浅裂；花色鲜艳、丰富。花期5~8月（图8-2-37）。

【产地及分布】原产于地中海沿岸及北非，主要分布于北半球。

【生态习性】喜凉爽气候和阳光充足的环境，忌高温多湿，较耐寒，可在0~12℃气温下生长；喜疏松、肥沃、排水良好、富含腐殖质的中性或稍碱性土壤，稍耐石灰质土壤。

【园林用途】花色鲜艳、丰富，中、高性品种可作花境的背景或中心材料，也是切花的

良好材料，矮性品种可成片种植于各类花境、花坛，广泛用于岩石园。

30 ／ 毛地黄

Digitalis purpurea L.

别名：自由钟、洋地黄
科属：玄参科毛地黄属

【形态特征】多年生草本作
二年生栽培，株高80~120cm。
植株高大，茎直立，少分枝；除
花冠外，全株密生短柔毛和腺
毛。叶基生，呈莲座状，粗糙、
皱缩，卵圆形或长卵圆形，由下
至上逐渐变小。顶生总状花序，
着生一串下垂的钟状小花，花冠
紫红色，花筒内侧浅白，并有暗
紫色细点及长毛，花长约8.5cm。
花期4~6月（图8-2-38）。

图 8-2-38　毛地黄

【产地及分布】原产于欧洲
中部或南部，分布于欧洲西部。中国各地均有栽培。

【生态习性】喜阳光充足，耐半阴；喜温暖湿润，较耐寒，忌炎热；植株强健，耐干旱
瘠薄，喜中等肥沃、湿润、排水良好的土壤。

【园林用途】花葶挺直，花冠别致，适用于花境、盆栽。

31 ／ 穗花婆婆纳

Veronica spicata L.　　科属：玄参科穗花属

【形态特征】多年生草本，
株高50cm。茎直立，整株被毛。
单叶对生，长圆形至窄卵状披
针形，叶缘有细锯齿。花葶长
20cm，总状花序，着花密而向
上，小花筒状，唇形花冠，尖部
稍弯，花色以蓝紫色为主，有白
色、桃红色、雪青色、浅蓝色等
品种。花期6~9月（图8-2-39）。

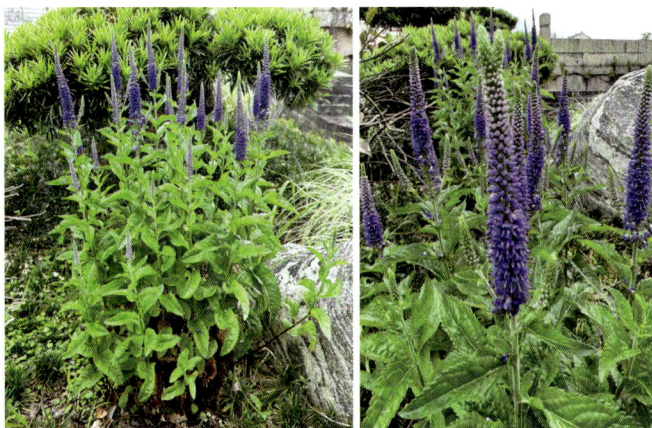

图 8-2-39　穗花婆婆纳

【产地及分布】在中国分布
于新疆西北部。

【生态习性】喜光，耐半阴；
在各种土壤上均能生长良好，忌冬季湿涝。

【园林用途】株形紧凑，花枝优美，花序细长，适于布置花境。

32 墨西哥鼠尾草

Salvia leucantha Cav.

别名：紫绒鼠尾草
科属：唇形科鼠尾草属

【形态特征】多年生草木，株高80~160cm。茎直立，四棱；全株被柔毛。叶对生，有柄，披针形，长8~10cm，宽1.5~2cm，叶缘有细钝锯齿，略有香气。花序总状，长20~40cm，全体被蓝紫色茸毛；小花2~6朵轮生，花冠唇形，蓝紫色，花萼钟状并与花瓣同色。花期8~10月（图8-2-40）。

图 8-2-40　墨西哥鼠尾草

【产地及分布】原产于墨西哥中部及东部，中国有引种。

【生态习性】喜光，也稍耐阴；适于温暖湿润的环境。

【园林用途】可作花境材料，适宜布置于公园、风景区林缘坡地、草坪及湖畔、河岸，也可盆栽和作切花材料。

33 美女樱

Glandularia × hybrida（Groenland et Rümpler）G. L. Nesom et Pruski

别名：草五色梅、铺地马鞭草、麻绣球
科属：马鞭草科美女樱属

【形态特征】多年生草本，常作一、二年生栽培，高30~40cm。茎四棱形，丛生而铺覆地面，多分枝；全株具灰色柔毛。叶对生，有短柄，长圆形或披针状三角形，叶缘具不规则的钝锯齿。花序顶生或腋生，多数小花密集排列成伞房状，花冠筒状，有白、粉、红、紫、蓝等不同颜色。花期6~9月（图8-2-41）。

【类型及品种】同属常见种有：

细叶美女樱*Glandularia tenera*（Spreng.）Cabrera　株高20~30cm。茎基部稍带木质化，丛生，外倾匍匐，节部生根；枝条细长，四棱形，微生毛。叶二回深裂或全裂。花蓝紫色（图8-2-42）。

【产地及分布】原产于巴西、秘鲁、乌拉圭等，世界各地均有栽培。

【生态习性】喜光；喜温暖湿润气候，有一定的耐寒性；不耐干旱，在疏松、肥沃、较湿润的中性土壤生长健壮，开花繁茂。

图 8-2-41　美女樱

图 8-2-42　细叶美女樱

【园林用途】株丛矮密，花繁色艳，花期长，是花境、花带、花丛的好材料，矮生品种也可盆栽观赏。

34 柳叶马鞭草

Verbena bonariensis L.

别名：铁马鞭、龙芽草、风颈草
科属：马鞭草科马鞭草属

【形态特征】多年生草本，株高100~150cm。叶为柳叶形，十字对生。聚伞花序，紫红色或淡紫色。花期5~9月（图8-2-43）。

图 8-2-43　柳叶马鞭草

【产地及分布】原产于南美洲（巴西、阿根廷等地）。

【生态习性】在全日照的环境下生长为佳。喜温暖气候，生长适温为20~30℃，不耐寒；不择土壤。

【园林用途】作花境材料，应用很广，片植效果极其壮观，常常用于植物园和别墅区的景观布置。

任务实施

一、搜集资料

学生分组，通过查阅资料搜集花境的定义、花境花卉的选择要求、当地常见花境花卉图片及视频等相关信息。

二、学习花境花卉相关理论知识

各小组学习花境花卉相关理论知识。教师通过图片、标本等进行典型花境花卉识别的现场教学。

三、花境花卉现场调查

各小组对当地常见花境花卉进行调查，并填写花境花卉调查记录表（表8-2-1）。

表 8-2-1　花境花卉调查记录表

班级：_____　　小组成员：_____　　调查时间：_____　　调查地点：_____

花卉名称：　　　科：　　　属： 花卉类型：（宿根花卉或球根花卉）		植物图片
主要特征		
生长状况		
配置方式		
观赏特性		
园林用途		
备　注		

四、完成调查报告

各小组根据相关调查数据撰写调查报告。

五、花境花卉识别考试

教师选择20种当地常见花境花卉进行识别考核。

任务考核

根据表8-2-2进行考核评价。

表 8-2-2　花境花卉识别与应用考核评分标准

项　目	考核内容	考核标准	赋分	得分
过程性评价	调查准备工作	准备充分	10	
	调查态度	积极主动，有团队精神，注重方法及创新	20	
	调查水平	花卉名称正确，形态特征描述准确，观赏特性与应用价值分析合理	30	
结果性评价	调查报告	符合要求，内容全面，条理清晰，图文并茂	20	
	花境花卉识别	对20种常见花境花卉进行识别，每正确识别1种得1分	20	
总　　分			100	

巩固练习

1. 花境花卉选择的要求有哪些？

2. 选择当地某一公园，调查花境花卉种类，并填写表8-2-3。

表 8-2-3　×××公园常见花境花卉

种　名	科　属	花卉类型	株　高	花　色	花　期

任务 8-3　水生花卉识别与应用

任务描述

　　水生花卉在控制水体富营养化、改善水环境、维持水生生态系统健康等方面起着重要的作用。在园林中，各类水体景观（无论是主景、配景还是小景）都是借助水生花卉来营造。水生花卉的形态、色彩、在水中形成的倒影，增强了水体的美感。水生花卉应用广泛，不同水生花卉有着各自的形态特征和园林绿化特点。本任务是在学习水生花卉相关理论知识的基础上，调查当地城市园林绿地水生花卉的应用情况（包括水生花卉名称、形态特征、生态习性、观赏特性和配置方式等），完成水生花卉调查报告。

任务目标

知识目标

1. 知道水生花卉的概念和类型。

2. 理解常见水生花卉的生态习性和园林用途。

3. 领会常见水生花卉的识别要点和观赏特性。

技能目标

1. 能准确识别本地区常见水生花卉。

2. 能根据水生花卉的观赏特性、生态习性及相关绿化要求合理选择水生花卉进行配置。

素质目标

1. 厚植爱国主义情怀，增强文化自信，践行社会主义核心价值观。

2. 宣扬"生态兴则文明兴，生态衰则文明衰"等生态文明思想，对环境保护和生态文明理念发自内心地认可和尊崇。

3. 传承与水生花卉相关的文学、历史、哲学、艺术等方面的优秀传统文化，培养发现美、感知美、欣赏美、评价美的基本能力和审美价值取向。

4. 热爱园林事业，培养敬业、精益、专注、创新的职业精神。

5. 培养热爱自然、感恩自然、尊重自然的生态意识。

知识准备

一、水生花卉概念及类型

1. 水生花卉概念

水生花卉泛指生长于水中或沼泽的观赏植物，与其他花卉明显不同的习性是对水分的要求和依赖性较大。水生花卉一般耐旱性弱，生长期间要求有大量水分存在，或有饱和的土壤湿度和空气湿度。它们的根、茎和叶内多有通气组织，通过气腔从外界吸收氧气，以供根系正常生长所需。

2. 水生花卉类型

根据水生花卉的生态习性和生长特性，可将水生花卉分为挺水类、浮水类、漂浮类、沉水类4种类型。

（1）挺水类

此类水生花卉根扎于泥中，茎、叶挺出水面，花开时离开水面，甚为美丽，是主要的观赏类型之一。对水的深度要求因种类不同而异，多则深达1~2m，少则在沼泽也可生长。主要有荷花、千屈菜、香蒲、菖蒲、石菖蒲、水葱、慈姑、水生鸢尾等。

（2）浮水类

此类水生花卉根扎于泥中，叶片漂浮于水面或略高出水面，花开时近水面，也是主要的观赏类型之一。对水的深度要求也因种类而异，有的深达2~3m。主要有睡莲、萍蓬草、芡实、王莲、菱、莼菜等。

（3）漂浮类

此类水生花卉根系漂于水中，叶完全浮于水面，可随水漂移，在水面的位置不易控制。有些种类不仅具有较高的观赏价值，还可用于净化水体。如凤眼莲、狐尾藻、罗氏轮叶黑藻、满江红、浮萍等。

（4）沉水类

此类水生花卉根扎于泥中，茎、叶沉于水中，是净化水质或布置水下景观的优良植物材料，许多鱼缸中使用的即是此类。如金鱼藻、玻璃藻、黑藻、苦草、眼子菜等。

二、常见水生花卉

1　泽泻

Alisma orientalis（Sam.）Juzepcz.（*A. plantagoaquatica* var. *orientale* Sam.）　　科属：泽泻科泽泻属

【形态特征】多年生挺水植物，高可达1m。叶基生，长椭圆形至广卵形，先端短尖，基部心脏形或近圆形或阔楔形，两面光滑，绿色；具长叶柄，下部呈鞘状。花莛直立，高达90cm，顶端着生轮生复总状花序，具苞片；小苞片白色，带紫红晕或淡红色。花期夏季（图8-3-1）。

图 8-3-1　泽泻

【产地及分布】分布于北温带和大洋洲，我国北部及西北部多有野生。

【生态习性】喜温暖气候和阳光充足的环境；土壤以富腐殖质而稍带黏性为宜，不喜上温过低、水位过深的地方。

【园林用途】宜作沼泽、水沟及河边绿化材料，也可盆栽观赏。

2　慈姑

别名：茨菰、箭搭草、燕尾草、白地栗

Sagittaria trifolia var. *sinensis*（Sims.）Makino　　科属：泽泻科慈姑属

【形态特征】多年生挺水植物，高达1.2m。地下具根状茎，其先端形成球茎。叶基生；

图 8-3-2 慈姑

出水叶戟形，端部箭头状，基部具2枚长裂片，全缘，叶柄特长，肥大而中空，上部有纵裂，下部扩大成鞘；沉水叶线状。花莛直立，上部着生三出轮生状圆锥花序；小花白色（图8-3-2）。

【产地及分布】原产于我国，南北各省份均有栽培。本种广布于亚洲热带和温带地区，欧美也有栽培。

【生态习性】最喜温暖气候和阳光充足的环境；对气候和土壤的适应性很强，土壤以富含腐殖质而土层不太深厚的黏质壤土为宜；喜生于浅水中，但不宜连作。

【园林用途】叶形奇特，适应性强，宜作水面、岸边绿化材料，也常盆栽观赏。

3 铜钱草

别名：香菇草、天胡荽、钱币草
Hydrocotyle vulgaris L.
科属：伞形科天胡荽属

图 8-3-3 铜钱草

【形态特征】多年生挺水或湿生植物，株高5～15cm。植株具有蔓生性，节上常生根。叶互生，草绿色，圆盾形，直径2～4cm，叶缘波状，叶脉15～20条放射状；具长柄。花两性，伞形花序，小花白色。花期6～8月（图8-3-3）。

【产地及分布】原产于欧洲，世界各地水族馆、游览区静水水域有引种栽培。

【生态习性】喜光照充足的环境，环境荫蔽时植株生长不良；喜温暖，怕寒冷，在10～25℃的温度范围内生长良好，越冬温度不宜低于5℃。

【园林用途】常于水体岸边丛植、片植，也可用于庭院水景造景。

4 菖蒲

别名：水菖蒲、大叶菖蒲、泥菖蒲
Acorus calamus L.
科属：天南星科菖蒲属

【形态特征】多年生挺水植物。根状茎稍扁肥，横卧于泥中，有芳香。叶二列状着生，剑状线形，先端尖，基部鞘状，对折抱茎，中肋明显并在两面隆起，边缘稍波状，叶片揉碎后具香味。花莛似叶稍细，短于叶丛，圆柱状，稍弯曲；叶状佛焰苞，长30～40cm，内具圆柱状长锥形肉穗花序；花小，黄绿色。花期6~9月（图8-3-4）。

【产地及分布】原产于我国及日本，广布于世界温带和亚热带地区。我国南北各地均有分布。

【生态习性】喜温暖、弱光，喜生于沼泽、溪谷边或浅水中；耐寒性不甚强，在华北地区呈宿根状态，每年地上部分枯死，以根茎潜入泥中越冬。

【园林用途】叶丛挺立秀美，并具香气，最宜作岸边或水面绿化材料，也可盆栽观赏。

图 8-3-4　菖蒲

5 | 旱伞草　　别名：水竹、风车草
Cyperus alternifolius L.　科属：莎草科莎草属

【形态特征】多年生挺水植物，株高60~100cm。地下部具短粗根状茎；地上茎直立丛生，棱形，无分枝。叶退化成鞘状，为棕色，包裹茎秆基部。叶状总苞片簇生于茎顶，披针形，具平行脉，呈辐射状；伞形花序穗状扁平形，多数聚集，花白色或黄褐色。花期6~8月（图8-3-5）。

图 8-3-5　旱伞草

【产地及分布】原产于马达加斯加，我国各地有分布。

【生态习性】喜温暖湿润、通风良好、光照充足的环境，耐半阴；甚耐寒，华东地区露地稍加保护可以越冬；喜湿润，对土壤要求不严，以肥沃、稍黏的土质为宜。

【园林用途】可种植于池岸或园林水体的浅水区，也可盆栽观赏或作插花、切叶栽培。

6 水葱

别名：莞、翠管草、冲天草
科属：莎草科藨草属

Schoenoplectus tabernaemontani（C. C. Gmel.）Palla

【形态特征】多年生挺水植物，高0.6～1.2m。地下具粗壮而横走的根状茎；地上茎直立，圆柱形，中空，粉绿色。叶褐色，鞘状，生于茎基部。聚伞花序顶生，稍下垂，由许多卵圆形小穗组成；小花淡黄褐色，下具苞叶（图8-3-6）。

图 8-3-6 水葱

【产地及分布】广布于世界各地。

【生态习性】性强健，生于沼泽或池畔、浅水中。

【园林用途】株丛挺立，色泽淡雅洁净，常用于水面绿化或岸边点缀，甚为美观，也常盆栽观赏。

7 黄菖蒲

别名：黄花鸢尾
科属：鸢尾科鸢尾属

Iris pseudacorus L.

图 8-3-7 黄菖蒲

【形态特征】宿根草本植物，植株高大而健壮。根茎短肥。叶长剑形，长60～100cm，中肋明显，且具横向网脉。花单生，从2枚苞片组成的佛焰苞内抽出，花葶与叶近等长；花被片6，垂瓣上部长椭圆形，基部近等宽，具褐色斑纹或无，旗瓣淡黄色；花色变化丰富，有大花型深黄色、白色、斑叶及重瓣品种。花期5～6月（图8-3-7）。

【产地及分布】原产于南欧、西亚及北非等，世界各地均有引种。

【生态习性】喜光；适应性极强，旱地、湿地均生长良好，水边栽植生长尤好。

【园林用途】叶丛秀丽，花大、色艳、形美，是水边绿化的优良材料，也可作切花材料。

8 | 千屈菜

Lythrum salicaria L.

别名：水枝柳、水柳、对叶莲
科属：千屈菜科千屈菜属

【形态特征】多年生挺水植物，株高1m以上。地上茎直立，四棱。单叶对生或轮生，披针形，全缘。穗状花序顶生；小花多数，密集，紫红色；萼筒长管状，萼裂间各具附属体；花瓣6枚。花期8~9月（图8-3-8）。

【产地及分布】原产于欧洲、亚洲的温带地区。

【生态习性】喜强光及水湿、通风良好的环境，通常在浅水中生长最好，但也可露地旱栽；耐寒性强，在我国南北各地均可露地越冬；对土壤要求不严。

【园林用途】株丛整齐、清秀，花色淡雅，最宜池边、溪边丛植，或作花境的背景材料，也可盆栽观赏。

图 8-3-8　千屈菜

9 | 水竹芋

Thalia dealbata Fraser

别名：再力花、水莲蕉、塔利亚
科属：竹芋科水竹芋属

【形态特征】多年生挺水植物。全株有白粉。叶卵状披针形，长50cm，宽25cm，浅灰蓝色，边缘紫色。复总状花序，花小，紫堇色（图8-3-9）。

【产地及分布】原产于美国南部和墨西哥，我国长江以南地区有栽培。

【生态习性】喜温暖、水湿、阳光充足的环境，不耐寒，入冬后地上部分逐渐枯死，以根茎在泥中越冬；在微碱性的土壤中生长良好。

图 8-3-9　水竹芋

【园林用途】植株高大美观，硕大的叶片形似芭蕉叶，叶色翠绿可爱，花序高出叶面，亭亭玉立，蓝紫色的花朵素雅别致，是水景绿化的上品花卉，常成片种植于水体中，形成独特的水体景观，也可盆栽观赏。

10 / 荷花

Nelumbo nucifera Gaertn.

别名：莲花、芙蕖、水芙蓉
科属：莲科莲属

【形态特征】多年生挺水植物。地下根状茎横卧于泥中，称藕；藕节周围环生不定根、鳞片，并抽生叶、花及侧芽。叶盾状圆形，全缘或稍波状，叶面绿色，表面被蜡粉，不湿水。花单生于花莛顶端，有单瓣和重瓣之分；花色各异，有粉红色、白色、淡绿色、深红色及间色等；花径大小因品种而异，通常在10~30cm。花谢后膨大的花托称莲蓬，上有3~30个莲室，每个莲室形成一个小坚果，俗称莲子。花期6~9月（图8-3-10）。

图 8-3-10　荷花

【产地及分布】原产于亚洲热带地区及大洋洲。中国是世界上栽培荷花最普遍的国家，除西藏、内蒙古和青海等地外，绝大部分地区均有栽培。

【生态习性】喜光，喜温暖，因此炎夏为其旺盛生长期，耐寒性也甚强；要求用富含腐殖质的微酸性壤土和黏质壤土种植。

【园林用途】中国十大传统名花之一。花叶兼美，并具清香，是一种重要的水生花卉，可用于装点水面、制作插花，小花品种碗莲类还可美化阳台。

11 / 萍蓬草

Nuphar pumilum（Timm）DC.

别名：黄金莲、萍蓬莲
科属：睡莲科萍蓬草属

【形态特征】多年生浮水植物。根状茎肥厚块状，横卧于泥中。叶二型，浮水叶纸质或近革质，圆形至卵形，全缘，基部开裂呈深心形，正面绿而光亮，背面隆凸，紫红色，有柔毛；沉水叶薄而柔软，无茸毛。花单生于叶腋，圆柱状花莛挺出水面；花蕾球形，绿色；萼片5枚，黄色，花瓣状；花瓣10~20枚，狭楔形。花期5~8月（图8-3-11）。

【产地及分布】分布于我国广东、福建、江苏、浙江、江西、四川、吉林、黑龙江、新疆等地。日本、俄罗斯西伯利亚地区和欧洲也有分布。

【生态习性】喜温暖湿润、阳光充足的环境；对土壤要求不严；适宜水深30~60cm，最深不宜超过1m。

【园林用途】初夏开放，朵朵黄色的花朵挺出水面，灿烂如金色阳光铺洒于水面上，是夏季水景园中极为重要的观赏植物。也可盆栽于庭院假山石前，或在居室前向阳处摆放。

图 8-3-11　萍蓬草

12 / 睡莲

Nymphaea tetragona Georgi

别名：子午莲、水芹花、矮生睡莲
科属：睡莲科睡莲属

【形态特征】多年生浮水植物。地下具块状根茎；地上茎直立，不分枝。叶较小，丛生，具细长柄，浮于水面；叶圆形或卵圆形，纸质或近革质，浓绿色，具光泽，叶背紫红色。花小，单生，白色，午后开放，花径2~8.5cm。花期6~9月（图8-3-12）。

【产地及分布】原产于中国、日本、朝鲜、印度及西伯利亚与欧洲等。

图 8-3-12　睡莲

【生态习性】喜阳光充足、通风良好、水质清洁、温暖的静水环境；耐寒性极强；要求腐殖质丰富的黏质土壤。

【园林用途】花、叶俱美，是水面绿化的重要材料，也可盆栽或作切花材料。

13 / 凤眼莲

Eichhornia crassipes（Mart.）Solms

别名：凤眼兰、水葫芦、水浮莲
科属：雨久花科凤眼莲属

【形态特征】多年生漂浮植物。须根发达，悬垂于水中。茎极短。叶丛生，卵圆形或菱状扁圆形，全缘，鲜绿色，有光泽，质厚；叶柄基部膨大成葫芦形海绵质气囊。花葶单生，顶生短穗状花序着花6~12朵；小花呈紫色，花被片6枚，上面1枚较大，中央具深蓝

色斑块，斑块中又有鲜黄色眼点，即所谓"凤眼"。花期8~9月（图8-3-13）。

【产地及分布】原产于南美洲，我国长江、黄河流域有引种。

【生态习性】喜温暖湿润、阳光充足的环境，适应性强；生长适宜温度为20~30℃；喜生于静水、流速不大的水体，漂浮于水面或在浅水扎根淤泥中生长。

【园林用途】叶柄奇特，花色绚丽，开花时高雅俏丽，是美化水面、净化水质的良好材料。其花还可作切花。

图8-3-13　凤眼莲

14 海寿花

Pontederia cordata L.

别名：梭鱼草

科属：雨久花科梭鱼草属

【形态特征】多年生挺水植物，高20~80cm。茎直立，基部红色。基生叶广卵圆状心形，基部心形，全缘，具弧状脉。10余朵花组成总状花序，顶生，花蓝色。蒴果长卵圆形。花果期6~10月（图8-3-14）。

图8-3-14　海寿花

【产地及分布】原产于北美洲，分布于暖温带如我国中南、华东、华北及东北。朝鲜、日本、俄罗斯西伯利亚地区也有分布。

【生态习性】喜温暖湿润、光照充足的环境，生于池塘、湖边及沼泽等；适宜生长温度为18~35℃，10℃以下停止生长，5℃以下地上部分枯萎，以地下根茎和冬芽越冬。

【园林用途】叶色翠绿，花色迷人，花期较长，可广泛用于园林美化，栽植于河道两侧、池塘四周等，也可用于家庭池栽、盆栽。

15 / 香蒲

Typha orientalis C. Presl

别名：长苞香蒲、水烛
科属：香蒲科香蒲属

【形态特征】多年生挺水植物，高达1.5m。地下具粗壮匍匐的根茎；地上茎直立细长，圆柱形，不分枝。叶二列状着生，长带形，长0.8~1.8m，宽8~12cm。花单性，同株；穗状花序蜡烛状，浅褐色；雄花序位于花序轴上部，雌花序位于花序轴下部，两者之间相隔3~8cm的裸露花序轴。花期5~8月（图8-3-15）。

图 8-3-15　香蒲

【产地及分布】广布于我国东北、西北和华北地区。欧洲及亚洲北部其他国家也有分布。

【生态习性】喜阳光；耐寒；对环境条件要求不甚严格，适应性较强；喜深厚、肥沃的泥土，最宜生长在浅水湖塘或池沼内。

【园林用途】叶丛细长如剑，色泽光洁淡雅，为常见的观叶植物，最宜于水边栽植，也可盆栽，花序经干制后为良好的切花材料。

🌱 任务实施

一、搜集资料

学生分组，通过查阅资料搜集水生花卉的定义、类型、当地常见水生花卉图片及视频等相关信息。

二、学习水生花卉相关理论知识

各小组学习水生花卉相关理论知识。教师通过图片、标本等进行典型水生花卉识别的现场教学。

三、水生花卉现场调查

各小组对当地常见水生花卉进行调查，并填写水生花卉调查记录表（表8-3-1）。

表 8-3-1　水生花卉调查记录表

班级：_____　　　小组成员：_____　　　调查时间：_____　　　调查地点：_____

花卉名称：　　科：　　属： 花卉类型：（沉水、浮水或挺水）	植物图片
主要特征	
生长状况	
配置方式	
观赏特性	
园林用途	
备　注	

四、完成调查报告

各小组根据相关调查数据撰写调查报告。

五、水生花卉识别

教师选择10种当地常见水生花卉进行识别考核。

任务考核

根据表8-3-2进行考核评价。

表 8-3-2　水生花卉识别与应用考核评分标准

项　目	考核内容	考核标准	赋分	得分
过程性评价	调查准备工作	准备充分	10	
	调查态度	积极主动，有团队精神，注重方法及创新	20	
	调查水平	花卉名称正确，形态特征描述准确，观赏特性与应用价值分析合理	30	
结果性评价	调查报告	符合要求，内容全面，条理清晰，图文并茂	20	
	水生花卉识别	对10种常见水生花卉进行识别，每正确识别1种得2分	20	
总　　分			100	

巩固练习

1. 水生花卉选择的要求有哪些？

2. 选择当地某一公园，调查水生花卉种类，并填写表8-3-3。

表 8-3-3　×××公园常见水生花卉

序　号	种　名	科　属	花卉类型	花　色	花　期
1					
2					
…					

任务 8-1　室内花卉识别与应用

任务描述

　　室内花卉是与人们联系最为密切的植物景观元素。室内花卉以其独特的形态、色彩装饰着人们的生活、工作以及商业购物等的室内空间。室内花卉种类较多，应用形式多样，不同种类有着不同的形态特征和装饰效果。室内环境的特殊性，给室内花卉的生长带来了诸多限制，因此正确地应用室内花卉显得尤为重要。本任务是在学习室内花卉相关理论知识的基础上，调查当地室内花卉的应用情况（包括室内花卉的种类、生态习性、观赏特性、用途及生长环境等），完成室内花卉调查报告。

任务目标

》 知识目标

　　1. 知道室内花卉的概念和类型。

　　2. 理解常见室内花卉的生态习性和园林用途。

　　3. 领会常见室内花卉的识别要点和观赏特性。

》 技能目标

　　1. 会用专业术语描述室内花卉的形态特征。

　　2. 能准确识别常见室内花卉。

　　3. 能根据室内花卉的观赏特性、生态习性及配置要求合理选择室内花卉进行配置。

》 素质目标

　　1. 厚植爱国主义情怀，增强文化自信，践行社会主义核心价值观。

　　2. 宣扬"绿水青山就是金山银山"等理念，对环境保护和生态文明理念发自内心地认可和尊崇。

　　3. 传承与室内花卉相关的文学、历史、哲学、艺术等方面的优秀传统文化，培养发现美、感知美、欣赏美、评价美的基本能力和审美价值取向。

　　4. 热爱园林事业，培养敬业、精益、专注、创新的职业精神。

　　5. 培养发现问题和解决问题的能力。

知识准备

一、室内花卉概念及类型

1. 室内花卉概念

　　室内花卉是从众多的花卉中选择出来，具有很高的观赏价值，比较耐阴，喜温暖，对栽培基质水分变化不过分敏感，适宜在室内环境中较长期摆放的一些花卉。多原产于热带、亚热带地区，是室内绿化的主体材料。

2. 室内花卉类型

根据观赏部位不同，可以将室内花卉分为观叶类、观花类和观果类。

（1）观叶类

主要观赏叶片的形态和色彩，种类繁多。大多数原产于热带雨林和亚热带地区，适合在室内光照强度较低的条件下生长。如广东万年青、绿萝、孔雀竹芋等。

（2）观花类

主要观赏鲜艳的花瓣或苞片。有些种类既可以观花，也可以观叶。如君子兰、马蹄莲、花烛、蒲包花等。

（3）观果类

主要观赏形态奇特的果实。如金橘、佛手等。

二、常见室内花卉

1 / 白网纹草　　　　　　　　　　别名：菲通尼亚、费通花

Fittonia albivenis（Lindl. ex Veitch）Brummitt　　科属：爵床科网纹草属

【形态特征】多年生常绿草本。植株矮小，呈匍匐状。茎枝、叶柄、花莛均密被茸毛。叶十字对生，卵圆形；叶片翠绿色，叶脉网状、银白色。顶生穗状花序，层层苞片"十"字形对称排列，小花黄色（图8-4-1）。

【类型及品种】同属常见种：

红网纹草 *F. verschaffeltii*　植株和叶片均较白网纹草大，叶脉红色（图8-4-2）。

【产地及分布】原产于秘鲁，我国有引种栽培。

【生态习性】怕强光，以散射光最好；喜高温，怕寒冷，越冬温16℃以上；喜潮湿，忌干燥；要求疏松、肥沃、通气良好的土壤。

【园林用途】叶面绿色并具白色网纹，悦目有趣，宜作小型观叶花卉栽培。

图 8-4-1　白网纹草

图 8-4-2　红网纹草

2　君子兰

Clivia miniata（Lindl.）Regel Gartenfl.

别名：大叶石蒜、达木兰、剑叶石蒜
科属：石蒜科君子兰属

【形态特征】多年生常绿宿根草本，高30~80cm。根呈肉质。叶二列状交互迭生，呈宽带状，先端圆钝，全缘，革质，2~3年才衰老脱落。花葶从叶腋中抽出，伞形花序顶生，有花8~36朵；花被漏斗状，先端6列；花色有橙黄、橙红、鲜红、深红等色。浆果球形，初绿后红。花期9月至翌年4月（图8-4-3）。

【产地及分布】主要产于南非。中国引入栽培，东北地区栽培普遍。

【生态习性】喜温暖湿润、半阴的环境，生长过程中不宜强光照射；生长适温为15~25℃，5℃以下处于休眠状态，0℃以下会受冻害；生长期保持环境湿润，要求疏松、肥沃、排水良好、富含腐殖质的砂质壤土。

【园林用途】叶、花、果兼美，观赏期长，是布置会场、楼堂馆所和家庭美化的名贵花卉。

图 8-4-3　君子兰

3　广东万年青

Aglaonema modestum Schott ex Engl.

别名：粤万年青、亮丝草、竹节万年青、大叶万年青
科属：天南星科广东万年青属

【形态特征】多年生常绿草本，高60~100cm。茎直立，节明显，有分枝。单叶互生，叶片卵形，先端长尖；叶柄长，基部具阔鞘。花葶自叶鞘内抽出，顶生肉穗花序；佛焰苞小，黄绿色；花小，单性，雌雄花生于同一肉穗花序，雄花在上，雌花在下，无花被。花期夏、秋季（图8-4-4）。

【产地及分布】原产于我国南部及菲律宾等。

【生态习性】喜温暖、多湿和半阴的环境，怕阳光直射；对干旱有极强的适应能力；要求肥沃、疏松的酸性土壤。

【园林用途】植株周年翠绿且耐阴，是良好的室内盆栽观叶花卉，也可作切叶材料。

图 8-4-4　广东万年青

4 / 花烛

Anthurium andreanum Linden ex André

别名：红鹤芋、哥伦比亚安祖花
科属：天南星科花烛属

图 8-4-5　花烛

【形态特征】多年生常绿草本，株高30~50cm。茎甚短。叶革质，长椭圆心脏形，深绿色。佛焰苞宽心脏形，长约10cm，深橙红色，似蜡质，有光泽，有白色品种；肉穗花序长6cm，圆柱形，直立，带黄色（图8-4-5）。

【产地及分布】原产于哥伦比亚。

【生态习性】喜温暖潮湿和较弱光照，怕直射光；夏季生长适温20~25℃，冬季温度不可低于15℃；土壤要求富含腐殖质、通气、排水良好。

【园林用途】佛焰苞硕大、肥厚、具蜡质，色泽有红、粉、白等色，是全球高档热带切花和盆栽花卉。

5 / 花叶芋

Caladium bicolor（Ait.）Vent.

别名：彩叶芋
科属：天南星科五彩芋属

【形态特征】多年生草本，株高30~85cm。具块茎。叶卵状三角形至心状卵形，呈盾状着生，叶面绿色并具白色或红色斑纹；叶柄长，基部鞘状。佛焰苞绿色，喉部带紫色并明显长于花序；肉穗花序黄色至橙黄色。浆果。花果期夏、秋季（图8-4-6）。

【产地及分布】原产于圭亚那、秘鲁以及亚马孙河流域。

【生态习性】喜高温、高湿和半阴的环境；不耐寒，块茎冬季休眠，要在15℃以上才能安全越冬；要求肥沃、疏松的微酸性腐殖质土。

【园林用途】叶形美丽，叶色及斑纹变化多样，是理想的室内观叶植物，适用于家庭居室、宾馆、饭店和办公室美化装饰。

图 8-4-6　花叶芋

6 / 绿萝

Epipremnum aureum（Linden et André）Bunting

别名：魔鬼藤、黄金葛、黄金藤、桑叶
科属：天南星科麒麟叶属

【形态特征】高大藤本。茎攀缘，节间具纵槽；多分枝，枝悬垂。叶互生，叶片翠绿色，薄革质，全缘，呈不等侧的卵形或卵状长圆形，先端短渐尖，基部深心形，稍粗，两面略隆起，通常（特别是叶面）有多数不规则的纯黄色斑块；叶鞘长。肉穗花序粗壮，无柄；佛焰苞卵状披针形。花期春季，极少见花（图8-4-7）。

【产地及分布】原产于印度尼西亚、所罗门群岛的热带雨林。

图 8-4-7 绿萝

【生态习性】喜高温、多湿、半阴的环境，不耐寒冷，越冬温度不应低于15℃；喜富含腐殖质、疏松、肥沃、微酸性的土壤。

【园林用途】较适合用于室内绿化的优良观叶植物，既可让其攀附于棕柱、树干上，摆放于门厅，也可培养成悬垂状置于窗台、墙垣，还可用于林荫下作地被植物。

7 / 龟背竹

Monstera deliciosa Liebm.

别名：蓬莱蕉、铁丝兰
科属：天南星科龟背竹属

【形态特征】多年生常绿草本。茎攀缘状，长达10m，粗壮，少分枝；茎节明显，其上着生多数气生根呈线状下垂。单叶互生；幼叶心脏形，全缘；正常成熟叶大型矩圆形，长、宽各60~90cm，羽状深裂，叶脉间有椭圆形孔漏，形如乌龟的背，故而得名。花莛自枝鞘抽出，顶生肉穗花序长约23cm，先端紫色；佛焰苞黄白色；花两性，无花被。花期秋季（图8-4-8）。

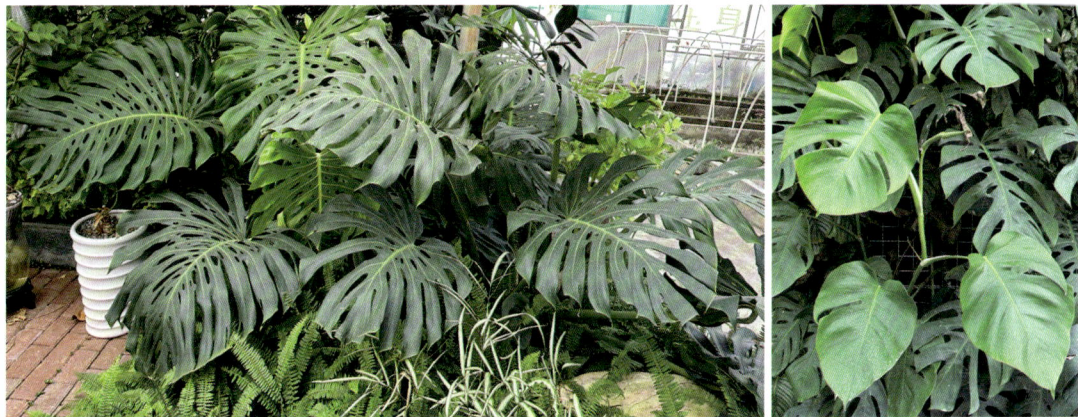

图 8-4-8 龟背竹

【产地及分布】原产于墨西哥热带雨林中，我国南北各地广泛栽培。

【生态习性】喜温暖湿润和半阴的环境，忌阳光直射和干燥；对土壤要求不甚严格，在肥沃、富含腐殖质的砂质壤土中生长良好。

【园林用途】叶大，叶形奇特且美丽，是优良的室内盆栽大型观叶植物。夜间可吸收二氧化碳，有一定的净化室内空气的作用。

8 | 喜林芋

别名：春羽、羽裂树藤、喜树蕉

Philodendron imbe Hort. ex Engl.

科属：天南星科喜林芋属

【形态特征】多年生常绿草本。茎蔓性攀缘，老茎粗壮，密生气生根。叶聚生于茎顶，叶片长圆形，羽状深裂，基部心形；叶大，长可达90cm；厚革质，翠绿色。肉穗花序着生于茎端叶腋，与佛焰苞近等长；花单性，无花被。浆果（图8-4-9）。

图 8-4-9　喜林芋

【产地及分布】原产于巴西，近年来我国有栽培。

【生态习性】喜高温、高湿和半阴的环境，忌阳光直射，不耐寒；要求富含腐殖质、排水良好的土壤。

【园林用途】大型羽状裂片叶奇丽、壮观，是优良的观叶植物，常用于厅堂、会场等的室内装饰。

9 | 白鹤芋

别名：苞叶芋、白掌

Spathiphyllum kochii Engl. et Krause

科属：天南星科白鹤芋属

【形态特征】多年生常绿草本，株高可达30cm。叶片倒卵形至椭圆形，长为20~30cm。花葶长60cm或更长；佛焰苞披针形，长可达25cm，外面绿色，内面白色（图8-4-10）。

【产地及分布】原产于哥伦比亚。

【生态习性】喜温暖湿润和半阴环境，怕强光直射，冬季温度不得低于14℃；喜肥沃、含腐殖质丰富的壤土。

【园林用途】叶片翠绿，佛焰苞洁白，非常清新幽雅，是世界重要的观花和观叶植物，也是极好的插花材料。

图 8-4-10　白鹤芋

10　合果芋

Syngonium podophyllum Schott

别名：长柄合果芋、白蝴蝶
科属：天南星科合果芋属

【形态特征】多年生蔓性常绿草本。茎节具气生根，攀附他物生长。单叶互生，叶片掌状3深裂或心形，幼叶箭形或戟形；叶柄基部稍呈鞘状。肉穗状花序，花序外有佛焰苞包被；佛焰苞内部红色和白色，外部绿色。花期秋季（图8-4-11）。

【产地及分布】原产于中美洲、南美洲的热带雨林中，在我国华南地区分布较广。

【生态习性】喜高温、多湿和半阴的环境，不耐寒；喜富含腐殖质、疏松、排水良好的砂壤土。

图 8-4-11　合果芋

【园林用途】叶片形、色富于变化，鲜艳夺目，犹如纷飞的蝴蝶，是优良的盆栽观叶植物。植株宜立架造型，也可悬垂、吊挂及水养。大盆支柱式栽培可供厅堂摆设。

11　金钱树

Zamioculcas zamiifolia Engl.

别名：雪铁芋
科属：天南星科雪铁芋属

【形态特征】多年生常绿草本，株高50~80cm。地下有肥大的块茎。羽状复叶自块茎顶端抽生，叶柄基部膨大，木质化，坚挺浓绿；每个叶轴有对生或近似对生的小叶6~10对，小叶卵形，厚革质，绿色，有金属光泽；具短小叶柄。佛焰苞绿色，船形；肉穗花序较短（图8-4-12）。

图 8-4-12　金钱树

【产地及分布】原产于非洲东部雨量偏少的热带草原气候区。

【生态习性】喜暖热略干、半阴及年均温度变化小的环境，忌强光暴晒；畏寒冷，适宜在20~32℃生长；比较耐干旱，生长期浇水应"不干不浇，浇则浇透"；怕土壤黏重和盆土内积水，如果盆土通风透气不良易导致其块茎腐烂。

【园林用途】盆栽观叶，为优良的室内观叶植物。

12／马蹄莲

Zantedeschia aethiopica（L.）Spreng.

别名：慈姑花、水芋、观音莲
科属：天南星科马蹄莲属

【形态特征】多年生草本，株高80cm。地下具粗大肉质块茎。叶基生，叶片卵状箭形，先端短尖，亮绿色；叶柄长，基部鞘状。花序梗自叶丛中抽出，与叶等高，顶生长约10cm的肉穗花序；佛焰苞白色或乳白色，宽大，先端尖，呈马蹄形。花期11月至翌年5月，尤以翌年3~4月最盛（图8-4-13）。

【类型及品种】同属常见种：

①红花马蹄莲Z. *rehmannii*　植株低矮，高40~50cm。叶有白色或透明斑点。佛焰苞为红色、紫红色、粉红色等（图8-4-14）。

②黄花马蹄莲Z. *elliottiana*　叶有白色或透明斑点。佛焰苞内部深黄色，外部黄绿色（图8-4-15）。

【产地及分布】原产于非洲南部的河流旁或沼泽中。

【生态习性】喜温暖、潮湿和稍有遮阴的环境；适宜的生长温度为15~25℃，越冬最低温度8℃左右，不耐寒；不耐干旱，能在水湿地生长。

图 8-4-13　马蹄莲

图 8-4-14　红花马蹄莲

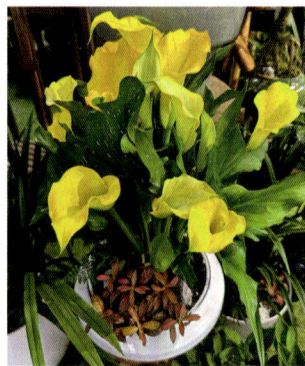

图 8-4-15　黄花马蹄莲

【园林用途】叶形奇丽，佛焰苞色彩素雅，盆栽观赏，也是优良的切花、切叶材料。

13 / 非洲菊

Gerbera jamesonii Bolus

别名：扶郎花

科属：菊科大丁草属

【形态特征】多年生常绿草本。叶基生，莲座状丛生，矩圆状匙形，羽状浅裂，叶背被白茸毛；具长柄。头状花序自基部抽出，具长总梗，花葶中空；外围雌花2层，花冠舌状，舌片淡红色、紫红色、白色及黄色；内层雌花管状二唇形；中央两性花多数，二唇形。花四季常开（图8-4-16）。

【产地及分布】原产于非洲南部的德兰士瓦。

图 8-4-16　非洲菊

【生态习性】喜温暖、阳光充足、空气干燥、通风良好的环境；不耐高温、高湿，半耐寒，能耐短期0℃低温；宜疏松、肥沃、微酸性的砂质土壤，不耐积水，不宜连作。

【园林用途】广泛作盆花或切花栽培，品种甚多。

14 / 瓜叶菊

Pericallis hybrida B. Nord.

别名：千日莲、瓜叶莲、千里光

科属：菊科瓜叶菊属

【形态特征】多年生草本，株高30~60cm，矮生品种高25cm左右。全株密生柔毛。叶具长柄，形似黄瓜叶，故而得名。头状花序，簇生成伞房状；每个花序具总苞片15~16枚，舌状花10~12枚，具天鹅绒光泽；花色有蓝色、紫色、红色、粉色、白色或镶嵌色。花期12月至翌年5月。尤以翌年2~5月为盛（图8-4-17）。

图 8-4-17　瓜叶菊

【产地及分布】原产于加拿利群岛，各国温室普遍栽培。

【生态习性】喜光，忌干燥的空气和烈日暴晒；喜冬季温暖、夏季无酷暑的气候条件；要求疏松、肥沃、排水良好的土壤。

【园林用途】株形圆满，花朵美丽，是冬季和早春的优良盆花，常用于点缀厅堂、馆室。

15 翡翠珠

别名：绿串珠、一串珠、绿之铃

Senecio rowleyanus Jacobsen   科属：菊科千里光属

【形态特征】多年生常绿匍匐多肉草本。全株被白色皮粉。茎极细，碰触土壤即生根，悬垂吊挂则长茎。叶互生，较疏，圆如豌豆，深绿色，肥厚多汁，直径0.6～1cm，有微尖的刺状突起，有一透明纵纹。头状花序顶生，呈弯钩形；花白色至浅褐色（图8-4-18）。

图 8-4-18　翡翠珠

【产地及分布】原产于南非，我国南方各地均有分布。

【生态习性】喜欢在温暖、空气湿度大、强散射光环境下生长，耐干旱，忌高温、高湿和荫蔽；生长适温18～25℃，冬季最低温度应维持在10～12℃，高温季节容易腐烂，要放在室内通风处并控制浇水；喜疏松、肥沃、有机质含量高的土壤。

【园林用途】茎叶似成串的翡翠珠子项链，非常漂亮。用小盆垂吊栽培，极富情趣。

16 新几内亚凤仙

别名：五彩凤仙花

Impatiens hawkeri W. Bull   科属：凤仙花科凤仙花属

【形态特征】多年生常绿草本，株高25～30cm。茎肉质，光滑，青绿色或红褐色，茎节凸出，易折断。叶轮生，披针形，叶缘具锐锯齿；叶色黄绿色至深绿色，叶脉及茎的颜色常与花的颜色有相关性。花单生于叶腋，或数朵组成伞房花序，花柄长；基部花瓣衍生成矩，花色极为丰富，有洋红、紫、橙等色。花期6～8月（图8-4-19）。

【产地及分布】原产于非洲热带山地。

图 8-4-19　新几内亚凤仙

【生态习性】要求充足阳光；喜炎热，不耐寒；对土壤要求不严，但喜深厚、肥沃、排水良好的土壤，对盐害敏感。

【园林用途】盆栽观赏，是园林摆花的好材料。露地栽培，从春天到霜降花开不绝，也常作花坛、花境花卉。

---

17 / 金琥

Echinocactus grusonii Hildm.

别名：象牙球、金桶球
科属：仙人掌科金琥属

【形态特征】茎球形，单生或成丛，深绿色，球顶密被黄色棉毛；棱20~25条，沟宽而深；刺窝很大，密生金黄色的硬刺，以后刺变淡或呈褐色。花生于近顶部的棉毛丛中，钟形，外瓣内侧带红褐色，内瓣黄色，花筒被尖鳞片。花期6~10月（图8-4-20）。

【产地及分布】原产于墨西哥中部的干旱沙漠及半沙漠地区，现大部分地区均有分布。

【生态习性】要求阳光充足，但夏季宜半阴；生长适温20~25℃，冬季保持在10℃以上；土壤要求排水良好，盆土要求稍干燥。

图 8-4-20　金琥

【园林用途】球体碧绿，刺刚硬、金黄色，盆栽观赏。

---

18 / 仙人指

Schlumbergera bridgesii（T. Moore）Tjaden

别名：仙人枝、圣诞仙人掌
科属：仙人掌科仙人指属

【形态特征】植株多分枝，茎节扁平，边缘呈浅波状，只有刺点而锯齿不明显，刺座上有少量的细茸毛。花着生于茎节的顶部，鲜红色，长4~6cm。浆果，圆形，红色。花期2月（图8-4-21）。

【产地及分布】原产于巴西，主要分布在玻利维亚、巴西，中国也有分布。

图 8-4-21　仙人指

【生态习性】喜阳光充足，但忌夏季强光直射；喜温暖湿润的环境，生长适温15~25℃，最低温度为10℃；土壤要求排水、透气良好的砂壤土。

【园林用途】株形优美，花色艳丽，花期较长，是观赏价值较高的花卉，常盆栽摆放在室内或悬挂于廊檐、窗前。

19 / 蟹爪兰

Schlumbergera truncata（Haw.）Moran

别名：蟹爪、蟹爪莲
科属：仙人掌科仙人指属

【形态特征】附生多浆植物。茎扁平，多分枝，常铺散下垂；茎节较小，边缘有2~4对尖齿，连续生长的节似蟹足状，茎节先端有刺座，刺座生有细毛。花着生于茎节顶部，两端对称，花瓣张开反卷，淡紫红色，花柱长于雄蕊。花期11月至翌年5月（图8-4-22）。

【产地及分布】原产于巴西，中国部分温暖地区有分布。

图 8-4-22　蟹爪兰

【生态习性】喜温暖湿润、半阴的环境，生长适温15~25℃，冬季温度要高于10℃，低于5℃时处于休眠状态；要求排水、透气、腐殖质含量高的土壤。

【园林用途】可作年宵花卉，盆栽用于室内摆放。

20 香石竹

Dianthus caryophyllus L.

别名：康乃馨
科属：石竹科石竹属

【形态特征】常绿亚灌木，株高60~80cm。茎直立，有分枝。单叶对生，叶片线状披针形，基部抱茎，灰绿色，全缘。花单生或2~5朵簇生于枝顶，径约8cm，芳香；苞片2~3轮；花萼筒状，边缘5裂；花瓣5~80枚，红色、粉红色、大红色、紫红色、黄色或白色；雄蕊常退化或花瓣化。花期5~8月（图8-4-23）。

图 8-4-23 香石竹

【产地及分布】原产于欧洲南部至亚洲印度一带。

【生态习性】喜阳光充足和干燥、温暖、空气流通的环境；要求富含腐殖质、排水良好、接近中性的土壤，忌连作。

【园林用途】花大色艳，芳香宜人，花期长，可盆栽观赏，也是制作花篮、花束、花环、瓶花的主要花材，当今世界著名四大切花之一。

21 长寿花

Kalanchoe blossfeldiana Poelln.

别名：寿星花、矮生伽蓝菜、圣诞伽蓝菜
科属：景天科伽蓝菜属

【形态特征】多年生肉质草本，株高10~15cm。茎直立，光滑，有分枝。单叶对生，叶片长圆状倒卵形，叶缘上半部波状并带红色。聚伞花序着生于茎顶，花小、量多；花萼4裂；花冠高脚蝶状，边缘4裂，呈桃红色、橙红色、大红色或黄色。花期1~4月（图8-4-24）。

【产地及分布】原产于马达加斯加，我国北京等地有引种栽培。

图 8-4-24　长寿花

【生态习性】喜温和的光照，冬季要有充足光照，短日照条件利于花芽分化；要求疏松、排水良好的土壤。

【园林用途】花朵艳丽，花量大，花期长，且花期正值元旦、春节，是优良的冬季、早春观赏盆花，常用于室内装饰。

22　大岩桐

别名：落雪泥

Sinningia speciosa Hiern

科属：苦苣苔科大岩桐属

【形态特征】多年生草本，株高15~25cm。全株密生茸毛。块茎扁球形。叶对生，肥厚而大，长椭圆形，密生茸毛，叶脉间隆起。自叶间长出花莛，每莛一花；花萼5角形，裂片卵状披针形，比萼筒长；花冠阔钟形，裂片5，矩圆形；花色有红色、白色、粉色、紫色、菫青色等，也有镶白边的品种。花期4~8月（图8-4-25）。

【产地及分布】原产于巴西，现各地广泛栽培。

【生态习性】喜温暖、潮湿、半阴环境；冬季休眠期要保持干燥，温度在10℃左右；好肥，土壤以疏松、肥沃、排水良好的腐殖土为宜。

【园林用途】叶色翠绿，花大、色彩浓艳明亮，非常美丽悦目，且花期正值夏季高温的少花时节，是温室名花，盆栽观赏。

图 8-4-25　大岩桐

23 / 吊兰

Chlorophytum comosum（Thunb.）Jacques

别名：盆草、钩兰、桂兰、折鹤兰
科属：百合科吊兰属

【形态特征】多年生常绿草本。地下根肉质、肥厚。叶基生，常达数十枚，叶片线形，全缘。匍匐茎自叶丛中抽出，其上着生花莛，顶生总状花序；花小，成簇；花被片6，白色。花期5~6月（图8-4-26）。

【类型及品种】常见品种有：

① '金边'吊兰'Variegatum'　叶缘金黄色（图8-4-27）。

② '银心'吊兰'Picturatum'　叶片中央有黄白色纵向条纹（图8-4-28）。

【产地及分布】原产于非洲南部，在世界各地广泛栽培。

【生态习性】喜温暖湿润、半阴环境；生长适温为15~25℃，越冬温度5℃以上；宜疏松、肥沃、排水良好的土壤。

【园林用途】居室内极佳的悬垂观叶植物，也是良好的室内空气净化花卉。

图 8-4-26　吊兰

图 8-4-27　'金边'吊兰

图 8-4-28　'银心'吊兰

24 虎尾兰

Sansevieria trifasciata Prain

别名：虎皮兰、千岁兰、虎尾掌
科属：百合科虎尾兰属

【形态特征】多年生常绿草本。叶自地下根状茎长出，挺直，厚革质，倒披针形或剑形，长30~120cm，两面有浅绿相间的横带状斑纹，基部渐狭形成有槽的叶柄。花莛自地下茎抽出，高于叶面，顶生穗状花序，有花数十朵，白色至淡绿色。浆果。花期春、夏季（图8-4-29）。

【类型及品种】常见栽培变种：

①金边虎尾兰var. *laurentii* 叶缘金黄色（图8-4-30）。

②短叶虎尾兰var. *hahnii* 株高20~25cm。叶片短小，深绿色，具淡绿色横纹（图8-4-31）。

③金边短叶虎尾兰var. *golden hahnii* 叶短，具黄边（图8-4-32）。

【产地及分布】原产于非洲热带地区和印度。

图 8-4-29 虎尾兰

图 8-4-30 金边虎尾兰

图 8-4-31 短叶虎尾兰

图 8-4-32 金边短叶虎尾兰

【生态习性】喜温暖湿润、通风良好和光照充足的环境；不耐寒；要求排水良好的砂质壤土。

【园林用途】叶片丛生，斑纹美丽，四季青翠，有蒸蒸日上之感，是优良的观叶花卉。常作厅堂、馆室的装饰植物，独具风采。

25 / 孔雀竹芋

Calathea makoyana E. Morr.

别名：蓝花蕉、五色葛郁金
科属：竹芋科肖竹芋属

【形态特征】多年生常绿草本，株高50cm。株形挺拔，密集丛生。叶簇生，卵形至长椭圆形，叶面乳白色或橄榄绿色，在主脉两侧和深绿色叶缘间有大小相对、交互排列的浓绿色长圆形斑块及条纹，形似孔雀尾羽，叶背紫色，具同样斑纹；叶柄细长，深紫红色。叶片有"睡眠运动"，即在夜间从叶鞘部向上延至叶片呈抱茎折叠，翌晨阳光照射后重新展开（图8-4-33）。

【类型及品种】常见同属花卉有：

①天鹅绒竹芋*C. zebrina*　又名绒叶竹芋。多年生中等大草本，株高可达1m。叶片长圆状披针形，不等侧；叶面深绿色，有黄绿色的条纹，似天鹅绒（图8-4-34）。

②彩虹竹芋*C. roseopicta*　又名红背竹芋。中脉浅绿色至粉红色，羽状侧脉两侧间隔着斜向上的浅绿色斑条，沿叶脉和叶缘呈黄色条纹；近叶缘处有一圈玫瑰色或银白色环形斑纹，如同一条彩虹；叶背具紫红色斑块（图8-4-35）。

③青苹果竹芋*C. orbifolia*　又名圆叶竹芋。叶形浑圆，叶质丰腴，叶色青翠，其上排列有整齐的条纹（图8-4-36）。

④双线竹芋*C. sanderiana*　主脉两侧有白色带与暗绿色带交互排列成羽状，色彩对比鲜明（图8-4-37）。

【产地及分布】原产于巴西，中国华南地区引种栽培。

【生态习性】喜半阴，不耐阳光直射；适宜在温暖湿润的环境中生长。春、夏季生长旺盛；需较高空气湿度，叶面要常喷水。

【园林用途】盆栽，为优良的室内观叶植物。

图 8-4-33　孔雀竹芋

图 8-4-34　天鹅绒竹芋

图 8-4-35 彩虹竹芋

图 8-4-36 青苹果竹芋

图 8-4-37 双线竹芋

26 / 大花蕙兰

Cymbidium hybrid

别名：虎头兰

科属：兰科兰属

图 8-4-38 大花蕙兰

【形态特征】多年生草本。有硕大的假球茎。叶片较长，一般长80cm左右，稍向外弯垂。花莛着花数十朵，花瓣圆厚，花色较多。花期2~6月（图8-4-38）。

【产地及分布】原产于美洲热带地区，广泛分布于中国南方城市。日本、朝鲜也有分布。

【生态习性】喜光照充足，但忌强光照射；喜温暖湿润的环境，生长适温15~25℃，不耐寒；要求疏松、肥沃、排水良好的微酸性土壤。

【园林用途】植株挺拔，姿态优美，花大色艳，花期较长，可作室内盆花，也可用于装饰庭院。

27 / 文心兰

Oncidium flexuosum Lodd.

别名：金蝶兰、跳舞兰

科属：兰科文心兰属

【形态特征】多年生草本。根状茎粗壮。叶长圆形，革质，有深红棕色斑纹。花莛粗壮，轻盈下垂；圆锥花序；小花黄色，形似飞翔的金蝶，又似翩翩起舞的舞女，色彩鲜艳，奇异可爱。花期4~11月（图8-4-39）。

【产地及分布】原产于美洲热带地区，主要分布在巴西、美国、哥伦比亚及秘鲁等。

【生态习性】喜冷凉、湿润和半阴的环境；生长适温为15~25℃。

【园林用途】可用于布置居室、窗台、阳台，也可作切花材料。

图 8-4-39 文心兰

28 / 蝴蝶兰

Phalaenopsis amabilis Rchb. f.

别名：蝶兰
科属：兰科蝴蝶兰属

【形态特征】多年生附生草本。叶大，<u>丛生</u>，叶片肥厚多肉，正面绿色，背面有红褐色斑。花葶一至数个，拱形；总状花序，长达1m；花大，直径10~12cm，白色，唇瓣茎部黄红色。花期3~4月（图8-4-40）。

【产地及分布】原产于亚洲热带地区，在我国主要分布于台湾，菲律宾和爪哇一带岛屿也有分布。常生长在热带高温、多湿的中低海拔山林中。

图 8-4-40 蝴蝶兰

【生态习性】忌强光照射，耐阴；喜热，畏寒，生长适温15~28℃，低于5℃容易死亡；相对湿度要求在80%。

【园林用途】花一朵一朵开放，可连续观赏六七十天。花形似蝶，当全部盛开时，犹如一群列队而出、轻轻飞舞的蝴蝶。可作盆花，也可作切花材料。

29 / 仙客来

Cyclamen persicum Mill.

别名：兔子花、兔耳花、一品冠、萝卜海棠
科属：报春花科仙客来属

【形态特征】多年生草本。地下具扁圆形球茎。单叶丛生于球茎顶部，叶片心状卵圆形，叶面深绿色，有白色斑纹，边缘细锯齿；叶柄长，紫红色。花葶自叶丛中长出，顶端着生1花；花大，俯垂；花萼5裂；花冠基部连合成筒状，上部深裂，裂片向上翻卷而

图 8-4-41 仙客来

扭曲，形如兔子耳朵，呈桃红色、绯红色、玫红色、紫红色或白色。花期10月至翌年5月（图8-4-41）。

【产地及分布】原产于地中海沿岸的希腊、叙利亚一带，我国南北各地都有栽培。

【生态习性】喜光，喜温暖湿润气候；生长适温为10~20℃，温度过低时叶子卷曲，花不舒展，0℃以下会冻坏球茎，对夏季高温抵抗力很弱，温度超过30℃时容易落叶而进入休眠；喜肥沃、疏松、排水良好的砂质土壤。

【园林用途】株形美观，花繁叶茂，花色艳丽，花形奇特，开花期可长达半年之久，是我国元旦、春节主要盆花之一。

30 / 蒲包花

Calceolaria herbeohybrida Poepp. et Endl.

别名：荷包花

科属：玄参科荷包花属

【形态特征】多年生草本作一年生栽培，株高20~40cm。茎、叶有毛。叶对生，卵形或卵状椭圆形。花冠具二唇，形似两个囊包，上唇小、前伸，下唇向下弯曲、膨胀似荷包；花柱位于上、下唇之间；雄蕊2枚。蒴果。花期2~4月（图8-4-42）。

图 8-4-42 蒲包花

【产地及分布】主产于墨西哥至智利。

【生态习性】要求光照充足，但忌夏季阳光直射；喜冬季温暖、夏季凉爽并且通风良好的环境，既怕高温炎热，又不耐严寒，生长适温为13~25℃，最低温度要求5℃；喜富含腐殖质的中性或微酸性砂质壤土，要求土壤湿润但不积水，需要较高的空气湿度。

【园林用途】花形奇特，正值春节应市，是很好的礼仪用花，盆栽观赏。

任务实施

一、搜集资料

学生分组，通过查阅资料搜集室内花卉的定义、分类、当地常见室内花卉图片及视频等相关信息。

二、学习室内花卉相关理论知识

各小组学习室内花卉相关理论知识。教师通过图片、标本等进行常见室内花卉识别的现场教学。

三、室内花卉现场调查

各小组对当地常见室内花卉进行调查，并填写室内花卉调查记录表（表8-4-1）。

表 8-4-1　室内花卉调查记录表

班级：_____　　小组成员：_____　　调查时间：_____　　调查地点：_____

花卉名称：　　科：　　属： 观赏类型：（观花、观叶或观果）	植物图片
主要特征	
生长状况	
配置方式	
观赏特性	
园林用途	
备　注	

四、完成调查报告

各小组根据相关调查数据撰写调查报告。

五、室内花卉识别考试

教师选择20种当地常见室内花卉进行识别考核。

任务考核

根据表8-4-2进行考核评价。

表 8-4-2　室内花卉识别与应用考核评分标准

项　目	考核内容	考核标准	赋分	得分
过程性评价	调查准备工作	准备充分	10	
	调查态度	积极主动，有团队精神，注重方法及创新	20	
	调查水平	花卉名称正确，形态特征描述准确，观赏特性与应用价值分析合理	30	
结果性评价	调查报告	符合要求，内容全面，条理清晰，图文并茂	20	
	室内花卉识别	对20种常见室内花卉进行识别，每正确识别1种得1分	20	
总　　分			100	

巩固练习

1. 室内花卉选择的要求有哪些？

2. 耐阴的观叶植物、观花植物有哪些？

3. 总结天南星科、竹芋科、多浆植物的种类及生态习性。

4. 比较下列植物的形态特征、生态习性和观赏特性：孔雀竹芋和天鹅绒竹芋、双线竹芋和彩虹竹芋。

草本地被植物和草坪草识别与应用

项目描述

在城市园林绿化中，宽阔、优质的草坪和成片多样的地被植物是园林绿化现代化水准高的重要标志。合理应用草本地被植物和草坪草，对于完善绿化体系、提升绿化效果、改善生态环境、提高城市品位有着十分重要的意义。本项目共包含两个任务：草本地被植物识别与应用和草坪草识别与应用。

项目目标

知识目标

1. 理解常见草本地被植物和草坪草的生态习性和园林用途。

2. 领会常见草本地被植物和草坪草的识别特征和观赏特性。

技能目标

1. 能准确识别本地常见草本地被植物和草坪草。

2. 能根据草本地被植物和草坪草的观赏特性和生态习性合理选择草本地被植物和草坪草进行配置。

素质目标

1. 厚植爱国主义情怀，增强文化自信，践行社会主义核心价值观。

2. 宣扬"生态兴则文明兴，生态衰则文明衰""人与自然和谐共生""绿水青山就是金山银山"等生态文明思想，对环境保护和生态文明理念发自内心地认可和尊崇。

3. 传承与植物相关的文学、历史、哲学、艺术等方面的优秀传统文化，培养发现美、感知美、欣赏美、评价美的基本能力和审美价值取向。

4. 热爱园林事业，培养敬业、精益、专注、创新的职业精神。

5. 培养热爱自然、感恩自然、尊重自然的生态意识。

6. 培养发现问题和解决问题的能力。

数字资源

任务 *9-1* 草本地被植物识别与应用

任务描述

本任务是在学习草本地被植物相关理论知识的基础上，调查所在城市各种公共绿地草本地被植物的应用情况（包括草本地被植物的名称、形态特征、生态习性、观赏特性和配置方式等），完成草本地被植物调查报告。

任务目标

知识目标

1. 知道草本地被植物的概念及其在园林绿化中的作用。

2. 描述草本地被植物的特点。

3. 理解常见草本地被植物的生态习性和园林用途。

4. 领会常见草本地被植物的识别要点和观赏特性。

5. 掌握草本地被植物的选择与配置要求。

技能目标

1. 会用专业术语描述草本地被植物的形态特征。

2. 能准确识别本地区常见草本地被植物。

3. 能根据草本地被植物的生态习性、观赏特性和景观设计要求合理选择草本地被植物进行配置。

素质目标

1. 厚植爱国主义情怀，增强文化自信，践行社会主义核心价值观。

2. 宣扬"人与自然和谐共生"等生态文明思想，对环境保护和生态文明理念发自内心地认可和尊崇。

3. 传承与草本地被植物相关的文学、历史、哲学、艺术等方面的优秀传统文化，培养发现美、感知美、欣赏美、评价美的基本能力和审美价值取向。

4. 热爱园林事业，培养敬业、精益、专注、创新的职业精神。

5. 培养热爱自然、感恩自然、尊重自然的生态意识。

知识准备

一、草本地被植物概念、特点及在园林绿化中的配置和作用

1. 草本地被植物概念

地被植物是指园林绿化中铺设于大面积裸露平地或坡地，或适于阴湿林下和林间隙地等环境中生长的各种草本植物和偃伏性或半蔓性的灌木以及藤本植物的总称。这类植物株丛低矮、密集，覆盖在地表起到防止水土流失、吸附尘土、净化空气、减弱噪声、消除污

染的作用，同时具有一定的观赏价值。

草本地被植物为地被植物的组成部分，是指适用于大面积公共绿地、庭园草坪、道路路肩绿地等的各种草本植物的总称。

2. 草本地被植物特点

①一至多年生，植株低矮，个体间生长密集。

②从园林美化效果看，绿色期较长，以长期的绿色覆盖地面；或具有美丽的花朵，成片的花朵宛如花的海洋，有冲击视觉的强烈效果，且花期越长，观赏价值越高；或具有独特的株形、叶形、叶色（或叶色具有季节性变化），给人以绚丽多彩的感觉。

③具有良好的可塑性，可以充分利用特殊的环境进行造型。

④具有较为广泛的适应性和较强的抗逆性，耐粗放管理，在人工管理少、自然环境差的条件下能正常生长。

⑤具有发达的根系，有利于保持水土以及提高根系对土壤中水分和养分的吸收能力；或者具有多种变态地下器官，如球茎、地下根茎等，以利于贮藏养分，保存营养繁殖体，从而具有更强的自然更新能力。

⑥具有较强的净化空气的能力或吸附尘土的能力。

3. 草本地被植物在园林绿化中的配置和作用

草本地被植物一般成片种植于一定面积的空地、林下、边坡、雕塑物周围、建筑物旁，也可用于台阶两侧、山石旁、花坛周围。

草本地被植物在园林绿化中的作用：一是覆盖裸露的土地，固定土壤，固堤护坡，涵养水分，减小暴雨时的地表径流，使土壤免受雨水冲刷；二是吸附尘土，净化空气，减弱噪声，消除污染，增加空气湿度；三是烘托园林氛围，美化环境。

课 程 思 政

不起眼的小草，在我们的身边随处可见。小草虽然普通，却从不自卑自弃。它们顽强不屈、无私奉献，正所谓"野火烧不尽，春风吹又生""谁言寸草心，报得三春晖"。做人，要有小草的精神！

二、常见草本地被植物

1 大吴风草

别名：八角乌、活血莲、金钵盂

Farfugium japonicum（L. f.）Kitam.　　科属：菊科大吴风草属

【形态特征】多年生草本。叶全部基生，莲座状，幼时被密的淡黄色柔毛；叶片肾形，长9~13cm，宽11~22cm；有长柄，柄长15~25cm。花葶高达70cm，幼时被密的淡黄色柔毛；头状花序辐射状，排列成伞房状，有花2~7朵；舌状花瓣9~12枚，黄色。花果期9月至翌年3月（图9-1-1）。

【产地及分布】分布于日本和中国。在中国分布于湖北、湖南、广西、广东、福建和台湾。

【生态习性】适应力很强，喜半阴和湿润环境；耐寒力尤为突出，在中国江南地区可露

图 9-1-1　大吴风草

地越冬，冬季地上部叶片枯死，第二年春天萌发。

【园林用途】姿态优美，花艳叶翠，观赏期长，适宜大面积种植作林下地被，也可植于林边阴湿处、岩石旁。

2 ｜ 二月蓝

Orychophragmus violaceus（L.）O. E. Schulz.

别名：诸葛菜、二月兰、菜子花、紫金草
科属：十字花科诸葛菜属

【形态特征】一年生或二年生草本，株高20~70cm。茎直立，无毛，浅绿色或带紫色，有白色粉霜。基生叶圆形或耳状，具长柄；下部茎生叶大，羽状深裂；中上部茎生叶长圆形或狭卵形，叶基耳状抱茎。总状花序顶生，着花5~20朵，蓝紫色或淡红色；花瓣4枚，"十"字形排列。花期3~5月（图9-1-2）。

【产地及分布】分布于辽宁、河北、山西、山东、河南、安徽、江苏、浙江、湖北、江西、陕西、甘肃、四川等。

【生态习性】适应性强，既喜光，又耐阴；耐寒；耐旱，对土壤要求不高，酸性土和碱性土均可生长，但更喜湿润、肥沃土壤；根系发达，生长良好；自播力强。

图 9-1-2　二月蓝

【园林用途】花朵多为紫色或蓝色，小巧精致，给人一种梦幻般的感觉。常被用作地被植物或用于盆栽。

3 马蹄金

Dichondra micrantha Urban

别名：金马蹄草、小灯盏、小金钱、小铜钱草
科属：旋花科马蹄金属

【形态特征】多年生匍匐草本。茎细长，被灰色短柔毛，节上生根。叶肾形至圆形，直径4~25mm，先端宽圆形或微缺，全缘。花单生于叶腋；花冠钟状，黄色，深5裂，裂片长圆状披针形。蒴果近球形，种子无毛（图9-1-3）。

【产地及分布】广布于热带、亚热带地区，在中国分布于长江以南各省份。多生于疏林下、林缘、山坡、路边、河岸及阴湿草地上。

【生态习性】喜光照，也耐荫蔽；喜温暖湿润气候；对土壤要求不严。

图 9-1-3 马蹄金

【园林用途】植株低矮，叶色翠绿，叶片密集、美观，耐轻度践踏，生命力旺盛，抗逆性强，是一种优良的地被植物，适用于公园、机关绿地、庭院等栽培观赏，也可用作沟坡、堤坡、路边等的固土材料。

4 葛藤

Pueraria lobata（Willd.）Ohwi.

别名：葛、野葛、粉葛藤、甜葛藤、葛条、划粉
科属：豆科葛属

【形态特征】多年生草质缠绕藤本。全株被黄色长硬毛。羽状三出复叶，偶尔全缘；顶生小叶菱状宽卵形或斜卵形；两侧小叶宽卵形，基部偏斜。总状花序腋生，花密生，花冠蝶形，蓝紫色、紫红色或紫色。荚果条形，密生黄色长硬毛。花期6~9月（图9-1-4）。

图 9-1-4 葛藤

【产地及分布】原产于中国、朝鲜、日本。在中国华南、华东、华中、西南、华北、东北等地区广泛分布，以东南和西南各地最多。常生长在草坡灌丛、疏林地及林缘等处。

【生态习性】喜生于阳光充足的阳坡；喜温暖湿润气候，耐寒；耐酸性强，耐旱，对土壤适应性广，在山坡、荒谷、砾石地、石缝都可生长，而以湿润、排水通畅的土壤为宜。

【园林用途】良好地被植物，可用于荒山荒坡、土壤侵蚀地、石山、悬崖峭壁、复垦矿山等的绿化。此外，还用于墙体、柱子、门廊、亭子、棚架等的垂直绿化。

5 / 红车轴草

别名：红三叶、红花苜蓿、红花三叶草

Trifolium pratense Linn.　　科属：豆科车轴草属

【形态特征】多年生草本。主根发达，可深入土层达1m。茎粗壮，具纵棱，直立或平卧上升，疏生柔毛。掌状三出复叶，小叶卵状椭圆形至倒卵形，叶面上常有"V"字形白斑。无总花莛或总花莛甚短，包于顶生叶的托叶内，托叶扩展成佛焰苞状；花序球状或卵状，顶生，具花30~70朵，密集；花冠紫红色至淡红色。花期5~10月（图9-1-5）。

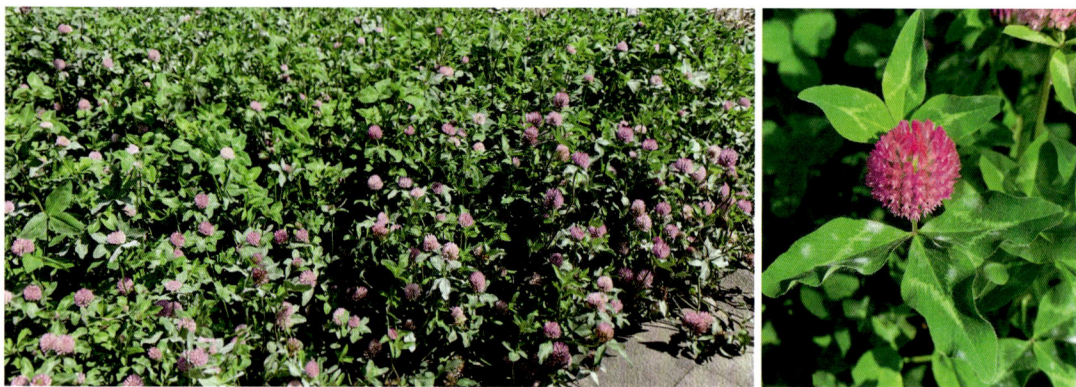

图 9-1-5　红车轴草

【产地及分布】广泛分布于热带及亚热带地区。在中国的东北、华北、华中、西南等地区有分布。

【生态习性】喜凉爽湿润气候，夏天不过于炎热、冬天不十分寒冷的地区最适宜生长；耐湿性良好，但耐旱能力差；在pH 6~7、排水良好、土质肥沃的黏壤土中生长最佳。

【园林用途】优良的观花、观叶地被植物。可用于花坛镶边或布置花境、缀花草坪，或用于机场绿化、高速公路绿化及江堤、湖岸等固土护坡绿化中。

6 / 白车轴草

别名：白三叶、白花三叶草

Trifolium repens Linn.　　科属：豆科车轴草属

【形态特征】多年生草本，高10~30cm。茎匍匐蔓生，节上生根，无毛。掌状三出复叶，小叶倒卵形至近圆形，叶面常带有"V"形白色斑纹。总花莛甚长，比叶柄长近1倍；顶生头状花序呈球形，具花20~50朵，密集；花冠白色、乳黄色或淡红色，具香气；花萼钟形，萼齿5。花期4~11月（图9-1-6）。

图 9-1-6 白车轴草

【产地及分布】原产于欧洲和非洲北部，广泛分布于世界各地。在中国亚热带及暖温带地区分布较广泛。

【生态习性】喜光，耐半阴，在阳光充足的地方生长繁茂；喜温暖湿润气候，耐寒；不耐干旱和长期积水，喜排水良好、pH为5.5~7的砂壤土或黏土，也可在砂质土中生长，不耐盐碱。

【园林用途】优良的观花、观叶地被植物。适合在公园、校园的疏林地及庭院、路边绿地大面积种植。也适宜在坡地、堤坝、湖岸种植，防止水土流失，同时营造出自然的生态景观。

7 / 萱草

别名：黄花菜、金针菜
Hemerocallis fulva（L.）L.　　科属：百合科萱草属

【形态特征】多年生宿根草本。具短根状茎和粗壮的纺锤形肉质根。叶基生，宽线形，对排成两列。花莛细长坚挺，高60~100cm；顶生聚伞花序，着花6~10朵；花大，漏斗形，直径10cm左右；花被裂片长圆形，下部连合成花被筒，上部开展而反卷，边缘波状，橘红色。花期6~8月（图9-1-7）。

【类型及品种】同属常见栽培的有：

大花萱草*H. hybrida* Bergmans　原产于中国东北，朝鲜、日本也有分布。花2~4朵，近簇生于花莛顶端；花黄色，有芳香；苞片宽阔，花被管近1/2藏于苞片内（图9-1-8）。

【产地及分布】原产于中国南部地区，主要分布于秦岭南北坡。

【生态习性】既喜阳光，又耐半阴；性强健，耐寒，在华北可露地越冬；适应性强，既喜湿润，也耐旱；对土壤选择性不强，但以富含腐殖质、排水良好的湿润土壤为宜。

【园林用途】春季萌发早，绿叶成丛，初夏开花，花色鲜艳，极为美观。在园林中多作地被植物。

图 9-1-7　萱草

图 9-1-8　大花萱草

8 / 玉簪

Hosta plantaginea Asch.

别名：玉春棒、白鹤花、玉泡花、白玉簪
科属：百合科玉簪属

图 9-1-9　玉簪

【形态特征】多年生草本，株高40～60cm。具粗壮根状茎。叶基生，成丛，卵形至心状卵形，先端尖，基部心形，长20～30cm，宽10～15cm，平行脉；具长柄。花莛高出叶片，花顶生，总状花序，每莛有花10余朵；花被筒长约13cm，下部细小，上部平展或稍上倾，形似簪，白色，具芳香。花期6～8月（图9-1-9）。

【产地及分布】原产于中国及日本。

【生态习性】喜半阴，适生于阴湿之地，属典型的耐阴植物，受强阳光照射则叶片变黄，生长不良；性强健，耐寒冷；要求土层深厚、肥沃、排水良好的砂质壤土。

【园林用途】在园林中最适合作林下地被植物。

9 / 紫萼

Hosta ventricosa（Salisb.）Stearn

别名：紫玉簪
科属：百合科玉簪属

图 9-1-10　紫萼

【形态特征】多年生草本。根状茎粗达2cm，常直生；须根被绵毛。叶基生，卵形或菱状卵形，中肋和侧脉在正面下凹，背面隆起，侧脉6～8对，弧形，其间横脉细密。总状花序顶生，着花10余朵；花较小，淡紫色，无香味。花期6～8月，果9～10月开裂（图9-1-10）。

【产地及分布】分布于我国河北、陕西及华东、中南、西南各省份。日本也有分布。

【生态习性】耐阴；喜温暖湿润环境，较耐寒，入冬后地上部枯萎，休眠芽露地越冬；喜肥沃、湿润、排水良好的砂质壤土。

【园林用途】叶片墨绿色，花瓣紫色，主要用作地被植物。

10 阔叶山麦冬

Liriope muscari（Decne.）L. H. Bailey   科属：百合科山麦冬属

【形态特征】根细长，具有膨大成椭圆形或纺锤形的块根。根状茎粗短，无地下走茎。叶基生，叶片宽条形，长12~50cm，宽5~20mm。花莛通常长于叶，圆而粗壮；总状花序长8~45cm，花紫色或紫红色。种子球形，初期绿色，成熟后变黑紫色。花期7~8月（图9-1-11）。

【类型及品种】常见品种有：

'金边'阔叶山麦冬'Variegata' 叶缘为金黄色，边缘内侧为银白色与翠绿色相间的竖向条纹（图9-1-12）。

图 9-1-11 阔叶山麦冬   图 9-1-12 '金边'阔叶山麦冬

【产地及分布】分布于我国华东、华中及台湾、广东、四川等。日本也有分布。

【生态习性】喜温暖气候和较潮湿的环境；以土层深厚、肥沃、疏松的砂质土壤为佳，怕涝，低洼积水和过黏的土壤不宜生长。

【园林用途】根系发达，适应性强，可以在林缘、草坪、水景、假山旁等生长，既能观叶，又能观花，是优良的地被植物。

11 麦冬

别名：麦门冬

Ophiopogon japonicus（L. f.）Ker-Gawl.   科属：百合科沿阶草属

【形态特征】多年生草本。根较粗，中部或近末端具椭圆形或纺锤形小块根。叶基生，丛生，叶片狭条形。花莛往往低于叶丛，小花多朵轮生组成总状花序；小花白色或淡紫色，花被片6，分离；雄蕊6，花丝长于花药；子房上位，3室。花期6~8月（图9-1-13）。

【类型及品种】同属常见种：

沿阶草 *O. bodinieri* H. Lév 根纤细，近末端处有时具膨大成纺锤形的小块根。花莛较叶稍短或几等长（图9-1-14）。

图 9-1-13 麦冬

图 9-1-14 沿阶草

【产地及分布】原产于中国，分布于广东、广西、福建、台湾、浙江等地。日本、越南、印度也有分布。

【生态习性】极耐阴；耐寒；耐湿，耐旱，抗盐碱，对土壤要求不严，喜砂壤土；抗病虫。

【园林用途】良好的阴生地被植物，可片植于林下、边坡、建筑物旁。

12 / 吉祥草

别名：观音草、玉带草、松寿兰、小叶万年青、瑞草

Reineckea carnea（Andrews）Kunth

科属：百合科吉祥草属

图 9-1-15 吉祥草

【形态特征】多年生常绿草本。根状茎细长，横生于浅土中或匍匐于地面。叶3~9片簇生于节上，条形至披针形，深绿色，全缘。花葶侧生，短于叶丛；穗状花序；苞片卵状三角形，花紫红色或淡红色，花被片反卷，芳香。浆果球形，熟时鲜红色。花期7~9月（图9-1-15）。

【产地及分布】在我国江苏、浙江、安徽、江西、湖南、湖北、河南、陕西（秦岭以南）、四川、云南、贵州、广西和广东等地有分布。

【生态习性】喜温暖湿润、半阴环境，畏烈日；不耐干旱，以排水良好的肥沃壤土为宜。

【园林用途】良好的阴生地被植物，常布置于林下、林缘、路边、池旁等处，群植效果好。

13 / 红花酢浆草

别名：三叶草、大酸味草、南天七等

Oxalis corymbosa DC.

科属：酢浆草科酢浆草属

【形态特征】多年生直立草本。无地上茎；地下鳞茎球状，鳞片膜质、褐色。叶基生，小叶3，扁圆状倒心形，先端凹缺。总花葶基生，二歧聚伞花序，花葶、苞片、萼片均被毛；萼片5，披针形；花瓣5，倒心形，淡紫色至紫红色。3~12月开花结果（图9-1-16）。

图 9-1-16　红花酢浆草

【产地及分布】原产于南美洲热带地区，分布于中国华东、华中、华南以及四川和云南等地。

【生态习性】喜光，在露地全光照下和树荫下均能生长，全光照下生长健壮；抗寒力较强，在华北地区可露地栽培；适生于湿润的环境，干旱缺水时生长不良，可耐短期积水。

【园林用途】植株低矮，叶茂密，碧绿青翠，小花繁多，烂漫可爱，是优良的地被植物，适于疏林地及林缘大片种植。

14 ‘金叶’过路黄

Lysimachia nummularia ‘Aurea’　　　科属：报春花科珍珠菜属

【形态特征】多年生常绿宿根草本，株高约5cm。匍匐茎圆柱形，簇生，长50~90cm。单叶对生，卵形或阔卵形，3~11月叶色金黄，低温时为暗红色。花单生于茎中部叶腋，花冠亮黄色。花期5~7月（图9-1-17）。

【产地及分布】产于云南、四川、贵州、陕西（南部）、河南、湖北、湖南、广西、广东、江西、安徽、江苏、浙江、福建。

【生态习性】喜光；耐热，耐寒；耐旱；病虫害少。

【园林用途】具有叶色优美、繁殖快速、管理粗放的特点，是一种优良的园林彩叶地被植物。

图 9-1-17　‘金叶’过路黄

15 蛇莓

Duchesnea indica（Andr.）Focke

别名：蛇泡草、龙吐珠、三爪风
科属：蔷薇科蛇莓属

图 9-1-18 蛇莓

【形态特征】多年生草本。全株有白色柔毛。匍匐茎多数，长30~100cm，节节生根。三出复叶基生或互生，有长柄；小叶近无柄，菱状卵形或倒卵形，长2~5cm，宽1~3cm，边缘具钝锯齿；具托叶。花单生于叶腋，花瓣5，黄色，宽倒卵形。聚合瘦果，成熟时花托膨大，海绵质，红色，有光泽，直径10~20mm。花期3~5月，观果期5~6月（图9-1-18）。

【产地及分布】广泛分布于我国辽宁以南地区。

【生态习性】较耐阴；适应性广，抗性强，喜温暖湿润，耐寒，在华北地区可露地越冬；不耐旱，不耐水渍；对土壤要求不严，田园土、砂壤土、中性土均能生长良好。

【园林用途】春季赏花，夏季观果。主要用作林缘地被植物，也可以用于装饰假山、布置花境等。

16 紫花地丁

Viola philippica Cav.

别名：野堇菜、光瓣堇菜、光萼堇菜
科属：堇菜科堇菜属

图 9-1-19 紫花地丁

【形态特征】多年生宿根草本，高5~15cm。主根粗而深长，白色。无地上茎。叶基生，叶形多变，一般为长圆状披针形或卵状披针形、三角状卵形。花莛长，中部有2枚线形苞片；萼片绿色，卵状披针形；花瓣椭圆形，淡紫色，侧瓣无须毛或稍有须毛。蒴果椭圆形，无毛；种子小，球形。花期3~5月，果期6~7月（图9-1-19）。

【产地及分布】在中国的东北、华北、华中、西南、华南各地均有分布。朝鲜、日本、俄罗斯远东地区也有分布。

【生态习性】喜光，也耐阴；喜湿润的环境，耐寒；不择土壤，适应性极强；繁殖容易，能直播。

【园林用途】植株低矮，株丛紧密，生长整齐，花期早且集中，作为有适度自播能力的地被植物，可大面积种植。

任务实施

一、搜集资料

学生分组，通过查阅资料搜集草本地被植物的定义、特点、在园林中的配置、当地常见草本地被植物图片及视频等相关信息。

二、学习草本地被植物相关理论知识

各小组学习草本地被植物相关理论知识。教师通过图片、标本等进行典型草本地被植物识别的现场教学。

三、草本地被植物现场调查

各小组对当地草本地被植物进行调查，并填写草本地被植物调查记录表（表9-1-1）。

表 9-1-1　草本地被植物调查记录表

班级：_____　小组成员：_____　调查时间：_____　调查地点：_____

植物名称：　　科：　　属： 生活型：（一年生、二年生或多年生）	植物图片
主要特征	
生长状况	
配置方式	
观赏特性	
园林用途	
备　注	

四、完成调查报告

各小组根据相关调查数据撰写调查报告。

五、草本地被植物识别

教师选择10种当地常见草本地被植物进行识别考核。

任务考核

根据表9-1-2进行考核评价。

表 9-1-2　草本地被植物识别与应用考核评分标准

项　目	考核内容	考核标准	赋分	得分
过程性评价	调查准备工作	准备充分	10	
	调查态度	积极主动，有团队精神，注重方法及创新	20	
	调查水平	植物名称正确，形态特征描述准确，观赏特性与应用价值分析合理	30	
结果性评价	调查报告	符合要求，内容全面，条理清晰，图文并茂	20	
	草本地被植物识别	对10种草本地被植物进行识别，每正确识别1种得2分	20	
	总　　分		100	

巩固练习

1. 简要描述草本地被植物的特点。
2. 搜集当地草本地被植物单株的图片，注明种类名称、主要识别特征和观赏特性。

任务 9-2　草坪草识别与应用

任务描述

在城市的各种公共绿地，都有按园林景观设计要求种植的草坪草。不同的草坪草有着不同的形态特征和适应特点，在园林应用中，除了考虑草坪草自身的形态特征、生态习性外，还应考虑种植地的立地状况、水源条件等环境因素以及与周围乔木、灌木、建筑物的搭配效果。本任务是在学习草坪草相关理论知识的基础上，调查所在城市各种公共绿地草坪草的应用情况（包括草坪草的名称、形态特征、生态习性和配置方式等），完成草坪草调查报告。

任务目标

知识目标

1. 知道草坪草的概念和在园林绿化中的作用。
2. 描述草坪草的特点。
3. 理解常见草坪草的生态习性和园林用途。
4. 领会常见草坪草的识别要点和观赏特性。
5. 掌握草坪草的选择与配置要求。

>> **技能目标**

1. 能用专业术语描述草坪草的形态特征。

2. 能准确识别本地区常见草坪草。

3. 能根据本地区常见草坪草的生态习性、观赏特性和景观设计要求合理选择草坪草进行配置。

>> **素质目标**

1. 厚植爱国主义情怀，增强文化自信，践行社会主义核心价值观。

2. 宣扬"生态兴则文明兴，生态衰则文明衰""绿水青山就是金山银山"等生态文明思想，对环境保护和生态文明理念发自内心地认可和尊崇。

3. 传承与草坪草相关的优秀传统文化，培养发现美、感知美、欣赏美、评价美的基本能力和审美价值取向。

4. 热爱园林事业，培养敬业、精益、专注、创新的职业精神。

5. 培养发现问题和解决问题的能力。

知识准备

一、草坪草概念、特点及在园林绿化中的配置和作用

1. 草坪草概念

草坪草是最为人们熟悉的草本地被植物，但通常将其另列为一类。一般认为，凡是适宜用于建植草坪的植物，都可以称为草坪草。由于现代草坪主要用禾本科植物建植，因此目前一般把用于建植草坪的禾本科植物称为草坪草。根据生长习性的不同，草坪草可分为暖季型草坪草和冷季型草坪草。

2. 草坪草特点

①全株翠绿，且绿色均一，绿色期长。优良的冷季型草坪草绿色期在200d以上，优良的暖季型草坪草绿色期在250d以上。

②地上部生长点低，有坚韧叶鞘保护，耐修剪。

③叶细小而密生，有利于形成地毯状草坪，有一定的弹性，耐滚压和践踏。

④具有旺盛的生命力和繁殖能力，除具备种子繁殖能力外，还具备极强的无性繁殖能力。

⑤没有不良气味，对人、畜无害。

⑥抗逆性好，许多品种对寒冷、干旱、炎热、污染等不良环境条件具有很强的适应能力，易于管理。

3. 草坪草在园林绿化中的配置和作用

草坪草一般大面积种植在绿地广场、各种运动场、滑草场以及道路路面等环境中。

草坪草具有覆盖地面、固定土壤、固堤护坡、涵养水分、消除污染、增加空气湿度、装饰空间等作用。其建植的草坪与水面、卧石、树篱、道路铺装结合，起到开拓空间、开阔视野的作用。当人们从建筑物内或林地中走进草坪时，总会产生豁然开朗的感觉。生长茂盛的草坪似柔软的绿色地毯，给人们提供了十分理想的游憩和运动场地，使人感觉平和、亲切、舒展、畅快。

二、常见草坪草

1 野牛草

别名：牛毛草、水牛草

Buchloe dactyloides（Nutt.）Engelm.

科属：禾本科野牛草属

【形态特征】多年生低矮草本。植株纤细，具匍匐茎，广泛延伸。叶粗糙，灰绿色，长3~10cm，宽1~3mm，叶片不舒展，有卷曲变形表现，两面均疏生细小柔毛，幼叶卷叠式；叶鞘疏生柔毛；叶舌短小，具细柔毛；无叶耳；叶环宽，生有长茸毛。雌雄同株或异株；雄花序2~3，总状排列，草黄色，雄小穗无柄，两列覆瓦状排于穗轴一侧；雌花序常头状。种子成熟时通常自梗上整个脱落。

【产地及分布】原产于美洲中南部，20世纪作为水土保持植物引入中国，在甘肃首先试种，后在西北、华北及东北地区广泛种植。

【生态习性】喜光，耐半阴；适应性强，极耐热，与大多数暖季型草坪草相比耐寒性极强，在我国北方能安全越冬；抗旱性极强，严重干旱时叶片蜷缩，休眠避旱，水分充足时重新生长；喜排水良好的土壤。

【园林用途】可用于高速公路、机场跑道、高尔夫球场等地的绿化。在园林中的湖边、池旁、堤岸作为覆盖地面的材料，既能保持水土，又能增添绿色景观。

2 百慕大草

别名：狗牙根、爬根草、绊根草、地板根、行义芝

Cynodon dactylon（L.）Pers.

科属：禾本科狗牙根属

【形态特征】多年生草木，植株低矮。具发达的根状茎和匍匐茎，节间长短不一；匍匐茎可长达1m，并于节处着地生根和分枝，故又称"爬根草"；直立茎光滑，细硬。叶扁平线条状，宽1~4mm，先端渐尖，边缘有细齿，叶片质地因品种差异而不同；芽中叶片折叠；叶舌短小，纤毛状。穗状花序，具4~5个穗状分枝；花药淡紫色，柱头紫红色。颖果长圆柱形，成熟后易脱落，有一定的自播能力。5~10月开花结果（图9-2-1）。

图 9-2-1　百慕大草

【产地及分布】原产于非洲，广泛分布于热带、亚热带和温带地区。中国黄河以南各省份有分布，北京地区有栽培。

【生态习性】喜温暖湿润气候，耐热，不耐寒，易遭受雪霜冻害，常以匍匐茎和根状茎越冬；抗旱性和耐践踏能力强，较耐涝。

【园林用途】极耐践踏，再生力极强，为良好的固堤保土植物，常用于足球场，以及高尔夫球场的球道、发球台和高草区，在南方园林绿化中广泛运用。

3　多年生黑麦草

Lolium perenne L.

别名：黑麦草、宿根黑麦草
科属：禾本科黑麦草属

【形态特征】多年生草本。根系发达，须根稠密，主要分布于20cm表土层，分蘖众多。茎直立，丛生，高30~90cm。叶片扁平，狭长，长4~12cm，宽2~6mm，质地柔软，背面光滑发亮，正面叶脉明显；幼叶折叠于芽中；普通品种有膜状叶舌和短叶耳，叶环宽于草地早熟禾；多数新品种没有叶耳，叶舌不明显；有时也呈现船形叶尖，易与草地早熟禾相混，但仔细观察会发现叶尖顶端开裂。扁穗状花序直立，微弯曲，最长可达30cm。颖果长约为宽的3倍；种子较大，无芒。花果期5~7月（图9-2-2）。

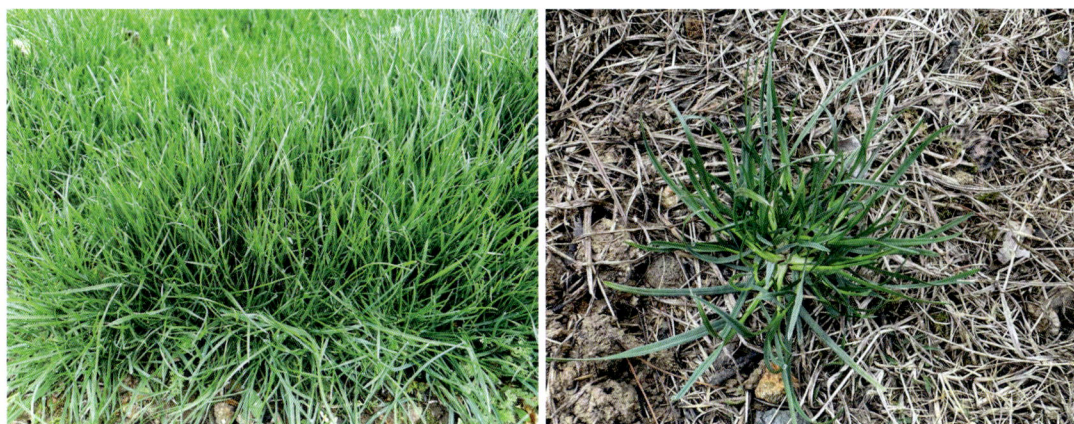

图 9-2-2　多年生黑麦草

【产地及分布】在温带地区广泛分布。我国华中、华东及西南地区广泛栽培。

【生态习性】喜光，不耐阴；最适生长于冬季温和、夏季凉爽潮湿的地区，抗寒，抗霜；较耐湿，不耐干旱，不耐瘠薄，要求中性偏酸的肥沃土壤；较耐践踏。

【园林用途】在园林绿地应用很广泛。多用于高尔夫球场的球道、高草区、发球台。

4　结缕草

Zoysia japonica Steud.

别名：日本结缕草、锥子草、老虎皮草、崂山青、延地青
科属：禾本科结缕草属

【形态特征】多年生草本。深根性，具细长而坚硬的根状茎和发达的匍匐茎，须根细弱。植株直立、低矮，茎叶密集。茎基部常有宿存、枯萎的叶鞘，茎节上产生不定根。叶丛生，革质，扁平，披针形，宽2~6mm，表面疏生柔毛，背面近无毛，具较高的弹性和韧

性；叶鞘无毛，上部紧密裹茎；叶舌纤毛状；幼叶卷曲形。总状花序呈穗状，小穗柄通常弯曲；小穗卵形，淡黄绿色或带紫褐色。颖果卵形，长1.5~2mm，表面附有蜡质保护物，成熟后易脱落。花果期5~9月。

【产地及分布】原产于亚洲东南部，在我国主要分布于华南、华中、华东、华北、东北的广大地区。

【生态习性】喜温暖湿润气候，耐高温，抗寒；抗旱；抗病虫害。

【园林用途】耐旱，耐践踏，弹性极好，是极佳的运动场草种，广泛用于足球场，以及高尔夫球场的球道、发球台和高草区。

5 / 沟叶结缕草

别名：马尼拉草、老虎皮草、半细叶结缕草

Zoysia matrella（L.）Merr.　　科属：禾本科结缕草属

【形态特征】多年生草本，高12~20cm。具横走根状茎，须根细弱。茎直立，基部节间短，叶鞘长于节间。叶片质硬，内卷，长约3cm，宽1~2mm，顶端尖锐，上面具沟，无毛。总状花序细柱形，长2~3cm，宽约2mm。颖果长卵形，棕褐色。花果期7~10月（图9-2-3）。

图9-2-3　沟叶结缕草

【产地及分布】亚洲和大洋洲的热带地区有分布。在中国东部、中部、南部等地区园林绿地上应用较多。

【生态习性】喜温暖湿润气候条件，耐高温。

【园林用途】形成的草坪低矮平整，茎叶纤细美观，具一定的弹性，耐践踏性强。可作运动场、飞机场及各种娱乐场所的绿化材料。

6 / 细叶结缕草

别名：天鹅绒草、台湾草、高丽芝草

Zoysia pacifica（Goudswaard）M. Hotta et S. Kuroki　　科属：禾本科结缕草属

【形态特征】多年生草本，通常呈丛状密集生长。植株直立、纤细，具细而密集的根状茎和节间很短的匍匐茎，节上产生不定根。叶片纤细柔软，密集，丝状内卷，宽

0.5~1.0mm，疏生柔毛，艳绿，富有弹性；叶鞘口具丝状长毛；叶舌膜质，顶端碎裂为纤毛状。总状花序顶生；小穗窄狭，黄绿色或有时略带紫色，穗轴短于叶片，常被叶所覆盖。种子小，成熟时易脱落。花果期8~12月。

【产地及分布】我国长江流域以南广泛种植，在华北地区越冬有困难。

【生态习性】喜温暖湿润气候，耐高温，耐寒能力差；抗旱，耐湿，适于排水良好、肥沃的土壤；耐践踏，耐修剪，抗杂草侵入。

【园林用途】草质柔软，弹性较好，极适用于建植儿童活动草坪，也常栽培于花坛内作封闭式花坛草坪或塑造草坪造型供观赏。

任务实施

一、搜集资料

学生分组，通过查阅资料搜集草坪草的定义、特点、在园林绿化中的配置和作用、当地常见草坪草图片及视频等相关信息。

二、学习草坪草相关理论知识

各小组学习草坪草相关理论知识。教师通过图片、标本等进行典型草坪草识别的现场教学。

三、现场草坪草识别与调查

各小组对当地草坪草进行调查，并填写草坪草调查记录表（表9-2-1）。

表 9-2-1　草坪草调查记录表

班级：_____　小组成员：_____　调查时间：_____　调查地点：_____

草坪草名称：　　科：　　属： 生活型：（暖季型、冷季型）	植物图片
主要特征	
生长状况	
配置方式	
园林用途	
备　注	

四、完成调查报告

各小组根据相关调查数据撰写调查报告。

五、草坪草识别

教师选择5种当地常见草坪草进行识别考核。

任务考核

根据表9-2-2进行考核评价。

表 9-2-2　草坪草识别与应用考核评分标准

项　目	考核内容	考核标准	赋分	得分
过程性评价	调查准备工作	准备充分	10	
	调查态度	积极主动，有团队精神，注重方法及创新	20	
	调查水平	草坪草名称正确，形态特征描述准确，观赏特性与应用价值分析合理	30	
结果性评价	调查报告	符合要求，内容全面，条理清晰，图文并茂	20	
	草坪草识别	对5种草坪草进行识别，每正确识别1种得4分	20	
总　　分			100	

巩固练习

1. 简要描述草坪草的特点。
2. 搜集当地草坪草的图片，注明种类名称、主要识别特征和应用情况。

模块 4
园林植物综合应用

园林植物综合应用是在掌握植物基础理论及本地常见园林植物形态特征、观赏特性的基础上的深化和拓展，涉及植物基础、园林植物识别、园林艺术、植物造景等方面的内容。综合应用园林植物，一是要准确了解园林绿地的自然条件、绿化类型和植物选择的要求；二是要结合相关学科知识，深入调查和分析适合园林绿地环境、应用特色的植物种类；三是要综合考虑景观、功能和环境生态等方面的要求，合理进行创新性配置。

项目 *10*

园林植物综合应用基础认知

📓 项目描述

　　本项目紧扣园林建设工作岗位需求，围绕现代城市绿地4种典型类型，以巩固和提高识别园林植物、应用园林植物的能力为目的，共包含4个任务：道路绿地植物应用基础认知、屋顶花园植物应用基础认知、居住区绿地植物应用基础认知和城市公园植物应用基础认知。

📑 项目目标

≫ 知识目标

　　1.知道典型园林绿地的类型、功能、环境特点。

　　2.理解各类园林绿地植物配置的原则和要求。

　　3.掌握本地常见园林植物的观赏特性和应用形式。

≫ 技能目标

　　1.能够根据园林植物的调查结果进行园林绿地绿化现状分析。

　　2.能够根据不同园林绿地的要求合理选择和配置园林植物。

≫ 素质目标

　　1.践行"绿水青山就是金山银山"的理念。

　　2.培养坚定的文化自信，培养爱国情怀和中华民族自豪感。

　　3.树立职业理想信念，热爱园林事业，培养对岗位工作的强烈责任感。

　　4.培养沟通能力和团队合作精神。

数字资源

任务 *10-1*　道路绿地植物应用基础认知

任务描述

　　道路绿地是现代城市绿地景观的窗口，是一个城市精神面貌的直观展现。作为绿色廊道，其典型特征是线性的绿色空间。本任务是在教师的指导下，在本地道路绿地进行调查，对植物种类、生长状况、观赏特性、应用形式和作用进行分析，同时拍摄照片或视频，结合环境特征完成植物应用创新性设计，进一步巩固、提高植物识别和应用的技能。

任务目标

知识目标

　　1. 知道城市道路绿地的相关概念、功能和环境特点。

　　2. 理解城市道路绿地的主要类型和植物配置形式。

　　3. 领会城市道路绿地的植物选择要求和配置原则。

技能目标

　　1. 能够对城市道路绿地的植物和应用形式进行正确识别与调查。

　　2. 能够根据城市道路绿地的自然条件和道路的具体特点，合理选择植物进行配置和创新应用。

素质目标

　　1. 培养团队协作意识、规范意识和安全意识。

　　2. 构建具有生态性、时代性、地域特色且体现"绿色文化"理念的绿化体系。

知识准备

一、城市道路绿地类型

　　城市道路是指城市建成区范围内的各种道路。根据城市道路的性质、作用和位置，我国城市道路分为快速路、主干道、次干道和支路（居住区或街坊道路）4级。道路的级别，决定了道路绿地的类型、植物的体量和数量以及景观效果。常见的道路绿地主要包括分车道绿化带、人行道绿化带、路旁绿化带和交通岛绿化带等。

　　1. 分车道绿化带

　　分车道绿化带指分车带上的绿地，可分隔上、下行车道，或者分隔机动车和非机动车车道（图10-1-1）。三板道路有两条分车带，两板道路只有一条分车带（即中央分车带）。

　　2. 人行道绿化带

　　人行道绿化带指车行道与人行道之间的绿化带（图10-1-2）。

图 10-1-1　分车道绿化带

图 10-1-2　人行道绿化带

3. 路旁绿化带

路旁绿化带指人行道至靠近建筑的线性绿化带，常由草坪、绿篱或花灌木组成（图10-1-3）。有时候还可以结合街边小游园进行建设布局。

图 10-1-3　路旁绿化带

4. 交通岛绿化带

交通岛绿化带指为了便于组织交通，设置于路面的岛状设施，如转盘（中心岛）、方向岛、安全岛等。

二、城市道路绿地环境特点

城市道路绿地环境具有以下特点：

①配合交通导向功能，城市道路绿地多为带状分布，地上、地下常布设管线，要顾及周围建筑和保障通行，因此可用绿化面积相对较小，行道树常以树池栽植，植物生长空间不足。

②城市道路环境多以柏油马路和硬质铺装为主，地表径流大，旱涝灾害容易发生。

③城市道路地表温差变化较大，尤其在夏季。近年来我国多个城市夏季的地表温度都达到50℃，使植物受害。

④汽车尾气、城市粉尘等空气污染对植物生长带来了负面影响。

三、城市道路绿地植物选择与配置原则

1. 生态性原则

城市道路绿地应具有遮阴防晒、减风滞尘、降低噪声、涵水降温等生态作用。

2. 功能性原则

城市道路绿地应具有组织交通、分隔空间、防止炫光等功能。以两板三带式道路为例，分车道绿化带将道路空间分为上行车道和下行车道，人行道绿化带又将行人和车辆分隔开，起到了组织交通的作用（图10-1-4）。但要注意在道路交叉口处栽植的植物不能遮挡驾驶员的视线。

3. 美学原则

城市道路绿地的植物配置应遵循变化与统一、对比与调和、层次搭配、节奏与韵律等美学原则。

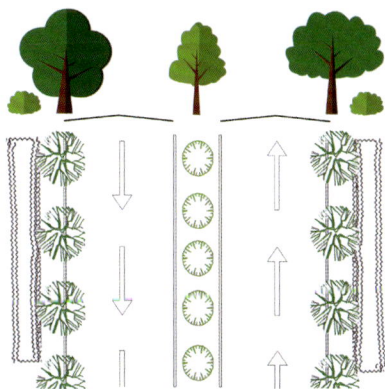

图 10-1-4　分隔空间和组织交通

四、城市道路绿地植物选择要求

城市道路绿地植物选择应满足以下要求：

①多为喜光树种，适应城市环境，抗性强，病虫害少，管理粗放，对土壤要求不高，耐干旱瘠薄，生长快，耐修剪。

②树干端直，树冠整齐，姿态优美，乔木与灌木或乔木、灌木与草本植物分层搭配。

③发芽早，落叶迟。

④分枝点较高，无毒、无刺、无飞毛，少落果、少根蘖。

⑤对烟尘和有毒有害气体抗性强。

五、城市道路绿地植物配置形式

1. 密林式

这种配置形式是沿路两侧种植浓茂的树林，乔木、灌木与草本植物多层栽植，绿荫浓密，亭亭如盖，环境凉爽宜人。植物种植强调道路线形，成列、成行或者连续曲线，具有明确的道路指向性。绿地要有一定宽度，常常采用两种以上乔木交替间植，形成韵律，整齐、美观而不失趣味（图10-1-5）。这种配置形式一般应用于城乡交界处道路绿地或环绕道路绿地。

2. 自然式

这种配置形式常见于街心与路边游园，模仿自然，依据地形和周围环境布置植物（图10-1-6）。沿街在一定宽度内布置自然树丛，高低错落，疏密有致，可增加街道的空间层次与变化，营造生动、活泼的街道氛围。这种配置形式有利于植物景观与周围环境的有机结合，但夏季遮阴效果不如整齐式。在路口、拐弯处的一定距离内要注意减少种植或不种植灌木，以免阻挡驾驶员的视线。此外，还要注意与地下管线相配合，且所用的苗木应具有一定规格。

图 10-1-5　密林式

图 10-1-6　自然式

3. 花园式

这种配置形式是沿道路外侧布置大小不同的绿化空间，有绿荫，有广场，并设置必要的园林设施（如座椅、花架等），供行人和附近居民逗留小憩和散步，也可停放少量车辆和设置儿童游戏场所等（图10-1-7）。道路绿地可分段与周围的绿化相结合，在用地紧张、人口稠密的街道旁，多布置孤立乔木或绿荫广场，以弥补城市绿地分布不均匀的缺陷。

4. 田园式

这种配置形式的道路两侧植物高度都在视线以下，大多建植草地，空间较为开阔（图10-1-8），在郊区可直接与农田相连，在城市边缘则可与苗圃、果园相邻，富有乡土气息，极目远眺可见远山、白云、湖泊，或欣赏田园风光。在路上高速行车时，视线较好。

图 10-1-7　花园式

图 10-1-8　田园式

5. 滨河式

这种配置形式的道路一面临水，空间开阔，环境优美，是市民休闲游憩的良好场所（图10-1-9）。在水面不十分宽阔且对岸无风景点时，滨河绿地可布置得较为简单，树木成行种植，岸边设置栏杆，树间安放座椅。若水面宽阔，沿岸风光绮丽，对岸风景点较多，则应沿水边设置较宽阔的绿地，布置草坪、花坛、游人步道、座椅等。

6. 简易式

这种配置形式是沿道路两侧分别种一行乔木或灌木，形成"一条路，两行树"，是城市道路绿地中最简单、最原始的形式。

六、常见城市道路绿地植物

1. 乔木

乔木是城市道路绿地竖向景观的骨架，发挥综合功能。城市道路绿地常见乔木有以下几类。

针叶类：圆柏、油松、樟子松、黑松、白皮松、马尾松、南洋杉等。

图 10-1-9　滨河式

阔叶类：悬铃木、椴树、榆、七叶树、银杏、槐、臭椿、樟、喜树、'馒头'柳、毛白杨、新疆杨、箭杆杨、朴树、榉树、女贞、无患子、枫香树、榕树、柠檬桉等。

彩叶类：紫叶李、'紫叶'桃、紫叶矮樱、'金叶'白蜡、'金叶'复叶槭、'金叶'槐、红叶石楠等。

观花类：合欢、栾树、凤凰木、紫薇、木棉、白玉兰、日本晚樱、桂花、西府海棠等。

2. 灌木

城市道路绿地的灌木多采用树冠整齐、紧凑，观叶、观花、观果均可，并具有一定耐修剪属性的植物（包括造型植物），如木槿、榆叶梅、锦带花、连翘、蜡梅、红瑞木、棣棠、月季、矮生紫薇、火棘、杜鹃花、栀子、八仙花、金丝桃、假连翘、'紫叶'小檗、金叶女贞、珍珠绣线菊、麦李、桃叶卫矛（球）、胶东卫矛、冬青卫矛、小叶黄杨、雀舌黄杨、花叶青木、红花檵木、造型'金叶'榆、迎春花、野迎春等。

3. 草本花卉和地被植物

草本花卉和地被植物位于城市道路绿地乔木和灌木下层，用于覆盖地面，增添景观层次。可采用三七景天、八宝景天、佛甲草、银叶菊、红花酢浆草、麦冬、鸢尾、美人蕉、玉簪、矮牵牛、一串红、万寿菊、孔雀草、假龙头、四季秋海棠、凤仙花、鸡冠花、天竺葵、金鱼草、石竹、蓝花草、虾衣花、肾蕨、萼距花等。

4. 攀缘植物

有时为了优化道路垂直面的绿化效果，或者解决道路种植池宽度不足的问题，可以通过搭建栅栏的方式为攀缘植物提供生长条件。可选用的攀缘植物有藤本月季、蔓性蔷薇、凌霄、木香、薜荔、扶芳藤、茑萝、炮仗花、常春藤、地锦等。

任务实施

一、搜集资料

学生分组，搜集本地的自然环境特点、历史文化背景、民族风俗习惯、城市交通状况、道路绿化现状等信息。

二、调查分析

1. 各小组实地调查某道路绿地的植物种类、生长状况、配置形式、景观效果、季相变

化等，并进行拍照记录。

2. 各小组综合道路绿地环境特点和植物造景理论，深入分析该道路绿地植物应用现状，完成调查记录表（表10-1-1）。

表 10-1-1　城市道路绿地植物应用调查记录表

班级：_____　　小组成员：_____　　调查时间：_____　　调查地点：_____

道路绿地类型	
植物配置方式	
植物种类	乔木： 灌木： 藤本： 草本花卉： 地被植物：
现状分析	1. 现状植物应用草图 2. 现状分析报告（文本、图片）
创新设计	植物配置方案（文本、PPT、短视频）

三、汇报交流

各小组根据道路绿地实地条件和相关规范，选择并创新应用园林植物，完成道路绿地植物配置方案，并进行汇报交流。

任务考核

根据表10-1-2进行考核评价。

表 10-1-2　城市道路绿地植物应用考核评价标准

项　目	考核内容	考核标准	赋分	得分
过程性评价	调查准备工作	准备充分	10	
	调查态度	积极主动，有团队精神，注重方法及创新	10	
	调查水平	植物识别正确，形态特征描述准确，观赏特性与应用价值分析合理	20	
结果性评价	调查报告	符合要求，内容全面，条理清晰，图文并茂	20	
	创新设计	针对道路绿化中的不足进行创新性设计	20	
	汇报交流	制作包含图文、短视频素材的PPT，分组汇报交流	20	
总　　分			100	

巩固练习

1. 简述道路绿地功能性和景观性的统一性。

2. 搜集并学习国内外城市道路绿地建设的优秀案例。

任务 *10-2*　屋顶花园植物应用基础认知

任务描述

在拥挤的城市中，能开发和利用的绿地面积有限，城市的建筑平面和硬质铺装所造成的生态失调是难以解决的问题。立体绿化有效拓展了屋顶、阳台、窗台、墙面、桥体、桥柱等处的绿化面积，其中屋顶花园正是城市居住环境生态化改造中的创新形式。屋顶花园是提升城市绿地面积、改善局部小环境、绿化美化环境的重要渠道，可以为人们提供一个环境优美的休息、娱乐场所。由于在屋顶建造花园存在种种问题（如承重小、面积小、远离地面、植物生存条件苛刻等），这就要求屋顶花园在形式上应该小而精美，给人以轻松、愉悦的感受，同时注意环保。本任务是以植物造景、园林设计等相关理论知识为指导，明确屋顶花园的植物配置要求，深入分析屋顶花园的植物应用现状，提出植物配置方案，进一步巩固、提高植物识别和应用的技能。

任务目标

》 知识目标

1. 知道屋顶花园的类型。
2. 理解屋顶花园的作用和环境特点。
3. 领会屋顶花园植物的选择要求和配置原则。

》 技能目标

1. 能够对屋顶花园的植物进行正确识别与调查。
2. 能够对屋顶花园的植物应用状况进行合理分析。
3. 能够根据屋顶花园的自然条件、主题要求、功能需求合理选择植物进行配置。

》 素质目标

1. 强化生态文明理念和绿色家园理念。
2. 培养创新意识、规范意识和安全意识。

知识准备

一、屋顶花园类型

屋顶花园是以建筑物、构筑物顶部为载体，以植物为主体进行配置，不与自然土壤接壤的绿化方式，是多种屋顶种植方式的总称。在植物配置上，通过种植乔木、灌木、绿篱、草本花卉、草坪植物，使乔木、灌木、草本花卉、绿篱、草坪植物相映成景，色相、季相变化丰富，从而达到美化居住环境、有益身心健康的目的。在解决了承重、防水等工程技术问题之后，屋顶花园与地面上的花园并没有太大的区别。屋顶花园可以低于地面或与地面平行，也可以高于地面，给人们提供休憩或观赏植物的场所，同时可具备其他功能，如

作为通道的一种方式，或作为餐饮区等。

1. 花园式屋顶花园

花园式屋顶花园指根据建筑屋面荷载，选择小型乔木、灌木、地被植物等材料进行屋顶绿化，并常设置园路、座椅、亭子、水池、桥等园林小品供人们休憩、游览的绿化方式（图10-2-1）。

图 10-2-1　花园式屋顶花园

2. 组合式屋顶花园

组合式屋顶花园指根据建筑屋面荷载，在屋顶承重处进行绿地配置并摆放容器苗进行绿化的屋顶绿化方式。

3. 草坪式屋顶花园

草坪式屋顶花园指根据建筑屋面荷载，利用地被植物或藤本植物进行屋面覆盖或利用棚架绿化的屋顶绿化方式。

二、屋顶花园作用

1. 增加城市绿地空间

屋顶花园为整个城市绿地系统的组成部分，可以增加城市的绿化面积，解决城市绿地面积有限的问题，不但丰富了城市景观，还为市民提供了休闲场所。

2. 改善城市环境

屋顶花园的植物可以吸收、贮存建筑屋面的降水，并通过蒸腾作用增加空气湿度，还可吸收二氧化碳，释放氧气，吸附污染物。据测定，一个城市如果把屋顶都利用起来，进行有效的绿化，那么这个城市中的二氧化碳浓度较之没有进行屋顶绿化时要低70%以上。屋顶花园的植物可明显降低建筑物周围的环境温度，从而改善顶层房屋的室内环境。屋顶花园对减少城市噪声、降低辐射污染、减弱城市温室效应等都能起到有益的作用，能改善城市环境质量。

3. 节约资源及资源再利用

屋顶花园在冬天可以对建筑起到保温作用，而在夏天则可以有效吸收太阳辐射带来的热量，节约调节室内温度所需耗费的电力。屋顶花园也是雨水收集的重要方式，能够减少雨水的流失量，缓解水处理系统的工作压力。屋顶花园还可明显降低钢筋混凝土结构或砖混结构建筑物屋顶的昼夜温差，从而防止建筑物外围墙身被拉裂或楼盖四角出现龟裂，并可以减少紫外线辐射，使防水层及建筑结构构件得到保护，延长建筑物的寿命。

三、屋顶花园环境特点

1. 温度

建筑材料的热容量小，白天接受太阳辐射后迅速升温，晚上受气温变化的影响又迅速降温，致使屋顶上的最高温度要高于地面的最高温度，而最低温度要低于地面的最低温度。在夏季，屋顶上的温度白天比地面温度高3~5℃，晚上比地面温度低2~3℃。较大的昼夜温差，对植物积累有机物十分有利。

2. 光照

与地面相比，屋顶没有明显的周边建筑物遮挡，光照强度大且光照时间长，接受太阳辐射较多，有利于喜光植物的生长发育。同时，高层建筑的屋顶上紫外线较多，日照长度相比地面显著增加，这为某些植物尤其是沙生植物的生长提供了较好的环境。

3. 水分

屋顶位于高处，四周相对空旷，风速比地面大，水分蒸发快，因此屋顶的空气湿度往往低于地面（比地面低10%~20%）。由于屋顶花园的土壤不接地，植物可直接利用的毛细管水十分匮乏，因此屋顶花园的植物生长发育所需水分基本依靠人工灌溉。此外，屋顶花园的土壤对水分的调节能力很弱，在雨季容易形成积水，因此对植物的选择有一定的要求，同时需注意日常养护管理。

4. 空气

屋顶空气流通性较好，空气污染相对地面明显减少，空气浊度比地面低，空气质量受外界影响小。由于屋顶的风力一般比地面大，因此选择植物的时候应以低矮、抗风力强的植物为主。

5. 土壤

受建筑结构的制约，屋顶的荷载一般要控制在一定的范围之内，理想的屋顶花园土壤以轻质基质为好。土层厚度不能超出荷载标准，同时需要满足植物对土层厚度的要求。不同植物对土层厚度的要求见表10-2-1所列。

表 10-2-1　不同植物对土层厚度的要求

植物类型	规格（cm）	植物存活所需土层厚度（cm）	植物生长发育所需土层厚度（cm）
乔木	H=300~1000	60~90	90~150
大灌木	H=120~300	45~60	60~90
小灌木	H=50~120	30~45	45~60
草本、地被植物	H=20~50	15~30	30~45

四、屋顶花园植物配置原则

屋顶花园植物的选择和配置主要受其水分和土壤条件的制约，随着技术的发展，这些限制将越来越小。

1. 选择耐旱、抗寒性强的矮灌木和草本植物

屋顶花园夏季气温高、土层保湿性能差，冬季则保温性差，因此应选择耐干旱、抗寒性强的植物。同时，考虑到屋顶的特殊空间环境和承重要求，应注意多选择矮小的灌木和草本植物，以利于植物的运输、栽种与管理。

2. 选择喜光、耐瘠薄的浅根性植物

屋顶花园大部分区域为全日照，光照强度大，因此应尽量选用喜光植物。但在某些特定的小环境中，如花架下面或靠近墙边的区域，日照时间较短，可适当选用一些半喜光的植物种类。由于施用肥料会影响周围环境的卫生状况，因此屋顶花园应尽量种植耐瘠薄的植物种类。此外，由于屋顶花园的种植层较薄，为了防止植物根系对建筑结构的侵蚀，应尽量选择浅根性植物。

3. 选择抗风、不易倒伏、耐积水的植物

屋顶的风力一般比地面大，特别是雨季或有台风来临时，风雨交加对植物的危害最大。加上屋顶花园种植层薄，土壤的蓄水性能差，一旦下暴雨，易造成短时积水。因此，应尽可能选择一些抗风、不易倒伏，同时能耐短时积水的植物。

4. 以常绿植物为主，适当选择彩叶树种或时令草花

屋顶花园的周边环境以硬质铺装为主，因此植物应尽可能以常绿植物为主，以增加自然感。为了使屋顶花园更加绚丽多彩，体现季相变化，可适当栽植一些彩叶树种或时令草花。

5. 以乡土植物为主，适当引用新品种

乡土植物对当地气候的适应性较好，屋顶花园的环境条件相对恶劣，选用乡土植物，可以使植物有较好的适应性。同时，为了将其布置得较为精致，可选用一些观赏价值较高的新品种，以提高屋顶花园的观赏效果。

五、常见屋顶花园植物

1. 乔木

受土层厚度的限制，在屋顶花园中，乔木种植较少。但乔木作为景观骨架，其最能反映屋顶花园建设的水平和品位。屋顶花园的乔木通常不会选用高大的乔木，而是更趋向于选择小乔木，作为屋顶花园或局部区域的构图中心，吸引人的视线。

可选用的小乔木：罗汉松、白玉兰、紫玉兰、龙爪槐、棕榈、'寿星'桃、柑橘、金橘、'红枫'、紫叶李、日本晚樱、西府海棠、侧柏、女贞、南洋杉、'龙柏'、梅、桃等。

2. 灌木和观赏竹类

灌木和观赏竹类是屋顶花园植物的主体，在屋顶花园的各个部位如花槽、花坛、花境、花台等均可种植。灌木的种植形式多种多样，可以孤植、列植，也可以对植或组合成灌丛，还可以种植成绿篱或绿雕塑。将披散灌木种植在屋檐花槽上或栅栏旁，可以增加屋顶花园的绿化面积，增添田园趣味。

可选用的灌木：紫荆、紫薇、海棠、蜡梅、月季、六月雪、石榴、小檗、南天竹、八角金盘、瓜子黄杨、冬青卫矛、雀舌黄杨、锦熟黄杨、栀子、金丝桃、八仙花、木槿、矮生紫薇、杜鹃花、牡丹、山茶、含笑、丝兰、茉莉花、花叶青木、海桐、枸骨、火棘、红瑞木、结香、棣棠、铺地柏、榆叶梅等。

可选用的观赏竹类：佛肚竹、凤尾竹、孝顺竹、斑竹、金镶玉竹、菲白竹、倭竹、翠竹、菲黄竹、铺地竹、鹅毛竹。

3. 草本花卉、地被植物和草坪草

为了使植物景观更加美观、更富有层次感，屋顶花园中的花槽、花坛、花境所种植的各种乔木和灌木下，一般都种植草本花卉、地被植物和草坪草等。

可选用的草本花卉：葱兰、韭兰、佛甲草、一串红、凤仙花、翠菊、百日草、矮牵牛、孔雀草、三色堇、金盏菊、万寿菊、金鱼草、天竺葵、球根秋海棠、风信子、郁金香、旱金莲、美人蕉类、凤仙花、鸡冠花、大丽花、雏菊、羽衣甘蓝、翠菊、千日红、菊花、石竹属、大花金鸡菊、紫菀属等。

可选用的地被植物和草坪草：麦冬、垂盆草、凹叶景天、马蹄金、红花酢浆草、细叶结缕草、沟叶结缕草、野牛草、狗牙根、普通早熟禾等。

4. 攀缘植物

在屋顶花园种植攀缘植物，可以在围合空间的基础上，使屋顶花园的外轮廓变模糊，既融入屋顶花园的外环境，又使得屋顶花园的内环境相对静谧怡人。

可选用的攀缘植物：油麻藤、葡萄、紫藤、常春藤、地锦、小叶扶芳藤、凌霄、木香、五叶地锦、薜荔、金银花、多花蔷薇、炮仗花、猕猴桃等。

任务实施

一、搜集资料

学生分组，搜集本地自然环境特点、人们生活习惯以及屋顶花园建设现状等信息。

二、调查分析

1. 各小组实地调查某屋顶花园的植物种类、生长状况、配置形式、景观效果、季相变化等，并进行拍照记录。

2. 各小组综合屋顶花园环境特点和植物造景理论，深入分析该屋顶花园植物应用现状，完成调查记录表（表10-2-2）。

表 10-2-2　屋顶花园植物应用调查记录表

班级：_____　　小组成员：_____　　调查时间：_____　　调查地点：_____

屋顶花园类型	
植物配置方式	
植物种类	乔木： 灌木： 藤本： 草本花卉： 地被植物和草坪草：
现状分析	1. 现状植物应用草图 2. 现状分析报告（文本、图片）
创新设计	植物配置方案（文本、PPT、短视频）

三、汇报交流

各小组根据屋顶花园实地条件和相关规范，选择并创新应用园林植物，完成该屋顶花园植物配置方案，并进行汇报交流。

任务考核

根据表10-2-3进行考核评价。

表 10-2-3　屋顶花园植物应用考核评价标准

项　目	考核内容	考核标准	赋分	得分
过程性评价	调查准备工作	准备充分	10	
	调查态度	积极主动，有团队精神，注重方法及创新	10	
	调查水平	植物识别正确，形态特征描述准确，观赏特性与应用价值分析合理	20	
结果性评价	调查报告	符合要求，内容全面，条理清晰，图文并茂	20	
	创新设计	针对屋顶花园的不足进行创新性设计	20	
	汇报交流	制作包含图文、短视频素材的PPT，分组汇报交流	20	
总　　分			100	

巩固练习

1.简述屋顶花园在人们生产、生活中的创新应用，以及与景观营造的关系。
2.搜集并学习国内外屋顶花园建设的优秀案例。

任务 10-3　居住区绿地植物应用基础认知

任务描述

居住区绿地与人们的生活息息相关，体现居住区的面貌与特色，主要功能是美化生活环境，阻挡外界视线，减噪滞尘，满足居民休息需求。居住区绿地的植物选择，要充分考虑住宅类型、建筑的特点、空间的大小、居民的生活习惯及兴趣爱好，还要保证安全、卫生和道路的通畅。本任务是对居住区的自然条件、住宅建筑、居民的生活习惯等进行调查和分析，结合植物造景、园林设计等相关知识，综合考虑景观、功能和安全等方面的要求，利用丰富多彩的植物资源进行植物应用创新性设计，进一步巩固、提高植物识别和应用的技能。

任务目标

知识目标

1. 知道居住区绿地的类型、环境特点和常见形式。
2. 理解居住区绿地的作用。
3. 领会居住区绿地植物的选择要求和配置原则。

技能目标

1. 能够对居住区绿地的植物进行正确识别、调查和分析。
2. 能够根据居住区绿地的环境特点合理选择植物进行应用设计。

素质目标

1. 培养团队协作意识、规范意识和安全意识。
2. 构建具有生态性、时代性、地域特色且体现"绿色文化"理念的体系。

知识准备

一、居住区绿地作用

居住区绿地为人们在工作之余进行休闲、娱乐活动的最佳去处，有着极其特殊的作用。

①居住区绿地以植物景观为主体，具有一定的改善居住区生态环境的功能。主要体现在净化空气、减少尘埃、吸收噪声等方面。同时，居住区绿地还可以改善居住区的小气候，具有遮阴避阳、调节气温、降低风速、调节气流等功能。

②居住区绿地可以美化居住区的面貌，增加居住建筑的灵动

图 10-3-1　景观层次丰富的居住区绿地

性。主要体现在丰富多彩的植物布置，结合少量的建筑小品和水体景观，既可以起到分割空间的作用，又可以增加景观层次（图10-3-1）。

③良好的居住区绿地，给居民提供了花繁叶茂、富有生机、优美舒适的环境来品味生活，有利于居民的身心健康，增进居民间的互相了解与和谐共处（图10-3-2）。

④居住区绿地还具有防灾避险、遮蔽建筑物的作用。

由此可见，居住区绿地对城市人工生态系统的平衡、城市形象的美化和居民的身心健康都有很重要的作用。在居住区绿化建设中，应当注重居住区环境质量的提高，实现建筑艺术、园林景观艺术、文化艺术三者的有机融合。

图 10-3-2　为居民提供活动场地的居住区绿地

二、居住区绿地类型和环境特点

居住区绿地属于居住区环境的一部分，是在居住小区或居住区范围内，起到绿化、美化、生态防护、为居民提供游憩活动场地的作用的用地。它是接近居民生活并直接为居民服务的绿地，是居民进行日常户外活动的良好场所。居住区绿地形成住宅建筑间必需的通风、采光和景观视觉空间，通过绿化与建筑物的配合，使居住区的室外开放空间富于变化，形成赏心悦目、富有特色的居住区环境。

城市居住区绿地面积一般占居住区生活用地面积的25%~30%，常见有公共绿地、宅旁绿地、隔离绿地、架空空间绿地、平台绿地、停车场绿地等类型。

1. 公共绿地

居住区公共绿地不同于城市公共绿地，它是为居住区居民服务的集中性的绿化空间，是城市绿化景观的延伸。它贴近居民生活，拥有丰富的景观设计要素、植物类型和空间变化，能为居民提供多样的户外活动场所。根据居住区的组织结构类型，可按服务对象将公共绿地分级设置，包括居住区级公园、居住小区级游园和居住组团级绿地等。

2. 宅旁绿地

宅旁绿地靠近建筑物，是居民从公共开放空间转入建筑内部私密空间的过渡区域，有依附于建筑的属性，为居住区中重要的半私密空间。宅旁绿地贴近居民生活，处于居民日常生活视野之内，便于邻里间的交往，也是幼儿活动最多的场所。因此，宅旁绿地要突出通达性、观赏性和实用性的特点。应注意突出建筑的功能性，如建筑的入口处通过运用不同种类的植物进行组合，起到提示空间的作用；可结合住宅的类型及平面特点、建筑组合形式、宅前道路等因素进行布置，以增强空间识别性；应区分公共空间与私人空间领域，给予居民认同感和归属感；为了满足居民行走及停留的需要，地面应设硬质铺装，并配置耐践踏的草坪；建筑与建筑之间的阴影区适宜种植一些耐阴植物，以保证景观的延续。宅旁绿地种植植物还应考虑建筑物的朝向。如在华北地区，建筑物南面不宜种植过密，以免影响通风和采光；近窗不宜种植高大灌木；在建筑物的西面种植高大阔叶乔木，对夏季降低室内和户外温度有明显的效果。

3. 隔离绿地

隔离绿地往往由植物形成组、片、面的形式，对居住区环境进行边界控制、空间围合、分隔和遮挡场地，并以此来屏蔽不良环境和视觉因素。在居住区道路绿地中，可采用栽种乔木、灌木和草本植物的方法来减少交通带来的尘土、噪声及有害气体，以使居住区内和沿街住宅的室内空间保持安静、卫生和舒适；在区分不同功能建筑的隔离绿地中，多用乔木和灌木构成浓密的绿色屏障，以保持居住区的安静；居住区内的垃圾站、锅炉房、变电站、变电箱等欠美观的功能区域，可用灌木或乔木加以遮蔽。

4. 架空空间绿地

建筑架空手法可扩大建筑表面积以利于通风散热，广泛地运用于南方的湿热气候地区，也适用于具有多种变化地形的地区。架空空间绿地以建筑架空空间为载体进行植物景观布置，不仅有利于居住区的通风和区域小气候的调节，也可使景观空间相互渗透和延伸，丰富视觉感受。对墙、柱进行适当的垂直绿化，可柔化建筑生硬的线条和结构，并巧妙地隐藏设施管道。一些空间环境不理想的架空层，可作为居民遮阳避雨的内部空间，宜种植耐阴的草花和灌木，在局部不通风的地段可布置枯山水景观以丰富景观效果。

5. 平台绿地

平台绿地一般要结合地形特点及使用要求配置植物，平台下部空间可设停车库、辅助设备用房或活动健身场地等，平台上部空间则作为安全、美观的居民户外活动场所。要把握"人流居中，绿地靠窗"的原则，即将人流限制在平台中部，并靠窗种植一定数量的灌木和乔木，以减少居民户外活动时对平台首层室内居民造成干扰。

平台绿地应根据平台结构的承载力及小气候条件进行种植设计，要解决好排水和浇灌问题，同时要解决好下部空间的采光问题。

平台绿地不占用自然地面，其种植土厚度必须满足植物生长的要求。对于较高大的树木，可在平台上设置树池栽植。

6. 停车场绿地

停车场绿地也是居住区绿地的一部分，可以起到隔离车辆废气和减少噪声的作用，还可以为停车场起到遮阴的作用。停车场绿地可分为周界绿地、车位间绿地和地面绿化及铺装。

周界绿地可较密集地列植灌木和乔木，乔木树干要求挺直；停车场周边也可围合装饰景墙，或种植攀缘植物进行垂直绿化。车位间绿地由于受车辆尾气排放影响，不宜种植花卉。停车场地面采用混凝土或满足碾压要求、具有透水功能的实心砌块铺装材料；或采用塑料植草砖铺地，种植耐碾压草种。

三、居住区绿地植物配置原则

合理的植物配置，既要考虑植物自身的观赏特性，又要考虑植物与植物之间的组合，还应结合具体场地特点进行因地制宜分析，使植物与环境协调统一。居住区绿地植物配置一般要遵循以下原则。

①乔木、灌木、草本植物相结合，常绿植物与落叶植物相结合，速生植物与慢生植物相结合。

②植物种类不宜过多，并避免单调和雷同景观出现。在儿童活动区，要通过少数特色树种来增强儿童对该区域的识别能力。

③做到多样统一，在统一基调的基础上，选择形态各异的树种，以创造丰富的林冠线，打破建筑群体的单调感和呆板感。

④在种植形式上，除了列植外，要多采用孤植、丛植、对植等，适当运用框景和对景的手法来丰富绿地景观。

⑤充分利用植物的观赏特性，通过色彩的合理搭配丰富植物景观的季相变化。

四、居住区绿地植物选择

居住区绿地植物的选择关系到居住区环境质量的好坏，在选择居住区绿地植物时，应注意以下几点。

①以乡土植物为主，既可以提高苗木的成活率，降低成本，又可以避免外来病害、虫害的传播及危害，还有利于体现地方文化。为了丰富居住区绿地的植物景观，可以适当选用一些当地引种驯化成功的外来植物。近年来，自国外引进及野生驯化成功的植物种类越来越多，如金叶女贞、'红王子'锦带花、西洋接骨木、'金山'绣线菊、天目琼花、猬实、流苏树、小花溲疏等观叶、观花、观果类植物，其优良品种正在被广泛应用于居住区绿地中。

②以乔木、灌木为主，适当点缀草本花卉，应用中式草坪、地被植物及攀缘植物。

③速生树种与慢生树种相结合，常绿树种与落叶树种相结合，植物景观近期效果与长远效果相结合，以满足不同地域、不同时节的植物景观营造要求。

④结合居住区各功能分区选择合适的植物种类。随着老龄化进程加剧，居民中的老年人比例逐年加大，因此在植物选择上应体现老年人的喜好，在安静休息区及老年人活动区应选择一些色彩淡雅、冠大荫浓的乔木组成树林景观；在儿童活动区除应有大树遮阴外，还需点缀观花、观果及彩叶植物，切忌选择带刺、有飞絮、有毒、有异味的植物。

⑤适当考虑具有保健功能的植物种类如芳香类、松柏类植物，该类植物具有驱蚊虫、愉悦心情的作用。

总之，居住区绿地主要选择观赏价值高且经济实惠的植物种类，实现生态效益、经济效益、社会效益三者的有机结合。

任务实施

一、搜集资料

学生分组，搜集本地自然环境特点、历史文化背景、经济发展水平、人们生活习惯、新旧居住区绿化现状等信息。

二、调查分析

1. 各小组实地调查某居住区绿地中的植物种类、生长状况、配置形式、景观效果、季相变化等，并进行拍照记录。

2. 各小组综合居住区绿地功能需求、环境特点和植物造景理论，深入分析该居住区绿地植物应用现状，完成调查记录表（表10-3-1）。

表 10-3-1　居住区绿地植物应用调查记录表

班级：_____　　小组成员：_____　　调查时间：_____　　调查地点：_____

居住区绿地类型	
植物配置方式	
植物种类	乔木： 灌木： 藤本： 草本花卉： 地被植物和草坪草：
现状分析	1.现状植物应用草图 2.现状分析报告（文本、图片）
创新设计	植物配置方案（文本、PPT、短视频）

三、汇报交流

各小组根据居住区绿地实地条件和相关规范，选择并创新应用园林植物，完成该居住区绿地植物配置方案，并进行汇报交流。

任务考核

根据表10-3-2进行考核评价。

表 10-3-2　居住区绿地植物应用考核评价标准

项　目	考核内容	考核标准	赋分	得分
过程性评价	调查准备工作	准备充分	10	
	调查态度	积极主动，有团队精神，注重方法及创新	10	
	调查水平	植物识别正确，形态特征描述准确，观赏特性与应用价值分析合理	20	
结果性评价	调查报告	符合要求，内容全面，条理清晰，图文并茂	20	
	创新设计	针对居住区绿化的不足进行创新性设计	20	
	汇报交流	制作包含图文、短视频素材的PPT，分组汇报交流	20	
总　分			100	

巩固练习

1.简述居住区绿地的功能和植物创新性应用。

2.搜集并学习国内外居住区绿地建设的优秀案例。

任务 *10-4* 城市公园植物应用基础认知

任务描述

  城市公园是城市公共绿地的主要形式之一，主要为人们提供休闲、游憩的活动场所，也是城市的"绿肺"。相对于其他城市绿地，城市公园运用更多的造景手法，具有更多的植物种类、更稳定的群落结构、更完善的功能，发挥着更大的生态效益。同时，结合其他造园要素，突出景观效果，营造景色优美的城市绿色空间。其要求园林要素更加全面，绿化形式更加多样，对植物选择和应用能力要求较高。本任务是以植物造景、园林设计等相关理论知识为指导，明确城市公园的植物配置要求，深入分析城市公园的植物应用现状，提出植物配置方案，进一步巩固、提高植物识别和应用的技能。

任务目标

≫ 知识目标

  1. 知道城市公园的类型。

  2. 理解城市公园的作用。

  3. 领会城市公园植物的选择要求和配置原则。

≫ 技能目标

  1. 能够对城市公园的植物进行正确识别与调查。

  2. 能够对城市公园的植物应用现状进行合理分析。

  3. 能够根据城市公园的自然条件和主题要求合理选择植物进行景观设计。

≫ 素质目标

  1. 践行"绿水青山就是金山银山"的理念。

  2. 提升专业自信心和自豪感。

  3. 培养团队合作精神和吃苦耐劳精神。

知识准备

一、城市公园类型

  城市公园是城市生态系统、城市景观的重要组成部分，是城市居民休息、游览、锻炼、交往以及举办各种集体文化活动的场所。狭义的城市公园指为城市居民提供的有一定实用功能的、自然化的游憩生活境域，是城市的绿色基础设施。广义的城市公园是指城市范围内以自然景观、休闲游憩、生态保育为核心功能，兼具文化传承、社交互动、运动健身等多重价值的公共绿地空间。它不仅可以作为城市居民主要的休闲游憩活动空间，也可成为文化传播的场所。城市公园根据功能定位、服务人群、空间形态及资源特色，一般可以分为综合公园、社区公园、专类公园和口袋公园。

1. 综合公园

综合公园是适于公众休憩和开展各类户外活动的规模较大的公园，配套文化娱乐区、康体活动区、儿童活动区、安静休憩区、游览观赏区、后勤管理区等功能区及相应的常规设施。按照规定，综合公园绿地率应大于75%，应同时满足位于中心城区、临近城市主干道、交通便利3个条件，如上海市松江区的思贤公园（图10-4-1）。

图 10-4-1　上海市松江区的思贤公园

2. 社区公园

社区公园必须设置儿童游戏设施，应特别照顾老年人的游憩活动需要，绿地率应大于60%。根据规模和服务对象的不同，社区公园又可分为居住区公园和小区游园。

3. 专类公园

专类公园指具有特定内容或形式及相应常规设施的公园，包括儿童公园、动物园、植物园、历史名园、风景名胜公园、游乐公园、体育公园、纪念公园、雕塑公园、湿地公园等。面积宜2~10hm²，绿地率应大于60%，如上海辰山植物园（图10-4-2）。

图 10-4-2　上海辰山植物园

4. 口袋公园

口袋公园也称袖珍公园，是指面向公众开放、规模较小、形状多样、具有一定游憩功能的绿化活动场地，面积一般为400～10 000m²，包括小游园、小微绿地等。

二、城市公园作用

1. 休闲游憩功能

城市公园为城市居民提供了户外活动的活动空间、活动设施，承担着满足城市居民休闲游憩活动需求的主要职能。这也是城市公园最主要、最直接的功能。

2. 精神文明建设和科研教育的基地

随着全民健身运动的开展和社会文化的进步，城市公园日益成为传播精神文明、科学知识和进行科研与宣传教育的重要场所。例如，上海的思贤公园、人民公园、西郊郊野公园等，为周围居民提供了很好的社会文化活动场所，陶冶了居民的情操，提高了居民的整体素质，形成了一种独特的大众文化。

3. 防灾、减灾功能

城市公园具有大面积公共开放空间，不仅是城市居民日常的聚集活动场所，还在城市的防灾、避难等方面具有很重要的作用。城市公园可作为地震时的避难场地、火灾时的隔火带，大型城市公园还可作救援直升机的降落场地、救灾物资的集散地、救灾人员的驻扎地及临时医院所在地、灾民的临时住所和倒塌建筑物的临时堆放场。对于北京、上海这样拥有上千万人口的城市来说，城市公园的防灾、减灾功能更是不容忽视。

4. 软化和美化城市景观

城市公园是城市中最具自然特性的场所，往往具有大量的绿化，是城市的软质景观。它与城市的硬质景观形成鲜明的对比，在软化和美化城市景观中具有举足轻重的地位（图10-4-3）。

5. 维持城市生态平衡和改善环境污染

城市的生态平衡主要靠绿化来维持。城市公园具有大面积的绿化，是城市的"绿肺"，在防止水土流失、净化空气、吸收辐射、杀菌、滞尘、防尘、防噪声、调节小气候、缓解

图 10-4-3　公园的美化作用

城市热岛效应等方面具有重要的作用。

6. 促进城市旅游业发展

随着科学技术的发展、经济的增长和人们物质生活水平的不断提高，旅游日益成为现代社会中人们精神生活的重要组成部分。当前，越来越多的城市公园成为各大城市发展都市旅游业所需旅游资源的重要组成部分。近几年，很多城市公园经常举行诸如灯展、焰火晚会、国际花展（图10-4-4）、风情展等活动，从中不难看出，城市公园对促进旅游业发展的作用。

图 10-4-4　上海植物园的国际花展

三、城市公园植物配置原则

1. 多样性原则

城市公园的植物配置应考虑景观的多样性及物种的多样性，这是维持城市生态系统平衡和丰富城市景观的基础。可配置各式各样的植物景观斑块（图10-4-5），如疏林草地、水生或湿地植物群落。

2. 景观连通性原则

城市公园的植物配置要考虑维持及恢复景观生态过程与格局的连续性和完整性，即维护城市中的残遗绿色斑块、湿地自然斑块之间的空间联系。这些空间联系的主要结构是廊道，如水系廊道等（图10-4-6）。

图 10-4-5　景观斑块

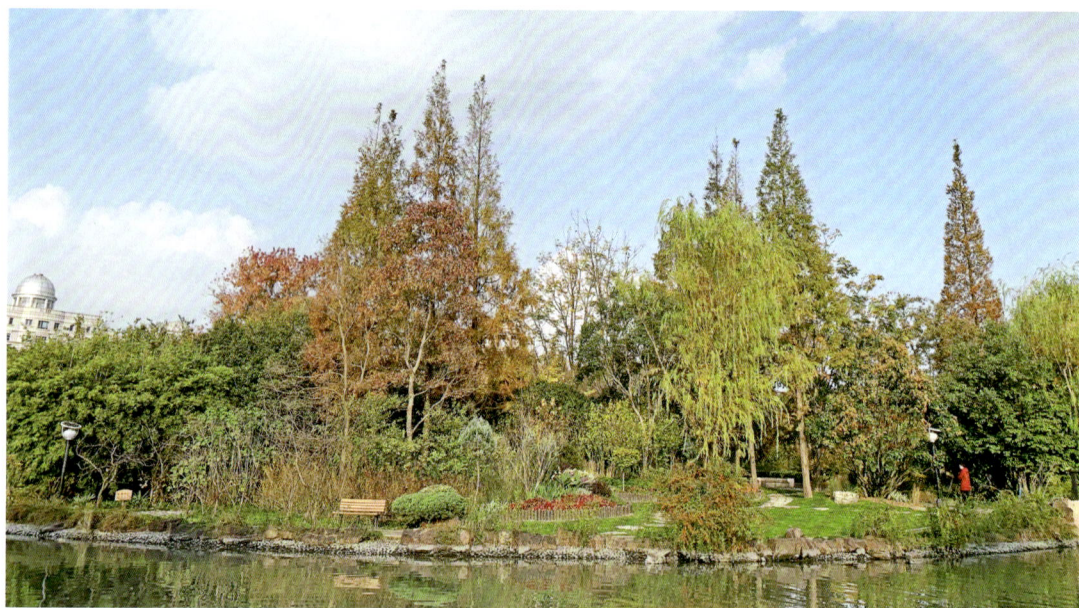

图 10-4-6　水系廊道

3. 生态位原则

所谓生态位，是指物种在生态系统中，在时间与空间上所占据的位置及其与相关物种之间的功能关系与作用。在城市公园有限的土地上，根据生态位原理选择各种生活型（针叶或阔叶，常绿或落叶，旱生、湿生或水生等）以及不同高度和颜色的乔木、灌木、藤本植物、草本花卉、地被植物等进行配置，可充分利用空间资源，构建多层次、多结构、多功能的长期稳定的混交立体植物群落（图10-4-7）。

图 10-4-7　混交立体植物群落

4. 以人为本原则

进行城市公园植物配置时，应充分认识到人的主体地位和人与环境的双向互动关系，以人的需求为出发点，体现对人的关怀，满足人的生理和心理需求，保证人与自然的健康发展和人与环境的融合协调（图10-4-8）。

图 10-4-8　人与环境的双向互动

5. 地方性原则

进行城市公园植物配置时，应尊重传统文化，学习乡土知识，吸取当地人的经验。应就地取材，优先选用当地植物。

四、城市公园植物选择要求

城市公园植物的选择应考虑多种因素，包括植物的适应性、功能性、安全性以及对环境的改善作用等。

①应选择当地适生的植物种类，以确保植物能适应栽植地段的立地条件，良好生长。如林下植物应具有耐阴性，且其根系发育不受乔木根系生长的影响。

②城市公园植物的选择需考虑功能性。如儿童游戏场地应选用高大荫浓的乔木和萌发力强、直立生长的中高型灌木，以确保儿童的安全和提供良好的游戏环境。

③城市公园植物的选择还应注重安全性，避免选用有毒、枝叶有硬刺以及有浆果或分泌物坠地的植物种类，以防止对游人的潜在危害。

④城市公园植物的选择还应考虑有助于改善环境。如通过合理选择植物种类，改善空气质量、减少噪声等，从而提升城市公园的整体环境和游人的舒适度。

五、常见城市公园植物

1. 乔木

乔木特别是大型乔木具有良好的遮阴效果，同时为城市公园景观提供了垂直结构的骨架。常见的有：

针叶类：罗汉松、油松、樟子松、黑松、白皮松、马尾松、南洋杉、水杉、池杉等。

阔叶类：樟、乐昌含笑、深山含笑、椴树、榆、七叶树、银杏、槐、臭椿、喜树、'馒头'柳、毛白杨、新疆杨、箭杆杨、朴树、榉树、女贞、无患子、枫香、乌桕、榕树、柠檬桉等。

彩叶类：紫叶李、'紫叶'桃、紫叶矮樱、'金叶'白蜡、'金叶'复叶槭、'金叶'槐、'金叶'榆、红叶石楠、黄金串钱柳、'红枫'等。

观花类：合欢、黄山栾树、凤凰木、紫薇、木棉、紫玉兰、白玉兰、日本晚樱、桂花、西府海棠、大叶早樱、梅花、石榴、紫薇等。

2. 灌木

灌木可用作边界植被或者用于景观点缀。常见的有：木槿、榆叶梅、锦带花、连翘、蜡梅、红瑞木、棣棠、月季、'金边'胡颓子、火棘、杜鹃花、栀子、八仙花、金丝桃、假连翘、'紫叶'小檗、金叶女贞、珍珠绣线菊、麦李、桃叶卫矛（球）、胶东卫矛、冬青卫矛、小叶黄杨、雀舌黄杨、红花檵木、结香、叶子花、紫荆、茶梅、紫金牛、粉花绣线菊、花叶青木、'花叶'络石、'黄金'络石等。

3. 草本花卉

草本花卉可以选择报春花、大花三色堇、金鱼草、雏菊、金盏菊、石竹、矮牵牛、孔雀草、大花马齿苋、四季秋海棠、黄帝菊、千日红、彩叶草、何氏凤仙、羽衣甘蓝等。

4. 地被植物

地被植物位于城市公园乔木和灌木的下层，用于覆盖地面，增添景观层次。常用地被植物有：大吴风草、萱草、沿阶草、麦冬、'金边'阔叶山麦冬、兰花三七、吉祥草、'金叶'过路黄、红花酢浆草、肾蕨、胎生狗脊蕨等。

5. 攀缘植物

有时为了增添城市公园的绿化效果，可以通过搭建棚架等方式为攀缘植物提供生长条件。常见的有：藤本月季、多花蔷薇、凌霄、木香、薜荔、扶芳藤、茑萝、金银花、蔓长春花、炮仗花、紫藤、常春藤、地锦等。

6. 水生植物

如果城市公园内有水体，可以用水生植物如睡莲、荷花、香蒲、黄菖蒲、'花叶'芦竹、水葱、千屈菜、泽泻、慈姑、海寿花、旱伞草等进行绿化。

任务实施

一、搜集资料

学生分组，搜集本地自然环境特点、历史文化背景、经济发展水平、人们生活习惯、乡土植物种类、城市公园建设现状等信息。

二、调查分析

1. 各小组选择城市中某处具代表性的公园，分区域实地调查该公园中的植物种类、生长状况、配置形式、景观效果、季相变化等，并进行拍照记录。

2. 各小组综合城市公园环境特点、生态作用和植物造景理论，深入分析该城市公园植物应用现状，完成调查记录表（表10-4-1）。

表 10-4-1　城市公园植物应用调查记录表

班级：_____　　小组成员：_____　　调查时间：_____　　调查地点：_____

城市公园类型	
植物配置方式	
植物种类	乔木： 灌木： 藤本： 草本花卉： 地被植物和草坪草： 水生植物：
现状分析	1. 现状植物应用草图 2. 现状分析报告（文本、图片）
创新设计	植物配置方案（文本、PPT、短视频）

三、汇报交流

各小组根据城市公园实地条件和相关规范，选择并创新应用园林植物，完成该城市公园植物配置方案，并进行汇报交流。

任务考核

根据表10-4-2进行考核评价。

表 10-4-2　城市公园植物应用考核评价标准

项　目	考核内容	考核标准	赋分	得分
过程性评价	调查准备工作	准备充分	10	
	调查态度	积极主动，有团队精神，注重方法及创新	10	
	调查水平	植物识别正确，形态特征描述准确，观赏特性与应用价值分析合理	20	
结果性评价	调查报告	符合要求，内容全面，条理清晰，图文并茂	20	
	创新设计	针对城市公园中绿化的不足进行创新性设计	20	
	汇报交流	制作包含图文、短视频素材的PPT，分组汇报交流	20	
总　　分			100	

巩固练习

1. 简述城市公园在城市生态文明建设和美丽中国建设中的作用。
2. 搜集并学习国内外城市公园建设的优秀案例。

参考文献

陈莉，2015. 项目教学法在《园林植物识别与应用》实训教学中的应用[J]. 教育（32）：271.

丛磊，2017. 园林植物识别[M]. 北京：机械工业出版社.

崔玲华，2005. 植物学[M]. 北京：中国林业出版社.

戴欢，2021. 园林景观植物[M]. 武汉：华中科技大学出版社.

耿世磊，2017. 身边的花草树木识别图鉴[M]. 北京：化学工业出版社.

贺风春，2020. 500种常见园林植物识别图鉴（彩图典藏版）[M]. 北京：中国农业出版社.

胡长龙，胡桂林，胡桂红，2018. 常见园林花卉识别手册[M]. 北京：化学工业出版社.

黄金凤，2015. 园林植物识别与应用[M]. 南京：东南大学出版社.

贾茵，潘远智，2022. 园林植物识别与应用实习教程（西南篇）[M]. 北京：中国林业出版社.

江泽慧，2020. 中国竹类植物图鉴[M]. 北京：科学出版社.

刘国华，2019. 园林植物造景[M]. 北京：中国农业出版社.

罗连，李成仁，王琴，等，2018. 无纸化考试在高职《园林植物识别》课程上的应用实践与探索[J]. 园艺与
   种苗，38（10）：57-59.

骆姝憓，2019. 园林植物识别教学方法的探索[J]. 花卉（14）：297-298.

马晓倩，于小力，2021. 园林树木[M]. 北京：中国农业大学出版社.

牟凤娟，李一果，王昌命，2019. 木质藤本植物资源[M]. 北京：科学出版社.

裴淑兰，雷淑慧，2016. 园林植物识别与应用[M]. 北京：中国农业出版社.

沈利，2014. 园林植物识别与应用[M]. 北京：北京师范大学出版社.

孙龙飞，2019. 提高高职学生园林植物识别能力的实践[J]. 课程教育研究（26）：216-217.

孙龙飞，2019. 园林植物识别教学实习方法探究[J]. 现代园艺（10）：221-222.

王铖，贺坤，2022. 园林植物识别与应用[M]. 上海：上海科学技术出版社.

王海菲，翟晓宇，2016. 园林植物识别综合实训[M]. 上海：上海大学出版社.

王凯，裴淑兰，王刚狮，等，2019. 基于理实一体教学模式下的"园林植物识别与应用"课程建设与实践
   [J]. 教育现代化（38）：64-65.

王世动，2008. 园林植物[M]. 北京：中国建筑工业出版社.

王友国，庄华蓉，2015. 园林植物识别与应用[M]. 重庆：重庆大学出版社.

吴棣飞，尤志勉，2018. 常见园林植物识别图鉴[M]. 2版. 重庆：重庆大学出版社.

吴欣，袁月芳，李鹏初，等，2021. 华南地区常见园林植物识别与应用（灌木与藤本卷）[M]. 北京：中国
   林业出版社.

向民，黄安，2023. 园林植物识别[M]. 2版. 北京：高等教育出版社.

徐绒娣，2014. 园林植物识别与应用[M]. 北京：机械工业出版社.

园林景观植物识别与应用编写委员会，2010. 园林景观植物识别与应用（灌木·藤本）[M]. 沈阳：辽宁科
   学技术出版社.

袁伊旻，傅强，王植芳，2022. 园林植物基础[M]. 武汉：华中科技大学出版社.

张建新，2012. 园林植物[M]. 北京：科学出版社.

张可跃，李建新，2016. 园林植物识别与应用[M]. 成都：电子科技大学出版社.

张琰，王凯，2018. 园林树木[M]. 北京：中国农业出版社.

赵敏，2020. 浅析易混淆园林植物的识别[J]. 中外企业家（30）：310.

浙江植物志（新编）编辑委员会，2021. 浙江植物志（新编）[M]. 杭州：浙江科学技术出版社.

郑浴，罗盛，陈舒静，2023. 园林植物识别与应用[M]. 重庆：西南大学出版社.

卓丽环，2014. 观赏树木[M]. 北京：中国林业出版社.

中文名索引

学名索引